Volker Kasten
Sterne im Blickfeld

Volker Kasten

STERNE IM BLICKFELD

Ein astronomischer Wegweiser
durch die Jahreszeiten
mit drehbarer Sternkarte

CIP-Titelaufnahme der Deutschen Bibliothek

Kasten, Volker:
Sterne im Blickfeld : ein astronomischer Wegweiser durch die Jahreszeiten mit drehbarer Sternkarte / Volker Kasten. – Thun ; Frankfurt am Main : Deutsch, 1991
ISBN 3-8171-1183-5

Druck: Fulder Verlagsanstalt, Fulda,
Printed in Germany

INHALTSVERZEICHNIS

VORWORT

Viele Menschen verpüren mehr oder weniger stark den Drang, sich einmal näher mit dem gestirnten Himmel zu beschäftigen. Einer Umsetzung dieses Wunsches in die Tat können allerdings gewichtige und durchaus nachvollziehbare Hinderungsgründe entgegenstehen (als da sind: muß noch den Steuerausgleich fertig machen, kann mich vom Fernseher nicht trennen, finde am Himmel sowieso nichts, im Bett ist's gemütlicher,...). Das vorliegende Buch ist nun für jene starken Naturen geschrieben, die sich zutrauen, derlei Hindernisse wenigstens gelegentlich überwinden zu können und die bereit sind, sich aktiv auf das „Abenteuer Sternenhimmel" einzulassen. Es möchte primär den astronomischen Anfänger anleiten und rund ums Jahr begleiten. Der Autor hofft aber auch, den „alten Hasen" mit und ohne Fernrohr noch manch nützliche Anregung für ihr nächtliches Hobby geben zu können.

Den Leser erwartet kein systematisches Lehrbuch der Himmelskunde, dem man nun „alles" über das Weltall und seine Gesetze entnehmen könnte (genaugenommen gibt es ein solches Buch auch gar nicht; wen es trotzdem danach verlangt, der mag das Literaturverzeichnis befragen!). Im Mittelpunkt soll vielmehr das Beobachten des gestirnten Himmels stehen. Denn die Freude an der Astronomie kann wohl nur durch eigenes Erleben des Sternenhimmels geweckt und erhalten werden.

Natürlich sollte es nicht beim bloßen Anschauen der Himmelsobjekte bleiben – man muß schon verstehen, was man da vor sich sieht. Deshalb enthält das Buch auch die „basic facts" der Astronomie, mit denen man sich vielleicht bei der Lektüre in wolkenverhangenen Nächten vertraut machen kann.

Die Zusammenarbeit mit dem Verlag gestaltete sich stets sehr angenehm und konstruktiv. Hierfür sei Herrn Müller, Frau van Acken-Schmitt und allen, die das Buch mit auf den Weg gebracht haben, herzlich gedankt. Sämtliche Fotografien wurden von Amateuren gewonnen und dem Verfasser bereitwillig zur Verfügung gestellt. Auch ihnen gilt der Dank, ebenso wie Herrn Wolfgang Döpke für die Anfertigung der Grafiken und der Sternkarte. Die rührende Sterngeschichte von Orihime und Kengyuh aus dem Sommerkapitel wurde dem Verfasser von seinem Freund Masakazu Shiba übermittelt – vielen Dank hierfür nach Hiroshima!

Und schließlich möchte der Verfasser an dieser Stelle auch seiner lieben Frau Dank sagen (privat ist das natürlich, wie man sich denken kann, bereits erfolgt): für das Probelesen des Manuskriptes, für die Geduld, mit der sie die sternkundlichen Aktivitäten ihres Mannes erträgt, aber auch für manch schöne gemeinsame Stunde unter dem Sternenhimmel.

Garbsen, im Mai 1990 — Volker Kasten

KAPITEL 0. EIN KLEINER GRUNDKURS IN ASTRONOMIE

1. VOM AUFBAU DES WELTALLS

Das Weltall, in dem wir mit unserem schönen, blauen Planeten Erde leben, ist ein unwirtlicher und fast leerer Raum, der sich in kaum vorstellbare Tiefen erstreckt. Nur in weiten Abständen trifft man auf Materie, meist in Gestalt von *Sternen*: das sind heiße, strahlende Gaskugeln wie unsere Sonne. Die Sterne verteilen sich aber nicht gleichmäßig im All, sondern leben in großen „Welteninseln" aus vielen Milliarden Einzelsternen, den *Galaxien*. Untereinander sind die Galaxien so weit entfernt, daß selbst das Licht Millionen von Jahren braucht, um diese Abstände zu überbrücken. Ob andere Sonnen auch von *Planeten* umkreist werden, kann man nur vermuten. Sicher wissen wir das nur von einem einzigem Fall: „unserem" Sonnensystem.

Das Sonnensystem

Das Sonnensystem ist unsere kosmische Heimat. In seinem Zentrum steht die *Sonne*: ein „echter" Stern mit einem Durchmesser von 1,4 Millionen Kilometern, 150 Millionen Kilometer von uns entfernt. Sie wird umkreist von einer Schar vergleichsweise kleiner Himmelskörper der unterschiedlichsten Art.

Hierzu gehören vor allem die 9 *Planeten* – darunter auch unsere *Erde*. *Merkur* und *Venus* bezeichnet man als die *inneren Planeten*, weil ihre Umlaufbahnen um die Sonne noch innerhalb der Erdbahn verlaufen. *Mars* ist der erste *äußere Planet*, dann folgen in großen Abständen *Jupiter*, *Saturn*, *Uranus*, *Neptun* und *Pluto*.

Die beiden inneren Planeten sowie Mars, Jupiter und Saturn gehören zu den hellsten Gestirnen und sind schon seit dem Altertum als *Wandelsterne* bekannt. Sie behalten nämlich ihre Positionen in den Sternbildern nicht fest bei, sondern wandern langsam durch den sogenannten „Tierkreis". Deshalb können wir im Rahmen dieses Buches auch nicht auf die Stellung der Planeten eingehen – man muß dafür schon ein astronomisches Jahrbuch befragen.

Die Planetenfamilie ist eine „Zweiklassengesellschaft": Die *erdähnlichen Planeten* (dazu zählen außer der Erde noch Merkur, Venus und Mars) sind kleine, dichte Körper mit festen Oberflächen. In den Außenbezirken des Sonnensystems trifft man dagegen auf die Gasgiganten vom *Jupitertyp* (Jupiter bis Neptun). Sie bestehen überwiegend aus Wasserstoff und Helium in gasförmiger oder (tiefer im Innern) flüssiger Form.

Mit Ausnahme von Merkur und Venus werden alle Planeten von *Monden* umkreist. Die Jupitermonde *Ganymed* und *Callisto* sowie Saturns *Titan* sind sogar von der Größenordnung des Merkur.

Weitere Angaben zu den Planeten entnehme man unserer Tabelle!

Tabelle. Das Planetensystem

Planet	Äquator-durch-messer (km)	Dichte (g/cm³)	Rotat.-dauer	Mittl. Sonnen-abstand	Umlaufs-zeit	Monde
Merkur	4878	5.4	58.65^d	0.387 A.E.	87.97^d	0
Venus	12104	5.2	243.00^d	0.723	224.70^d	0
Erde	12756	5.5	23^h56^m	1	365.26^d	1
Mars	6794	3.9	24^h37^m	1.52	686.98^d	2
Jupiter	142796	1.3	9^h55^m	5.20	11.87^a	16
Saturn	120000	0.7	10^h39^m	9.55	29.6^a	21
Uranus	50600	1.3	16^h50^m	19.19	84.0^a	15
Neptun	49200	1.6	16^h03^m	30.14	165.5^a	8
Pluto	2300	2.0	6^d39^m	39.88	251.9^a	1

Außer den Planeten und ihren Monden gibt es noch weitere Kleinkörper im Sonnensystem. Von der Größe her mit Monden vergleichbar sind die *Kleinplaneten* oder *Planetoiden*, von denen einige tausend bekannt sind. Sie halten sich vorwiegend im Bereich zwischen den Bahnen von Mars und Jupiter auf und erreichen Durchmesser bis zu 1000 Kilometern (*Ceres*). Die hellsten von ihnen kann man schon mit einem Fernglas beobachten.

Die *Kometen* bewegen sich meist auf extrem langgestreckten Ellipsenbahnen um die Sonne und werden dabei nur in Sonnennähe für einige Monate sichtbar. Ihr Kern ist nur wenige Kilometer groß und besteht aus porösem Eis, das mit Staub vermischt ist. Wenn sich ein Komet der Sonne nähert, sublimiert das Oberflächeneis, und aus den entstehenden Gasen und freigesetztem Staub entwickelt sich sich um den Kern eine rundliche Gashülle (die *Koma*). Sonnenwind und der Druck des Sonnenlichtes treiben Gase und Staub dann vom Kometen fort und es entstehen (jedenfalls bei den stattlicheren Exemplaren) die *Gas*- und *Staubschweife*. Helle Schweifkometen tauchen allerdings nur selten auf – in Abständen von Jahren oder Jahrzehnten. Von den schwächeren Vertretern lassen sich jährlich vielleicht zwei oder drei im Fernglas sichten.

Das Milchstraßensystem

Unsere Sonne steht mitsamt ihren Planeten in einer großen Galaxie, die man das *Milchstraßensystem* nennt. Hierzu gehören auch alle *Fixsterne*, die sich an unserem Nachthimmel zu den Sternbildern zusammenfügen. Man schätzt, daß insgesamt rund 100 Milliarden Sterne zum Milchstraßensystem gehören.
Die riesigen Entfernungen zwischen den Fixsternen werden oft in *Lichtjahren* oder auch in *parsec* (3.26 Lichtjahre) angegeben. Das Lichtjahr ist also keine Zeiteinheit, sondern eine Entfernung – nämlich die Strecke, die das Licht in einem Jahr zurücklegt (rund 9 Billionen Kilometer!). Erst im Jahr 1838 gelang Wilhelm Bessel die erste Entfernungsbestimmung an einem Fixstern. Das nächste Sternsystem (α Centauri) steht am Südhimmel und ist 4,3 Lichtjahre von uns entfernt. Die entferntesten Sterne, die man mit bloßen Augen noch erkennen kann, haben Entfernungen von etwa zweitausend Lichtjahren.
Erst in unserem Jahrhundert ist es den Astronomen gelungen, Form und Größe der Milchstraße zu bestimmen. Wir wissen nun, daß diese Sternenwolke die Gestalt einer stark abgeplatteten Scheibe mit einem Durchmesser von gut 100000 Lichtjahren hat.
Im Jahr 1951 glückte der Nachweis, daß auch die Milchstraße *Spiralarme* besitzt, wie man sie schon früher bei anderen Galaxien beobachtet hatte. Unsere Sonne steht mitsamt ihren Planeten in einem solchen Spiralarm, etwa 27000 Lichtjahre vom Zentrum entfernt.
Am irdischen Sternenhimmel ist das *Milchstraßenzentrum* weit hinter den Sternen des Sommersternbilds Schütze zu denken. Allerdings verhindern dichte Wolken aus *interstellarer Materie* (Gas und Staub) den direkten Blick in die Kernzone unseres Spiralnebels.
Glücklicherweise kann man jedoch zum Beispiel mit Radioteleskopen in die Zentralzone der Milchstraße „schauen“. Dort geht es offenbar äußerst turbulent zu! Aus den rasanten Bewegungen von Gaswolken hat man geschlossen, daß die innersten 1,5 Lichtjahre rund um das Zentrum eine Masse von acht Millionen Sonnen beherben müssen. Manche Astronomen glauben, daß sich dort – wie vielleicht auch im Zentrum manch anderer Galaxien – ein „Schwarzes Loch“ von gigantischer Masse verbirgt.
Die Milchstraße enthält viele hübsche Beobachtungsobjekte, die oft schon in Ferngläsern oder kleinen Amateurfernrohren zu erkennen sind. So stehen in ihrer Scheibenregion viele *offene Sternhaufen*: das sind Ansammlungen einiger hundert oft noch recht „junger“ Sonnen, die gemeinsam aus interstellaren Wolken entstanden sind und heute noch dicht beisammenstehen. In *Kugelsternhaufen* drängen sich sogar bis zu einer Million Sterne. Diese kompakten, kugelrunden Gebilde sind auch für kosmische Maßstäbe schon sehr alt – über 10 Milliarden Jahre. Sie stehen nicht in der Milchstraßenscheibe, sondern verteilen sich rund um unsere Galaxis und bilden zusammen mit vielen Einzelsternen den sogenannten *Halo* der Milchstraße.
Für den Amateur meist recht schwierig zu beobachten sind die *Wasserstoffnebel*, deren Gase von der Strahlung benachbarter Sterne zum eigenen Leuchten angeregt werden. Eine erfreuliche Ausnahme bildet hier der berühmte *Orionnebel*, den man schon mit bloßen Augen als matt schimmerndes Fleckchen unterhalb der Orion-Gürtelsterne erkennen kann.

Die Welt der Galaxien

Bis in unser Jahrhundert hinein blieb umstritten, ob es sich bei den zahlreichen Nebelflecken, die man inzwischen am Himmel entdeckt hatte, um ferne Sternsysteme von der Art unserer Milchstraße handelte. Diese „Spiralnebeldebatte“ wurde schließlich im Jahr 1923 am Mount Wilson Observatorium in Kalifornien entschieden. Mit dem dortigen 2,5 Meter Spiegelteleskop glückte es Edwin Hubble erstmals, im *Andromedanebel* Einzelsterne zu fotografieren und ihre Entfernung zu bestimmen. Demnach mußten sie weit außerhalb der Grenzen unserer Milchstraße liegen,also zu einem anderen Sternsystem gehören! Inzwischen wissen wir, daß das gesamte Weltall mit Galaxien erfüllt ist. Manche davon besitzen Spiralarme, andere erscheinen nur als mehr oder weniger ovale Welteninseln, sogenannte *elliptische Galaxien*. Es gibt große *Galaxienhaufen*, wie zum Beispiel den 50 Millionen Lichtjahre entfernten *Virgo-Haufen*, der über 3000 einzelne Galaxien enthält. Andere Gegenden des Alls scheinen dagegen relativ leer zu sein; sie werden im englischen als *voids* bezeichnet. Abgesehen von derartigen lokalen Schwankungen hat man jedoch die Überzeugung, daß das Weltall insgesamt homogen und isotrop aufgebaut ist, so daß es von jedem Standort aus im wesentlichen den gleichen Anblick bietet.

Der Kosmos als Ganzes

Wohl eine der wichtigsten naturwissenschaftlichen Entdeckungen unseres Jahrhunderts gelang den Astronomen in den zwanziger Jahren: Die Galaxien fliegen voneinander fort, ihre Abstände nehmen mit der Zeit zu. Um sich eine anschauliche Vorstellung vom *expandierenden Universum* zu machen, wird oft das Bild eines aufgehenden Kuchenteigs mit eingestreuten Rosinen (als Galaxieenersatz) bemüht.
Eine befriedigendere Beschreibung des Kosmos als Ganzes gelingt allerdings erst mit Hilfe mathematischer Modelle und auf der Grundlage von Einsteins Allgemeiner Relativitätstheorie. Vermutlich ist der Weltraum nicht „euklidisch“ (so, wie man sich einen Raum in der Schulgeometrie vorgestellt hat), sondern in einem bestimmten Sinn *gekrümmt* , so daß auf große Entfernungen gesehen andere geometrische Gesetze gelten. Bis heute ist nicht geklärt, ob unser Weltall einen unendlich großen Rauminhalt hat, oder ob es „endlich“ ist.Einen *„Rand“*, an den man vielleicht unversehends gelangen könnte, dürfte es vermutlich nicht haben.
Wenn die Galaxien also heute auseinanderdriften, sollten sie in ferner Vergangenheit einmal sehr nah beisammengestanden haben. Rechnet man zeitlich zurück, so muß unsere Welt vor vielleicht 15 Milliarden Jahren unter extremsten physikalischen Bedingungen in einer Art *Urknall* entstanden sein. Die (inzwischen auf – 270°C abgekühlte!) Radiostrahlung dieser gewaltigen Ur-Explosion wurde im Jahr 1965 durch Zufall von den Physikern Arno Penzias und Robert W. Wilson entdeckt.

2. DER STERNENHIMMEL

Ein kurzer historischer Rückblick

Wann die Menschen begonnen haben, den funkelnden Lichtpunkten des Firmaments Namen zu geben , bestimmte Sterngruppen zu „Bildern“ zu ordnen und den Lauf der Gestirne zu verfolgen, verliert sich im Dunkel der Geschichte. Besonders auffällige Sterne oder auch Sternbilder wurden vermutlich als Gottheiten angesehen , deren Einflüsse auf die Menschen frühe *Astrologen* zu ergründen versuchten.
Die ersten belegbaren Spuren sternkundlichen Wissens stammen aus dem dritten vorchristlichen Jahrtausend.Sie führen zu den *Sumerern* und *Akkadern* in Mesopotamien, aber auch nach *Ägypten, China* und zu den alten Kulturvölkern *Mittelamerikas*. Dabei wurden Himmelsbeobachtungen nicht nur zu astrologischen Zwecken durchgeführt, sondern durchaus auch unter praktischen Gesichtspunkten, zum Beispiel in Ägypten zum Aufbau des *Kalenderwesens* oder bei den Schiffahrt treibenden Phöniziern zur *Navigation.* Auf dem Höhepunkt der babylonischen Astronomie, im 5. Jahrhundert vor unserer Zeitrechnung, gab es schon ein recht entwickeltes System von *Sternnamen* und *Sternbildern.* Die meisten unserer heutigen Sternnamen lassen sich auf frühen arabischen Ursprung zurückführen.
Die *Griechen* bauten auf dem astronomischen Wissen der Babylonier auf. *Sternlegenden* und *Mythen* fanden nun zunehmend Eingang in die Dichtung. Vor allem aber entwickelten die griechischen Astronomen schon recht moderne Vorstellungen: Die *Pythagoräer* lehrten die Kugelgestalt der Erde, *Demokrit* (um 400 v. Chr.) deutete den Schimmer der Milchstraße bereits als das Licht vieler schwacher Sternchen ,und *Aristarch* stellte um 265 v.Chr. die Sonne in den Mittelpunkt der Welt.
Der im Jahr 129 v.Chr. vollendete Sternkatalog des *Hipparch* enthielt die Positionen von 850 Fixsternen und gab ihre Helligkeiten nach einem System von sechs Größenklassen an , das wir – allerdings in wesentlich erweiterter und objektivierter Art – auch heute noch verwenden. Das gesamte astronomische Wissen der Antike hat *Claudius Ptolemäus* (etwa von 100 – 160 n.Chr.) in seinem Hauptwerk „mathematices syntaxeos biblia XIII“ zusammengefaßt, das später von den Arabern als *„Almagest“* übersetzt wurde. Dort findet man unter anderem schon 48 Sternbilder aufgeführt, die sich (mit wenigen Ausnahmen) nach Form und Bezeichnung bis in unsere Zeit erhalten haben.
Nach langer Durststrecke setzte dann im 16. Jahrhundert ein neuer Aufschwung der Himmelskunde ein. Männer wie *Copernicus* (1473-1543), *Kepler* (1571-1630), *Galilei* (1564-1642) und *Newton* (1643 -1727) sind die Begründer unserer neuzeitlichen Astronomie. Zu keiner Zeit aber hat die Wissenschaft von den Sternen sich so stürmisch weiterentwickelt und so große Fortschritte gemacht wie in unseren Tagen!

Sternbilder und Sternnamen heute

Man teilt heute die gesamte Himmelskugel in *88 Sternbilder* ein, deren Namen und genauen Begrenzungen im Jahr 1930 durch die Internationale Astronomische Union (IAU) verbindlich festgelegt wurden. Auf unseren Breiten kann man hiervon insgesamt 61 Sternbilder ganz oder wenigstens teilweise beobachten.
In populären Darstellungen und auch unter Sternfreunden werden bei uns in aller Regel die deutschen Sternbildnamen verwendet. Für wissenschaftliche Publikationen benutzt man dagegen stets die auch international verständlichen *lateinischen Bezeichnungen* und Abkürzungen. So trägt beispielsweise der Große Wagen die wissenschaftliche Bezeichnung „Ursa Major“ (abgekürzt: UMa), der Löwe ist „Leo“ und die Zwillinge werden als „Gemini“ (Gem) geführt.

Tabelle der bei uns sichtbaren Sternbilder

Ein + am Sternbild bedeutet, daß diese Konstellation auf unseren Breiten nur horizontnah oder nicht vollständig zu beobachten ist.
Ein * am Hauptstern bedeutet, daß dieser Eigenname heute kaum mehr gebräuchlich ist.

Bezeichnung lateinisch(Kürzel)/deutsch	Fläche $(°)^2$	Hauptstern	Wann am Abendhimmel?
Andromeda(And)/Andromeda	722	Sirrah(2.0^m)*	Aug. – Feb.
Antlia(Ant)/Luftpumpe +	239	α Ant(4.4^m)	März
Aquarius(Aqr)/Wassermann	239	Sadalmelik(2.9^m)*	Aug. – Dez.
Aquila(Aql)/Adler	652	Atair(0.8^m)	Mai – Nov.
Aries(Ari)/Widder	441	Hamal(2.0^m)	Aug.-März
Auriga(Aur)/Fuhrmann	657	Capella(0.1^m)	Aug.-April
Bootes(Boo)/Bootes	907	Arktur(0.1^m)	Feb.-Okt.
Camelopardalis(Cam)/Giraffe	757	α Cam(4.4)	zirkumpolar
Cancer(Cnc)/Krebs	506	Acubens(4.3^m)*	Dez.-April
Canes Venatici(CVn)/Jagdhunde	465	Cor Caroli(2.9^m)*	Dez.-Okt
Canis Maior(CMa)/Großer Hund	380	Sirius(-1.5^m)	Dez.-März
Canis Minor(CMi)/Kleiner Hund	183	Prokyon(0.3^m)	Nov.-April
Capricornus(Cap)/Steinbock	414	Al Giedi($3.6/4.2^m$)*	Juli-Nov.
Cassiopeia(Cas)/Kassiopeia	598	Schedir(2.2^m)*	zirkumpolar
Cepheus(Cep)/Cepheus	588	Alderamin(2.4^m)*	zirkumpolar
Cetus(Cet)/Walfisch	1231	Menkar(2.5^m)*	Sept.-Febr.
Columba(Col)/Taube +	270	Phakt(2.6^m)*	Jan.-Feb.
Coma Berenices(Com)/Haar der Berenice	386	α Com(4.5^m)	Jan.-Aug.
Corona borealis (CrB)/Nördliche Krone	189	Gemma(2.2^m)	Febr.-Nov.
Corvus(Crv)/Rabe	184	Al Chiba(4.2^m)*	März-Mai
Crater(Crt)/Becher	282	α Crt(4.2^m)	Febr.-Mai
Cygnus(Cyg)/Schwan	804	Deneb(1.3^m)	April-Jan.
Delphinus(Del)/Delphin	189	Sualocin(3.9^m)*	Mai-Dez.
Draco(Dra)/Drache	1083	Thuban(3.6^m)*	zirkumpolar
Equuleus(Equ)/Füllen	72	Kitalpha(4.1^m)*	Juni-Dez.
Eridanus(Eri)/Eridanus +	1131	Achernar(0.5^m)*	Okt.-Febr.
Fornax(For)/Chemischer Ofen +	398	α For(4.0^m)	Nov.-Jan.
Gemini(Gem)/Zwillinge	514	Castor(1.6^m)	Okt.-April
Hercules(Her)/Herkules	1225	Ras Algethi($3\text{-}4^m$)*	März-Nov.
Hydra(Hya)/Wasserschlange	1303	Alphard(2.0^m)	Jan.- Mai

Von den überlieferten *Namen auffälliger Sterne* ist heute nur noch ein gutes Dutzend wirklich in Gebrauch ; einige andere findet man gelegentlich noch aus Pietätsgründen zitiert(vgl. auch unsere Tabelle!). Eine systematischere Bezeichnungsweise geht auf *Johann Bayer* (1603) zurück: Innerhalb eines jeden Sternbilds werden die Sterne in der Reihenfolge abnehmender Helligkeit mit den kleinen Buchstaben α, β, γ, δ,... des griechischen Alphabets bezeichnet. Hiernach ist zum Beispiel die Beteigeuze im Orion schlicht α Ori, Rigel wird als β Ori geführt und die drei Orion-Gürtelsterne heißen ζ, ε und δ Ori.

Sehr schwache und vielleicht nur teleskopisch erkennbare Sterne gibt man (wenn sie überhaupt katalogisiert sind!) mit ihren entsprechenden Nummern aus einem der großen Sternkataloge an – zum Beispiel der *Bonner Durchmusterung* (BD) von 1862, dem *Henry-Draper-Katalog (HD)* aus dem Jahr 1918 oder dem moderneren *Smithonian-Katalog* (SAO), der die Daten von 259000 Sternen enthält.

Wie man die Sternhelligkeiten angibt

Wie bereits erwähnt, hatte schon Hipparch in seinem Katalog die Sterne in sechs Helligkeitsklassen (man sagt heute unglücklicherweise: *Größenklassen*) eingeteilt. Die hellsten Sterne zählte er zur 1. Größenklasse, während die nur noch soeben mit bloßen Augen sichtbaren Sternchen der 6. Größenklasse zugeordnet wurden. Die Zuordnung eines Sterns zu seiner Größenklasse ließ sich zunächst aber nur nach dem subjektiven Eindruck des Beobachters vornehmen und fiel deswegen oft unterschiedlich aus.

Tabelle der bei uns sichtbaren Sternbilder (Fortsetzung)

Ein + am Sternbild bedeutet, daß diese Konstellation auf unseren Breiten nur horizontnah oder nicht vollständig zu beobachten ist.
Ein * am Hauptstern bedeutet, daß dieser Eigenname heute kaum mehr gebräuchlich ist.

Bezeichnung lateinisch(Kürzel)/deutsch	Fläche $(°)^2$	Hauptstern	Wann am Abendhimmel?
Lacerta(Lac)/Eidechse	201	α Lac(3.9^m)	Mai-Febr.
Leo(Leo)/Löwe	947	Regulus(1.4^m)	Jan.- Mai
Leo Minor(LMi)/Kl. Löwe	232	β LMi(4.2^m)	Dez.-Juni
Lepus(Lep)/Hase	290	Arneb(2.6^m)*	Nov.-März
Libra(Lib)/Waage	538	Zuben Elgenubi(2.8^m)*	Apr.-Juli
Lupus(Lup)/Wolf +	334	α Lup(2.3^m)	Mai
Lynx(Lyn)/Luchs	545	α Lyn(3.1^m)	Okt.-Juni
Lyra(Lyr)/Leier	286	Wega(0.0^m)	Mai- Januar
Microscopium(Mic)/Mikroskop +	210	α Mic(4.9^m)	Sept.-Okt.
Monoceros(Mon)/Einhorn	482	α Mon(4.1^m)	Nov.-April
Ophiuchus(Oph)/Schlangenträger	948	Ras Alhague(2.1^m)*	Mai-Okt.
Orion(Ori)/Orion	594	Beteigeuze(0-1^m)	Okt.-März
Pegasus(Peg)/Pegasus	1121	Markab(2.5^m)*	Juli-Jan.
Perseus(Per)/Perseus	615	Algenib(1.8^m)*	Juli-April
Pisces(Psc)/Fische	889	Al Rischa(3.9^m)*	Aug.-Febr.
Pisces Austrinus(PsA)/Südl. Fisch +	245	Fomalhaut(1.2^m)	Aug.-Dez.
Puppis(Pup)/Hinterteil des Schiffes +	673	ζ Pup(2.3^m)	Jan.-März
Pyxis(Pyx)/Schiffskompaß +	221	α Pyx(3.7^m)	Jan.-März
Sagitta(Sge)/Pfeil	80	α Sge(4.4^m)	Mai-Dez.
Sagittarius(Sgr)/Schütze +	867	Al Rami(4.0^m)*	Juni-Sept.
Scorpius(Sco)/Skorpion +	497	Antares (1.0^m)	Mai-Juli
Sculptor(Scl)/Bildhauer +	475	α Scl(4.4^m)	Sept.-Dez.
Scutum(Sct)/Schild	109	α Sct(4.1^m)	Mai-Nov.
Serpens(Ser)/Schlange	637	Unuk(2.7^m)*	Mai-Sept.
Sextans(Sex)/Sextant	314	α Sex(4.5^m)*	Jan.-Mai
Taurus(Tau)/Stier	797	Aldebaran(0.9^m)	Sept.-März
Triangulum(Tri)/Dreieck	132	α Tri(3.6^m)	Aug.-März
Ursa Maior(UMa)/Großer Bär	1280	Dubhe(1.8^m)*	zirkumpolar
Ursa Minor(UMi)/Kleiner Bär	256	Polarstern(2.0^m)	zirkumpolar
Virgo(Vir)/Jungfrau	1294	Spica(1.0^m)	Febr.-Juni
Vulpecula(Vul)/Füchschen	268	α Vul(4.4^m)	Mai-Dez.

Dies änderte sich im vorigen Jahrhundert, als es gelang, die Intensität des Sternenlichts mit physikalischen Methoden zu messen. Einem Vorschlag *Pogsons* folgend, wurde das Größenklassensystem im Jahr 1854 auf eine sichere, objektive Grundlage gestellt: Die Einteilung in Größenklassen wird an die meßbare *Intensität* des Sternenlichts gekoppelt, und zwar so, daß dem Sprung von einer Größenklasse zur nächst helleren ein Intensitätszuwachs um den den Faktor 2,5 (genau eigentlich: $\sqrt[5]{100}$) entspricht. Damit strahlt zum Beispiel ein Stern der 1. Größenklasse genauso hell wie 100 Exemplare der 6. Größenklasse zusammengenommen. Um sozusagen einen Startpunkt für die Helligkeitsskala zu haben, wählte man im vorigen Jahrhundert den Polarstern und setzte seine Helligkeit auf 2.12^m fest – in dieser *Kurzschreibweise für Größenklassen* steht das hochgestellte „m" für „magnitudo", das lateinische Wort für Größenklasse. Heute bezieht man sich zur Eichung der Helligkeitswerte auf ganze Systeme von Standardsternen.

Für besonders helle oder sehr schwache Gestirne mußte die Größenklassenskala noch erweitert werden. Das hellste Gestirn unseres Himmels (nach Sonne und Mond) ist die Venus: sie kann es zu Zeiten größten Glanzes auf die negative Größe -4.3^m bringen, und der Winterstern Sirius als hellster Fixstern wird immerhin noch mit – 1.5^m geführt. In Ferngläsern kann man noch schwache Sternchen bis etwa 10^m oder 11^m wahrnehmen und die allerschwächsten, nur mit extremem technischen Aufwand nachweisbaren Objekte (ferne Galaxien vom „Rand der Welt") liegen bei 28^m.

Tabelle. Intensitäten und Größenklassen

Größenklasse	Intensität ($0^m = 1$)	Beispiele
-26.7^m	47863009480	Sonne
-12.6^m	109650	Vollmond
-4.3^m	52	Venus (hellster Planet)
-1.5^m	4	Sirius(hellster Fixstern)
0.0^m	1	Wega in der Leier
2.0^m	0.16	Polarstern
4.0^m	0.025	Alcor (Reiterlein)
6^m	0.004	etwa Grenze für bloße Augen
12^m	0.000016	etwa Grenze für 4"-Fernrohr
14^m	0.0000025	etwa Grenze für 8"-Fernrohr
28^m	0.000000000006	schwächste beob. Objekte

Die Drehungen des Sternenhimmels

Welche Sternbilder man jeweils am Himmel beobachten kann, hängt von zweierlei ab: dem *Datum* im Jahr und der momentanen *Uhrzeit.* So, wie sich die Sonne im Laufe der Tagstunden über den Himmel bewegt, dreht sich auch die gesamte *Himmelskugel* mit ihren Sternbildern. Zu einer vollen *Umdrehung* braucht sie 23 Stunden und 56 Minuten, also 4 Minuten weniger als einen Tag. In diesem Zeitraum wandern alle Sternbilder auf mehr oder weniger großen Kreisen einmal um den *Himmelsnordpol* (nahe beim Polarstern).
Bei einer längeren nächtlichen Beobachtung läßt sich gut verfolgen, wie durch die Himmelsdrehung im Osten immer neue Sternbilder über den Horizont kommen, während andere im Westen untergehen. Manche Sterne kreisen auch auf so engen Bahnen um den Pol, daß sie nie unter den Horizont sinken: das sind die *Zirkumpolarsterne*. Hierzu gehören zum Beispiel die Sterne des Großen Wagen, den man in jeder klaren Nacht am Himmel finden kann.
Weil die Himmelskugel für eine volle Umdrehung 4 Minuten weniger als einen Tag benötigt, bietet der Sternenhimmel von einem Abend zum nächsten zur gleichen Uhrzeit zwar ungefähr auch wieder den selben Anblick, aber genaugenommen sind alle Sterne bereits um ein kleines Stück (nämlich 1°) weitergewandert. Im Verlauf von Wochen und Monaten summiert sich dieser Effekt auf, so daß wir im Zyklus eines Jahres einen steten Wechsel der abendlichen Himmelsszenerie erleben.
In den beschriebenen Drehungen des Sternenhimmels spiegelt sich einerseits die Rotation unseres Planeten um seine Achse wider (sie ist für die *tägliche Drehung* verantwortlich), während die langsameren, *jahreszeitlichen Veränderungen* eine Folge des wechselnden Standortes der Erde bei ihrem jährlichen Umlauf um die Sonne sind.

Koordinaten an der Himmelskugel

Auf der Erde kann man jeden Ort durch seine geographischen Koordinaten *Länge* und *Breite* festlegen. Viele Landkarten zeigen diese Koordinatenlinien und auch Erdgloben sind mit einem solchen *Koordinatennetz* überzogen, so daß man Länge und Breite jeder Stelle der Erdoberfläche leicht ablesen kann.
Genauso orientieren sich Astronomen am Himmel: Man denkt sich die Himmelskugel ebenfalls mit einem Koordinatennetz überzogen. Dabei spielen der *Himmelsnordpol und -südpol* die gleiche Rolle wie die Pole auf der Erdkugel, und es gibt auch einen *Himmelsäquator* – das ist ein fiktiver Großkreis rings um die Himmelskugel, der (unter anderem) durch die bekannten Sternbilder Orion, Jungfrau und Adler verläuft. Als Startpunkt der Längenzählung (entsprechend dem Nullmeridian von Greenwich) wählt man an der Himmelskugel denjenigen „Längenkreis", der durch den *Frühlingspunkt* verläuft (die Stelle im Sternbild der Fische, an der die Sonne zum Frühlingsanfang steht).
Statt von Länge spricht man im Fall der Himmelskugel allerdings üblicherweise von der *Rektaszension*, und die Breite heißt nun *Deklination*. Dabei wird die Rektaszension meist nicht in Grad (von 0°bis 360°) angegeben, sondern in „Stunden" und „Minuten", wobei die gesamte Himmelskugel in 24 Stunden Rektaszension (gleich 360°) eingeteilt ist. So be-

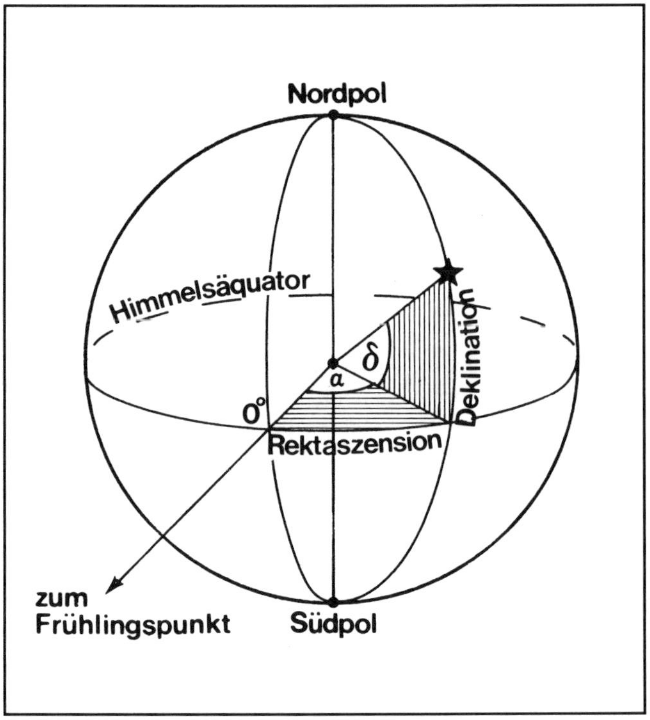

Koordinaten an der Himmelskugel

sitzt jeder Fixstern bestimmte Koordinaten, die man entsprechenden Katalogen entnehmen kann. Für die Beteigeuze im Sternbild des Orion findet man zum Beispiel: $5^h55.2^m$ Rektaszension, +7°22' Deklination.
Anders als die Fixsterne, verändern die Körper des Sonnensystems (Sonne, Mond, Planeten, Planetoiden und Kometen) ständig ihre Stellung vor dem Sternenhintergrund und damit auch im Koordinatennetz der Himmelskugel. Astronomische Jahrbücher enthalten deshalb längliche Tabellen, sogenannte *Ephemeriden*, in denen die Koordinaten dieser Himmelskörper von Tag zu Tag (bei Sonne und Mond) oder im Abstand einiger Tage (für die Planeten) aufgelistet sind.
Im Laufe der Jahre verschiebt sich der Frühlingspunkt auf der Ekliptik langsam nach Westen – eine Erscheinung, die schon dem griechischen Astronomen Hipparch bekannt war und die *Präzession* genannt wird (vgl. hierzu auch das Herbstkapitel!). Weil nun der Frühlingspunkt den „Nullmeridian" und damit auch das ganze Koordinatennetz am Himmel festlegt, müßte man wegen der Präzession eigentlich die Koordinatengitter der Sternkarten ständig neu zeichnen. Dies ist natürlich völlig unpraktikabel, und deshalb beziehen sich die Koordinaten unserer Sternkarten auf die Lage des Frühlingspunktes zu gewissen Standardzeitpunkten (sog. *Äquinoktien*), wie etwa auf das Jahr 1950 oder auch das Jahr 2000. In diesem Buch sind die Koordinaten aller angegebenen Objekte auf das Äquinoktium 2000 bezogen, so daß man sie in moderne Sternkarten eintragen oder dort auffinden kann.

3. RATSCHLÄGE FÜR DEN ANFÄNGER

Die Hilfsmittel des Sternfreundes

Wer die Sterne beobachten will, braucht dazu eine gewisse Grundausstattung. Hier sind vor allem drei Arbeitsmittel zu nennen: eine *drehbare Sternkarte* (wie sie diesem Buch beigegeben ist), ein *Sternatlas* und das jeweils aktuelle *astronomische Jahrbuch*.
Auf der *drehbaren Sternkarte* läßt sich der Anblick des Sternenhimmels für jeden beliebigen Zeitpunkt des Jahres einstellen – dies macht sie zum unentbehrlichen Hilfsmittel für den aktiven Beobachter. Ein *Sternatlas* sagt zwar nicht, was man wann und wo am Himmel findet, dafür bildet er aber den Sternenhimmel in größerem Maßstab auf mehreren Einzelkarten ab und zeigt die Lage von interessanten Beobachtungsobjekten wie Doppelsternen, Veränderlichen, Sternhaufen und Nebeln.
Astronomische Jahrbücher informieren zum Beispiel über den momentanen Stand der Planeten, über Sonnen- und Mondfinsternisse, auffällige Gestirnskonstellationen, Sternbedeckungen, Veränderliche und vieles mehr. Sie erscheinen jährlich neu und kommen jeweils im Herbst in den Buchhandel.

Schon mit bloßen Augen lassen sich viele Himmelsbeobachtungen anstellen – die folgenden Kapitel enthalten hierzu noch zahlreiche Hinweise. Über kurz oder lang entsteht bei vielen Sternfreunden aber doch der Wunsch, sich ein Fernglas oder sogar Fernrohr anzuschaffen. Zu diesem Thema können hier nur einige wenige, grundsätzliche Anmerkungen folgen. Vor einem Kauf sollte man sich unbedingt noch von erfahrenen Sternfreunden beraten lassen!
Mit *Ferngläsern* kann man schon zahlreiche Mondkrater erkennen, die vier hellen Jupitermonde sehen, Kometen beobachten und viele Sternhaufen und Nebelflecke aufsuchen. Wichtig für die *Lichtstärke* ist ein genügend großer *Objektivdurchmesser*, möglichst ab 50 Millimeter aufwärts. Ein „8x50"-Glas – bei dieser handelsüblichen Angabe kann man die Vergrößerung (8x) und den Objektivdurchmesser (50 mm) ablesen – wäre schon nicht schlecht, ein 11x80-Glas aber viel besser (und leider auch teurer!).
Bei den *Fernrohren* unterscheidet man zwei verschiedene Grundtypen: *Refraktoren* (Linsenfernrohre) und *Reflektoren* (Spiegelfernrohre). Linsenfernrohre bestechen durch ihre unübertroffene Bilddefinition; sie eignen sich besonders zur Beobachtung von Sonne ,Mond, Planeten und Doppelsternen. Bei Spiegelfernrohren bekommt man für das gleiche Geld mehr „Öffnung" und damit mehr Lichtstärke – sie sind ideal zur Beobachtung von „deep sky"-Objekten wie zum Beipiel schwacher Nebel oder ferner Galaxien.

Vor der Beobachtung

Es gibt einige Grundregeln, die man vor der Himmelsbeobachtung beherzigen sollte, um sich frustrierende Fehlschläge zu ersparen.
Zunächst einmal zum Stichpunkt *Wetter*! Viele Menschen sind bei uns schon dankbar, wenn einfach nur die Sonne scheint – mag der Himmel dabei dunstig sein oder nicht. Sternfreunde sollten aber im Hinblick auf ihr nächtliches Hobby kritischer sein: Bei diesiger Sicht, wie sie zum Beispiel häufig im Spätsommer während *Hochdrucklagen* auftritt, machen die meisten Beobachtungen keine Freude, denn die schwächeren Objekte verschwimmen im Dunst. Eine Ausnahme bilden hier Fernrohrbeobachtungen an Sonne, Mond oder den Planeten , für die eine dunstige Hochdrucklage mit ruhiger Luft sogar günstig ist. Viel klarer (wenn auch unruhiger) ist die Luft auf der Rückseite von *Kaltfronten*, wie sie häufig im Herbst oder Frühjahr durchziehen: Tagsüber zeigt sich der Himmel dann schön blau und ohne „Grauschleier", der Nachthimmel ist schwarz und mit funkelnden Sternen gesprenkelt.
Wichtig ist auch die *Standortwahl*. Der Beobachtungsplatz darf nicht zu sehr von Straßenlampen oder durch Lichtschein aus umliegenden Fenstern „behelligt" werden und sollte natürlich auch möglichst freie Sicht bieten. Hierbei sind Großstädter meist stark benachteiligt gegenüber

Bewohnern ländlicher Gegenden, am Meer oder im Gebirge. Stadtmenschen sollten ihrem Hobby aber wirklich das Opfer bringen und notfalls zu kleinen Exkursionen in dunklere Randzonen, in Parks o.ä. aufbrechen!
Nicht bedacht wird häufig auch die Rolle des *Mondes*: Er kann durch seine Helligkeit zu einem argen Störenfried werden! Besonders die Tage um *Vollmond* sind für eine Umschau am Sternenhimmel völlig ungeeignet. Für gehobenere Ansprüche sollte man nach Möglichkeit sogar die zwei Wocheh zwischen dem zunehmenden und dem abnehmenden Halbmond meiden.
Und schließlich noch ein Wort zur *Adaption* der Augen an die Dunkelheit. Wer sich vielleicht die Wartezeit mit Lesen oder Fernsehen vertrieben hat und dann zur Sternbeobachtung hinaus ins Freie tritt, darf sich nicht wundern, wenn er trotz klarstem Wetter zunächst kaum Sterne erkennen kann: Die Augen brauchen längere Zeit, um sich auf die Dunkelheit einzustellen – mindestens einige Minuten, aber selbst nach einer halben Stunde kann noch eine geringfügige Verbesserung eintreten.

Wie findet man sich am Himmel zurecht ?

Die Orientierung am sternübersäten Nachthimmel ist wohl das schwierigste Problem, mit dem ein Anfänger zu kämpfen hat. Die beste Lösung – leider läßt sie sich nicht in Buchform anbieten! – wäre ein erfahrener Sternfreund, der einem die Sternbilder „vor Ort" zeigen kann und vielleicht auch noch geduldig beliebig viele weitere Fragen klärt.
Wer auf sich allein gestellt ist, sollte vor einem Beobachtungsabend zunächst einmal anhand unserer drehbaren Sternkarte feststellen, welche Sternbilder dann überhaupt am Himmel stehen. Wie man die Karte richtig einstellt und was es sonst noch zu beachten gilt, findet man in der Beilage zur Sternkarte erklärt.
Anfänger sollten eine Auswahl treffen: Welche Sternbilder sind leicht zu entdecken, welche brauchen schon mehr Beobachtungsroutine? In unseren jahreszeitlichen Umschauen werden wir auf „leichte" Sternbilder und auffällige Einzelsterne jeweils noch besonders hinweisen.
Steht man schließlich mit der (korrekt eingestellten und richtig gehaltenen!) Sternkarte im Freien, kommt die schwierigste Hürde: der Vergleich zwischen Karte und „Wirklichkeit", also dem Sternenhimmel. Wer sich überhaupt noch nicht unter den Sternen auskennt, sollte sich zuerst ein leicht erkennbares Sternbild wählen und dieses dann anhand von *Himmelsrichtung* (Azimut) und *Höhe* über dem Horizont anpeilen (beide Angaben lassen sich aus unserer Sternkarte ablesen). Natürlich muß man hierzu auch die Lage der Himmelsrichtungen am Beobachtungsplatz kennen!
Wenn man erst einmal ein Sternbild am Himmel gefunden hat, so fällt es meist nicht schwer, auch die Sternbilder in der näheren Umgebung zu entdecken. Um sich von bereits bekannten Sternbildern in unbekannte Gefilde vorzutasten, sind häufig auch *Entfernungsangaben* nützlich, die an der Himmelskugel zweckmäßigerweise als Winkel (in Grad) angegeben werden. Hierzu gibt es einige Faustregeln, auf die wir später gelegentlich zurückgreifen: Bei ausgestrecktem Arm erscheint eine *Daumenbreite* unter dem Winkel von 1°, eine *Faustbreite* überdeckt rund 8° und eine *Handspanne* etwa 20°.
Sehr kleine und nur im Fernrohr trennbare Winkel wie zum Beispiel die scheinbaren Durchmesser der Planetenscheibchen oder die Abstände bei Doppelsternen, gibt man meist in *Bogenminuten* (Zeichen: 1') oder in *Bogensekunden* (1") an. Dabei ist 1° = 60' und 1'= 60".

KAPITEL I: DER STERNENHIMMEL IM WINTER

1. VON SONNE UND MOND

Die Jahresbahn der Sonne im Tierkreis

Vielen Menschen ist gar nicht bewußt, daß auch am Taghimmel Sterne und Sternbilder stehen. Natürlich kann man sie dann nicht mit bloßen Augen beobachten, denn sie werden ja von der allgemeinen Himmelshelligkeit völlig überstrahlt. In einem Fernrohr lassen sich aber die hellsten Sterne selbst bei Sonnenschein durchaus erkennen! So kann man sich vorstellen, daß unsere Sonne jeweils vor einem bestimmten Sternenhintergrund steht – auch wenn das betreffende Sternbild in der Tageshelligkeit unsichtbar bleibt.
Schon sehr früh haben die Astronomen gewußt, daß die Sonne nicht ständig im selben Sternbild verharrt, sondern im Lauf des Jahres eine ganze Reihe von Sternbildern durchwandert. Die Folge dieser Sternbilder nennt man traditionellerweise den „Tierkreis", und die genaue Linie, auf der sich unsere Sonne durch den Tierkreis bewegt, heißt „Ekliptik". Es gibt 12 Tierkreissternbilder, deren Namen – besonders von den astrologischen Tierkreiszeichen her – wohl allgemein bekannt sind (Wie die Tierkreiszeichen mit den entsprechenden Bildern zusammenhängen, wird im Herbstkapitel noch näher erklärt).
Auf der Ekliptik gibt es nun vier besondere Stellen, die für unseren Kalender von Bedeutung sind: den Winterpunkt (im Sternbild des Schützen), den Frühlingspunkt (in den Fischen), den Sommerpunkt (in den Zwillingen) und schließlich den Herbstpunkt im Sternbild Jungfrau. Wenn die Sonne auf ihrer Jahreswanderung einen dieser Punkte erreicht, beginnt bei uns die entsprechende Jahreszeit.

Der Sonnenlauf im Winter.

Unsere Abbildung zeigt die Wanderung der Sonne durch den Tierkreis in den Wintermonaten.

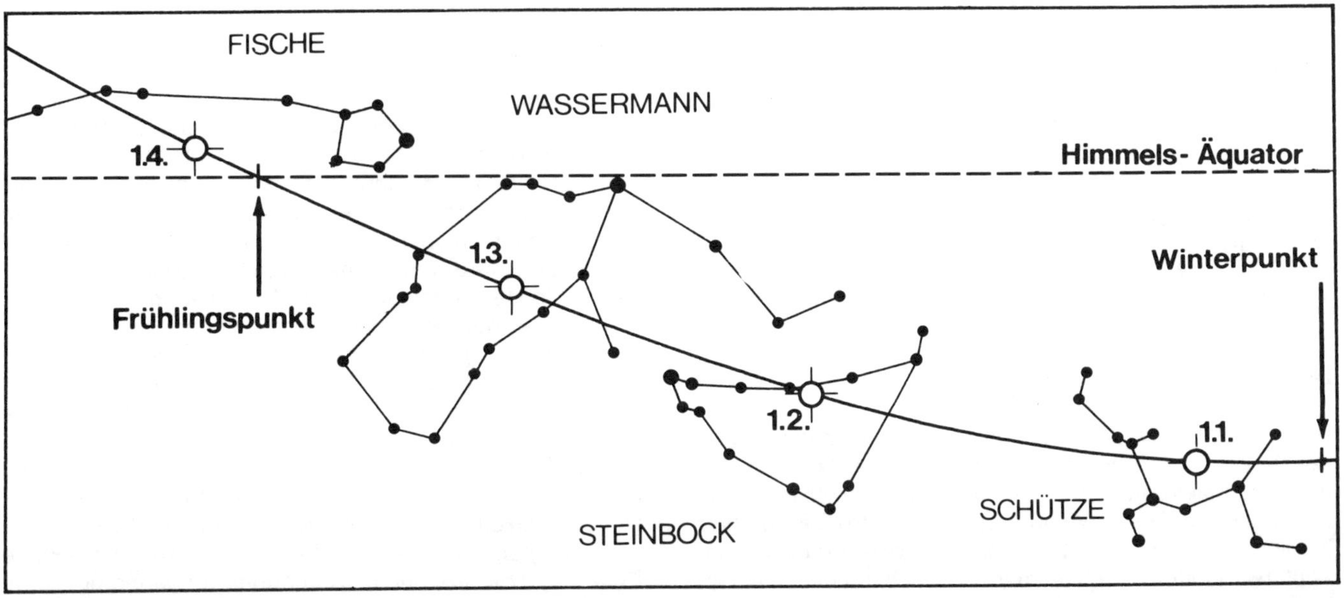

Der Sonnenlauf im Winter

Ihr Weg beginnt zum Winteranfang (am 21. oder 22. Dezember) am niedrigsten Bahnpunkt, dem Winterpunkt im Sternbild Schütze. Der Tagebogen, den die Sonne dann von Südosten nach Südwesten über den Himmel zieht, ist besonders kurz und flach: Zwischen ihrem Auf-und Untergang liegen nur 8 Stunden ,und zur Mittagszeit erreicht das Tagesgestirn nur rund 17 Grad Höhe über dem Südhorizont (der genaue Wert hängt von der geographischen Breite des Beobachters ab).Dies ist die dunkelste Zeit des Jahres, von allen gefürchtet, die morgens früh aufstehen müssen, aber ohne Tageshelligkeit kaum wach werden können!
Man erkennt aus der Abbildung , daß die Sonne zunächst nur sehr langsam an Höhe gewinnt. Aber mit dem Ende des Januars, wenn die Sonne den Steinbock erreicht, kann man doch schon erfreut das „Längerwerden" der Tage registrieren. Im Februar geht es dann mit der Sonne kräftig aufwärts: Sie wandert vom Steinbock in den Wassermann, und dabei nimmt ihre Mittagshöhe um 10 Grad auf rund 33 Grad zu, so daß sie Ende Februar zur Mittagszeit schon doppelt so hoch am Himmel steht wie zu Beginn des Winters! Die Tag-und Nachtgleiche ist nun nicht mehr fern: Am 20. oder 21. März (das ist von Jahr zu Jahr verschieden) erreicht sie im Sternbild der Fische den Frühlingspunkt – es ist Frühlingsanfang.
Unsere Tabelle gibt einen Überblick über die Sonnenauf- und Untergangszeiten in den Wintermonaten. Außerdem enthält sie die für den beobachtenden Sternfreund wichtigen Zeiten, zu denen abends die echte (astronomische) Dunkelheit beginnt und morgens mit dem Einsetzen der Dämmerung endet. Die Angaben gelten genau für 10° östl. Länge und 50° nördl. Breite. Für andere Orte in Deutschland können Abweichungen bis zu 20 Minuten auftreten.

Tabelle

Datum	Sonnenauf-/Untergang		Dunkelheit (Beginn/Ende)	
1. Januar	8.19 MEZ	16.29 MEZ	18.20 MEZ	6.20 MEZ
15. Januar	8.13	16.46	18.40	6.15
1. Februar	7.54	17.14	19.00	6.00
15. Februar	7.32	17.37	19.25	5.45
1. März	7.04	18.02	19.50	5.20
15. März	6.35	18.24	20.15	4.45

Die Sache mit den Schaltjahren

Warum fällt der Winteranfang (ebenso wie auch der Beginn der übrigen Jahreszeiten) eigentlich nicht stets genau auf dasselbe Kalenderdatum, sondern verschiebt sich gelegentlich um einen Tag ? Offenbar erreicht die Sonne auf ihrer jährlichen Wanderung durch die Tierkreissternbilder den Winterwendepunkt nicht immer zur gleichen Zeit! Zu einem vollen Umlauf im Tierkreis braucht sie nämlich nicht exakt 365 Tage, sondern rund einen viertel Tag länger (365,242 Tage). Wenn nun unser Kalender diesen Effekt unberücksichtigt ließe, würde folgendes geschehen: Von Jahr zu Jahr käme die Sonne immer später im Winterwendepunkt an, und nach 120 Jahren hätte sich dadurch der Winteranfang bereits um einen vollen Monat in die zweite Januarhälfte verlagert, so daß also in überschaubaren Zeiträumen bereits eine merkliche Diskrepanz zwischen dem Kalender einerseits und dem tatsächlichen Stand von Sonne und Natur andererseits entstünde.
Natürlich möchte man ein derartiges Auseinanderklaffen von Kalender und Natur vermeiden, und deshalb legte schon der von Julius Caesar eingeführte und bis ins 16. Jahrhundert verbindliche Julianische Kalender alle vier Jahre einen zusätzlichen Schalttag ein, um der langsamen Sonne die Gelegenheit zu geben, wieder an den Kalender heranzukommen.
Heute richten wir uns nach dem Gregorianischen Kalender, so benannt nach Papst Gregor XIII, der ihn im Jahr 1582 einführte. Der Gregorianische Kalender sieht noch etwas verbesserte Schaltregeln vor: Zwar wird im allgemeinen auch alle vier Jahre (wenn nämlich die Jahreszahl durch 4 teilbar ist) ein 29. Februar als Schalttag angehängt, aber von den vollen Jahrhunderten soll nur jedes vierte ein Schaltjahr sein: So waren die Jahre 1700, 1800 und 1900 keine Schaltjahre, aber im Jahr 2000 wird es wieder einen 29. Februar geben.
Diese Schaltregeln unseres Kalenders sind immerhin schon so genau, daß der Unterschied zwischen Kalender und Sonnenlauf erst nach über dreitausend Jahren auf einen Tag angewachsen sein wird!

Wie die Jahreszeiten entstehen

Daß wir uns auf der Erde überhaupt wechselnder Jahreszeiten erfreuen können,haben wir der „Schiefe" der Rotationsachse unseres Planeten zu verdanken. Diese Drehachse durch den Nord- und Südpol steht nämlich nicht genau senkrecht auf der Erdbahnebene, sondern ist um rund 23 Grad aus der Senkrechten geneigt.So kommt es, daß beim Umlauf der Erde um die Sonne ein halbes Jahr lang die Nordhalbkugel der Sonne zugeneigt ist – wir haben dann das Sommerhalbjahr mit hohem Sonnenstand ,während die Bewohner der Südhalbkugel ihr Winterhalbjahr mit flachem Sonnenstand erleben. In den anderen sechs Monaten, wenn die Südhälfte der Erde zur Sonne geneigt ist, kehren sich die Verhältnisse genau um.
Gar nichts mit der Entstehung der Jahreszeiten hat dagegen der wechselnde Abstand der Erde zur Sonne zu tun! Die Umlaufbahn unseres Planeten um die Sonne weicht nämlich nur geringfügig von der Kreisform ab und so schwankt die Entfernung Erde-Sonne das Jahr über nur geringfügig (zwischen 147 und 152 Millionen Kilometern).Die Intensität der

Sonneneinstrahlung ändert sich dadurch kaum und kann auch keine jahreszeitlichen Veränderungen hervorrufen. Der geringste Sonnenabstand wird übrigens in unserem Nordwinter erreicht (am 3. Januar).

Von den Rhythmen des Mondes

Nicht nur die Sonne, sondern auch der Mond und die Planeten durchwandern (unterschiedlich schnell) den Tierkreis. Der Mond benötigt für einen vollen Umlauf 27,32 Tage – man nennt diese Zeitspanne auch den „siderischen" (auf den Sternenhintergrund bezogenen) Monat. Nach Ablauf eines siderischen Monats finden wir den Mond also wieder im selben Tierkreissternbild, und auch ungefähr wieder in der gleichen „Phase" (so nennt man die verschiedenen Formen mit denen uns der Mond am Himmel erscheint, wie zunehmende Sichel, Halbmond, Vollmond u.s.w.). Genaugenommen wiederholen sich die Mondphasen allerdings erst mit einer etwas längeren Periode, nämlich dem synodischen Monat von 29,53 Tagen.
Der synodische Monat ist also nur wenig kürzer als ein Kalendermonat, und deshalb verlagert sich zum Beispiel das Datum des Vollmonds von einem Monat zum nächsten nur um ein oder zwei Tage. Mit dem Kalenderjahr allerdings passen weder die siderische noch die synodische Umlaufszeit des Erdtrabanten zusammen. Phasen und Positionen des Mondes im Tierkreis kehren also nicht im jährlichen Rhythmus wieder. Erst nach 19 Jahren, dem sogenannten Metonischen Zyklus, wiederholen sich Mondstellung und -phasen zum gleichen Datum.

Der Mond im Winter

Immerhin zeigt aber auch der Mond gewisse, für die jeweilige Jahreszeit charakteristische „Verhaltensweisen". Dies betrifft vor allem seine Stellung am Himmel zu den verschiedenen Phasen. Betrachten wir zum Beispiel die Mondstellungen im letzten Monat des Jahres, ungefähr zum Winteranfang!
Wenn die schmale Mondsichel wenige Tage nach Neumond wieder am Dezemberabendhimmel auftaucht, wird man sie bis zu ihrem frühen Untergang niedrig über dem Südwesthorizont finden. Der junge Mond hat sich ja noch nicht weit im Tierkreis von der Sonne entfernt und steht im letzten Monat des Jahres ebenso wie das Tagesgestirn in den niedrigsten Teilen der Ekliptik, die im Südwesten in flacher Linie unter den Horizont führt.
Rund eine Woche nach Neumond ist der zunehmende Halbmond (inkonsistenterweise auch „erstes Viertel" genannt) erreicht, und nun haben sich die Verhältnisse schon deutlich geändert! Der Halbmond steht im Tierkreis 90° von der Sonne entfernt und damit in der Nähe des Frühlingspunktes im Sternbild der Fische. Bei Sonnenuntergang finden wir ihn deshalb schon auf immerhin 40° Höhe am Südhimmel – genauso hoch, wie die Sonne zum Frühlingsanfang steht.
Wieder eine Woche später ist Vollmond. Bei Vollmond stehen sich Sonne und Mond am Himmel (und auch im Tierkreis) genau gegenüber. Deshalb steht der Vollmond zu Anfang des Winters im Tierkreis dort,wo sich die Sonne zum Sommeranfang aufhält: nahe dem Sommerpunkt in den Zwillingen. Er zieht also einen ebenso hohen und langen Bogen über den Himmel, wie wir es von der Sonne im Juni kennen. Schon am hellen Nachmittag kommt der Wintervollmond im Nordosten über den Horizont, strahlt zur Mitternacht aus großer Höhe (um 60°) vom Südhimmel herab und versinkt nach langer Winternacht erst wieder im Nordwesten unter dem Horizont, wenn die Sonne schon aufgegangen ist.
Diese Stellungen des Mondes ändern sich sinngemäß mit dem Fortgang des Winters. Wenn sich die Sonne zum Winterende schließlich dem Frühlingspunkt nähert, wird man nach der jungen Mondsichel über dem Westhorizont Ausschau halten. Der zunehmende Halbmond steht bei Sonnenuntergang bereits hoch im Süden, während sich der Vollmond – nahe dem Herbstpunkt im Sternbild der Jungfrau – bei Winterende nur noch zu gemäßigten Höhen (nicht viel mehr als 40°) aufschwingen kann.

2. UMSCHAU AM WINTERHIMMEL.

Für unsere Beobachtungen wählen wir eine Zeit, zu der die typischen Wintersternbilder in bester Beobachtungshöhe am Südhimmel zu finden sind – das ist zum Beispiel Anfang Januar gegen 23 Uhr und zu Beginn des Februar gegen 21 Uhr der Fall.

Der Südhimmel.

Zu keiner anderen Jahreszeit findet man am Abendhimmel so viele funkelnd helle Sterne beisammen wie jetzt im Winter! Auf halber Höhe im Süden erkennt man als Zentrum der Szenerie den *Orion*, das bekannteste und sicher auch schönste Wintersternbild. Mit der orange getönten *Beteigeuze* und dem weißstrahlenden *Rigel* enthält der Orion zwei der hellsten Fixsterne.
Ausgehend vom Orion, der auch vom Anfänger leicht am Himmel zu entdecken ist, kann man die anderen Winterbilder aufsuchen. Rechts oberhalb des Orion steht der *Stier*, dessen 0.9^m heller *Aldebaran* kaum schwächer als die Beteigeuze leuchtet. Der Stier enthält auch die interessanten Sternhaufen der *Hyaden* und *Plejaden*, über die später noch berichtet wird.
Oberhalb des Stiers und nicht weit vom Zenit entfernt, zeigt sich das Fünfeck des *Fuhrmanns* mit der 0.1^m hellen *Capella* sowie der *Perseus*, der zwar keine auffallend hellen Sterne enthält, dafür aber den berühmten Veränderlichen *Algol*.

Schräg links oberhalb vom Orion trifft man auf das Tierkreissternbild der *Zwillinge* mit den beiden hellen Sternen *Castor* und *Pollux*. Darunter leuchtet ein recht vereinzelt stehender Stern: *Prokyon* im *Kleinen Hund*. Beachtliche 0.4^m hell, kann er sich durchaus mit Beteugeuze messen, die etwa gleichhoch, aber weiter rechts am Himmel steht. Wenn man die Linie der drei Orion-Gürtelsterne nach links unten in Richtung auf den Horizont im Südosten verlängert, gelangt man zum strahlend hellen *Sirius*. Er ist der Hauptstern im *Großen Hund* und der hellste Fixstern des gesamten Himmels.
Erst wenn man diese „leichten" Sternbilder kennengelernt hat und auch mühelos wieder auffinden kann, sollte man sich zu den unauffälligeren Bildern vorwagen.Beim Sternbild des *Hasen* (direkt unterhalb vom Orion) dürfte das noch ziemlich problemlos gelingen, wenn der Himmel dunkel und die Sicht in Horizontnähe nicht durch Dunst getrübt ist. Schwieriger wird es dann schon beim großflächigen Sternbild *Einhorn (Monoceros),* das sich nach links an den Orion anschließt und im Bereich zwischen dem Großen Hund und den Zwillingen zu suchen ist: Ihm fehlen hellere Sterne und seine Konturen sind alles andere als einprägsam. Ähnliches gilt auch für den *Eridanus*, der rechterhand vom Orion beginnt und sich dann bis unter den Horizont im Südwesten erstreckt.
Vom Horizont im Südosten über das Einhorn und die Zwillinge bis hinauf zum Fuhrmann zieht das matte Band der *Milchstraße*. Ihre winterlichen Teile sind viel unauffälliger als die Sternwolken der Sommermilchstraße: Räumlich betrachtet, blickt man an Winterabenden nämlich in die sternärmeren Außenzonen unseres Milchstraßensystems.

Der Westhimmel.

Im Vergleich zum Südhimmel sieht es zur gewählten Beobachtungszeit nach Westen zu eher bescheiden aus! Dort zeigen sich allenfalls mittelhelle Sterne und eher unscheinbare Sternbilder. Am auffälligsten ist noch die *Cassiopeia*, hoch im Nordwesten. Ihre 2^m bis 3^m hellen Sterne formen ein auch für den Anfänger leicht erkennbares „W", das jetzt fast senkrecht zum Horizont auf seiner rechten Kante steht.
Eine Handspanne links der Cassiopeia beginnt die *Andromeda:* eine Kette aus mittelhellen Sternen, die nun senkrecht hinab bis zum *Pegasusviereck* führt, das zu unserer Beobachtungszeit aber schon recht horizontnah und kurz vor dem Untergang steht. Eine knappe Handspanne linkerhand der Andromeda trifft man auf das kleine Tierkreissternbild des *Widders,* das mit dem 2^m hellen Stern *Hamal* wenigstens ein bescheidenes Glanzlicht besitzt. Die übrigen auf unserer Karte verzeichneten Sternbilder wie die *Fische* und der *Walfisch* sind unscheinbar und unübersichtlich, zudem stehen sie jetzt doch schon recht niedrig.

Der Nordhimmel.

Wenden wir den Blick nun dem Nordhimmel zu! Er ist dem jahreszeitlichen Wechsel insofern nicht so stark unterworfen,als man seine zirkumpolaren Sternbilder zu jeder Jahreszeit finden kann – wenn auch in anderer Lage als jetzt im Winter.
Der *Große Wagen*, manchmal auch *Großer Bär* genannt, ist das bekannteste zirkumpolare Sternbild. Zu unserer Beobachtungszeit steht der Große Wagen mittelhoch im Nordosten, und die *Wagendeichsel* weist nun senkrecht nach unten.
Meist ist nur vom Hörensagen bekannt, daß es außer dem Großen Wagen auch noch einen *Kleinen Wagen* am Sternenhimmel gibt. Dabei enthält dieses Sternbild, das wie eine Miniaturausgabe des großen Modells aussieht, den als „Nordweiser" oft gesuchten *Polarstern*! Trotz seiner 2.Größe fällt der Polarstern in relativ unübersichtlicher Umgebung nicht besonders auf. Um ihn zu finden, fixiert man zuerst die beiden hinteren (zu unserer Beobachtungszeit „obersten") Wagensterne und verlängert dieses Strecke etwa fünfmal nach links: dann sollte man in der Gegend des Polarsterns ankommen.
Der Polarstern zeigt uns übrigens nicht nur die *Nordrichtung* an, sondern auch die *geographische Breite* des Beobachtungsortes: Die Höhe dieses Sterns über dem Nordhorizont (in Grad) stimmt nämlich mit der geographischen Breite des Betrachters überein (dies gilt genaugenommen eigentlich für den Himmelsnordpol, der aber nur 1° vom Polarstern entfernt liegt).
Eine Handspanne links vom Polarstern und am Himmel etwas niedriger, trifft man auf das Sternbild *Cepheus.* Es besteht aus fünf mittelhellen Sternen und erinnert in seiner Form an das „Haus vom Nikolaus". Schließlich sei noch das ebenfalls unauffällige, aber doch, wenn man es erst einmal ganz erfaßt hat, recht hübsche Sternbild des *Drachen* genannt. Es windet sich in weitem Bogen um den Polarstern herum. Den markantesten Teil bildet ein kleines Sternviereck, das den *Kopf des Drachen* andeuten soll und das jetzt genau im Norden, etwa zwei Faustbreiten hoch über dem Horizont, zu finden ist.

Der Osthimmel.

Richtung Osten zeigt sich bereits ein Vorbote des Frühlings: Dort ist nämlich das Sternbild des *Löwen* aufgegangen, das mit seiner einprägsamen Kontur auch für den Anfänger leicht am Himmel zu finden ist. Obwohl der Löwe bereits in kalten Winternächten am Himmel steht, rechnet man ihn doch zu den Frühlingssternbildern, weil er dann in bester Beobachtungshöhe am Südhimmel prangt.
Wenn man vom Löwen und dem weiter links im Nordosten stehenden *Großen Wagen* absieht,sind die übrigen jetzt in

dieser Himmelsrichtung zu beobachtenden Sternbilder doch sehr unscheinbar. Bei einigen – wie dem *Kleinen Löwen* oder dem *Luchs* – wird wohl auch manch altgedienter Sternfreund in Schwierigkeiten kommen, wenn er sie auf Anhieb zeigen soll! Meist nur als Sternzeichen geläufig ist der *Krebs*, rechterhand vom Löwen. Auch der Krebs ist sehr unauffällig – er enthält nur eine Handvoll schwächerer Sterne mit Helligkeiten zwischen 3.5^m und 5.1^m.

3. IM BLICKPUNKT: INTERESSANTE STERNBILDER UND EINZELOBJEKTE

Wir haben uns nun einen ersten Überblick über den Winterhimmel verschafft. Das Interesse am gestirnten Himmel wird jedoch schnell nachlassen, wenn man es dabei bewenden läßt, die Sternbilder kennenzulernen. Je mehr man aber zum Beispiel über die Mythologie der Sternbilder, über Besonderheiten einzelner Sterne oder andere interessante Beobachtungsobjekte weiß, umso faszinierender wird der Blick zum Sternenhimmel. Deshalb wollen wir uns nun einige ausgewählte Wintersternbilder noch etwas näher betrachten.

Wie der Orion an den Himmel versetzt wurde.

Auch der Anfänger wird das Sternbild des Orion unschwer am Himmel entdecken. Es braucht nur wenig Fantasie, um in dieser Figur eine imposante menschliche Gestalt zu sehen, und so haben viele alte Kulturvölker den Orion als Gottheit, Krieger oder nationalen Heroen gedeutet.
Nach der griechischen Mythologie war Orion ein mächtiger Jäger, dessen Selbstvertrauen nicht gerade unterentwickelt genannt werden konnte.So prahlte er damit, sämtliche wilden Tiere und anderweitigen Ungeheuer auf Erden vernichten zu können. Sein Ende war gewaltsam: Weil Apollon fürchtete,daß seine Schwester Artemis den Reizen des Orion erliegen könnte,sandte er einen mächtigen Skorpion aus, der den Orion tötete. Anderen Berichten zufolge soll Orion diesem Skorpion noch entkommen sein; er floh über das Meer auf Delos zu, konnte jedoch seinem Schicksal nicht entgehen. Denn in Unkenntnis der Sachlage schoß die von ihrem Bruder aufgestachelte Artemis einen tödlichen Pfeil auf den Schwimmenden ab. Als Artemis ihren tragischen Irrtum bemerkte, versetzte sie Orion an den Sternenhimmel. Auch der Skorpion wurde zum Sternbild – allerdings vorsichtshalber weit vom Orion entfernt, so daß er erst dann im Südosten über den Horizont kommt, wenn der Orion im Westen untergegangen ist.

Die wichtigsten Orionsterne

Weil dieses Sternbild so sehr einer menschlichen Figur ähnelt, spricht man oft von den „Schultersternen“, den „Fußsternen“ oder auch den „Gürtelsternen“ des Orion.Alle diese Sterne tragen Eigennamen, von denen aber nur noch Beteigeuze (linker Schulterstern), Rigel (rechter Fußstern) und allenfalls noch Bellatrix (rechter Schulterstern) gebrächlich sind. Rigel ist mit seiner Helligkeit von 0.1^m der siebthellste Fixstern des gesamten Himmels. Die Beteigeuze steht ihm allerdings kaum nach – ihre Helligkeit schwankt unregelmäßig zwischen 0^m und 1^m.Auch die drei Gürtelsterne und Bellatrix leuchten mit 2. Sterngröße immer noch recht beachtlich! Die Entfernung dieser Sterne zu uns ist sehr unterschiedlich und liegt zwischen 500 Lichtjahren (Beteigeuze) und 1600 Lichtjahren (Gürtelsterne).

Weitwinkelaufnahme des Sternbilds Orion, von H.-J. Goldan. Links unterhalb der Bildmitte der Stern Sirius

Was uns die Farben der Sterne verraten

Daß die Sternpunkte des Himmels tatsächlich nicht alle eintönig weiß leuchten, ist vielen Zeitgenossen gar nicht bewußt. Man muß auch wirklich recht genau hinschauen und vergleichen,um Unterschiede in den Farbtönungen wahrzunehmen. Bei den hellen Sternen des Orion gelingt das noch relativ gut. Man vergleiche dazu einmal die Beteigeuze mit Rigel, dem rechten Fußstern! Wenn man mehrmals hin- und herschaut,fällt auf, daß Beteigeuze gegenüber dem weißstrahlenden Rigel doch merklich orange getönt ist. Mit einem Fernglas ist dieser Farbunterschied noch deutlicher zu erkennen. Es handelt sich bei Beteigeuze nämlich um einen sogenannten „Roten Riesen", wobei das Adjektiv „rot" allerdings stark übertrieben ist und bei Anfängern leicht zu falschen Vorstellungen führen kann.
In unserer Tabelle sind die Farben einiger bekannter Fixsterne zusammengestellt. Dem üblichen Brauch folgend, wird auch hier „in kräftigen Farben gemalt". Man sollte aber daran denken, daß es in Wirklichkeit immer nur um Farbnuancen geht.

Tabelle. Die Farben bekannter Sterne

Stern	Farbe	Temperatur(K)	Stern	Farbe	Temperatur
Aldebaran	orange	3100	Pollux	gelb	4500
Antares	orange	3100	Prokyon	weiß	7000
Arktur	tiefgelb	4200	Regulus	blau-weiß	13000
Atair	weiß	7800	Rigel	blau-weiß	12000
Beteigeuze	orange	3100	Sirius	weiß	10000
Capella	gelblich	4900	Spica	blau-weiß	25000
Deneb	weiß	9700	Wega	weiß	9200

Die Tabelle enthält auch die Oberflächentemperaturen der Sterne – angegeben, wie es in der Sternphysik üblich ist , in Kelvin (die Celsiuswerte liegen jeweils um 273 Grad niedriger). Man erkennt: Sehr heiße Sterne wie etwa Rigel, Regulus und Spica strahlen mit weißem oder sogar bläulich getöntem Licht. Dagegen erscheinen uns kühle Sterne wie die Roten Riesen Beteigeuze, Aldebaran und Antares tiefgelb bis orangerot. Die Sterne verraten uns also durch die Färbung ihre (Oberflächen-)Temperatur.

Die Spektren der Sterne

Natürlich kann der bloße Augenschein nur sehr grobe Anhaltspunkte für die Temperatur eines Sterns liefern. Genaueren Aufschluß – nicht nur über die Temperatur, sondern zum Beispiel auch über die chemische Zusammensetzung – gibt das „Spektrum" eines Sterns. Mit geeigneten Geräten (Spaltspektrographen) läßt sich das Licht eines Sterns in seine einzelnen Farben zerlegen – ähnlich wie es die Wassertropfen eines Regenschauers tun, die uns durch Zerlegung des weißen Sonnenlichtes das farbenprächtige Schauspiel eines Regenbogens bescheren.
Sternspektren zeigen bei genauerer Betrachtung zahlreiche feine, dunkle Linien, die man Fraunhofersche Linien nennt (nach dem Physiker Joseph von Fraunhofer,der zu Beginn des letzten Jahrhunderts schon hunderte solcher Linien im Sonnenspektrum fand). Diese Spektrallinien sind eine Art Fingerabdruck der chemischen Elemente. Man braucht also nur im Labor die Spektren chemischer Stoffe zu ermitteln und sie dann mit den Sternspektren zu vergleichen. Auf diese Weise gelang Kirchhoff im Jahr 1859 erstmals der Nachweis des Elements Natrium auf der Sonne.
Der Henry-Draper Katalog aus dem Jahr 1918 enthält bereits die Spektren von über zweihunderttausend Sternen – aufgeführt nach sogenannten „Spektralklassen". Dabei werden die Sterne nach abnehmenden Temperaturen geordnet: Die heißesten Sterne kommen in die Spektralklasse O, dann folgen die Typen B,A,F,G,K und schließlich (als kühlste) die M -Sterne. Gelegentlich hängt man an diese Buchstaben zur feineren Unterscheidung noch Ziffern zwischen 0 und 9 an. Nach dieser sogenannten Harvard-Klassifikation ist zum Beispiel Rigel ein B8- Stern, die heißen Gürtelsterne werden (von links nach rechts) als O9, B0 und O9 -Sterne klassifiziert, während die kühle Beteigeuze als M2- Stern geführt wird. Unsere Sonne ist vom Spektraltyp G2.
Innerhalb einer festen Spektralklasse ähneln sich zwar die Spektren, aber die Leuchtkräfte der einzelnen Sterne können doch sehr unterschiedlich sein. Um dies noch zu berücksichtigen, erweitert man die Harvard-Klassifikation gelegentlich um die Angabe einer Leuchtkraftklasse (abnehmend von 0 bis VII). Unsere Sonne gehört zur Klasse V, sie ist also ein G2 V – Stern. Dagegen zählen Beteigeuze, Rigel und die beiden hellsten Orion-Gürtelsterne als wahre Leuchtkraftriesen zur Klasse I.
Weitere Einzelheiten über die verschiedenen Spektraltypen findet man tabellarisch zusammengestellt!

Tabelle. Die Spektralklassen der Sterne

Typ O: Extrem heiße und äußerst leuchtkräftige Sterne. Temperaturen über 30000 K, bläulich-weiß. Im Spektrum Linien des ionisierten Heliums. Beispiele: Zeta und Delta Orionis (Gürtelsterne).

Typ B: Sehr leuchtstarke, heiße Sterne mit Temperaturen im Bereich 10000-30000 K. Linien des neutralen Heliums und Wasserstoffs. Beispiele: Spica, Regulus, Rigel.

Typ A: Weiße Sterne von 7200-10000 K. Starke Linien des Wasserstoffs. Je nachdem,ob es sich um Riesen, Sterne der Hauptreihe oder Zwerge handelt, sind die Leuchtkräfte sehr unterschiedlich (das gilt auch für die folgenden Klassen). Beispiele: Atair, Castor,

Sirius, Wega (alles Hauptreihensterne), Deneb (Riese), Siriusbegleiter (Weißer Zwerg).

Typ F: Weißliche Sterne von 6000-7200 K. Auftreten von Metallinien. Beispiele: Prokyon und Polarstern (Riese).

Typ G: Gelbliche Sterne von 5300-6000 K.Linien von Calzium, Eisen und anderen Metallen. Beispiele: Sonne (Hauptreihe), Capella (Riese).

Typ K: Kühle, gelblich-orange getönte Sterne mit Temperaturen im Bereich von 3900-5300 K.Starke Metallinien. Beispiele: Aldebaran, Alphard, Arktur, Pollux (alles Riesensterne)

Typ M: Sehr kühle, orange-rötliche Sterne mit Temperaturen unter 3900 K. Viele Metallinien und Titanoxidbanden. Beispiele: Die Riesen Antares, Beteigeuze und Mira.

Von Riesen, Zwergen und Hauptreihensternen

Wenn man einmal in einem Diagramm für eine große Zahl von Sternen die Leuchtkraft gegen den Spektraltyp (oder auch die Temperatur) aufträgt, so erhält man eine Darstellung, wie sie unsere Grafik in etwas schematisierter Weise wiedergibt. Dieses sogenannte Hertzsprung-Russell-Diagramm (benannt nach Ejnar Hertzsprung und Henry Noris Russell, die es zu Beginn unseres Jahrhunderts entdeckten) ist ein wichtiges Hilfsmittel für die Astrophysiker, auf dessen sämtliche Anwendungsmöglichkeiten wir gar nicht eingehen können.

Man erkennt jedenfalls deutlich verschiedene Gruppierungen von Sternen. Viele Sterne liegen auf der sogenannten „Hauptreihe", die sich als schmales Band von links oben nach rechts unten durch das HR-Diagramm zieht. Zum Beispiel zählt unsere Sonne zu den Hauptreihensternen, aber auch so bekannte Fixsterne wie Sirius, Prokyon, Spica, Wega und Atair gehören dazu.

Oberhalb der Hauptreihe findet man die Riesen oder gar Überriesen – das sind Sterne, die aufgrund ihres großen Durchmessers auch eine außergewöhnliche Leuchtkraft besitzen. Die Orionsterne Beteigeuze und Rigel, der Polarstern und Deneb im Schwan zählen zu den Überriesen. Kühle und damit rötlich leuchtende Riesensterne wie zum Beispiel Beteigeuze oder Antares werden als „Rote Riesen" bezeichnet.

Unterhalb der Hauptreihe sind die leuchtschwachen Zwergsterne angesiedelt, von denen an unserem Sternenhimmel mit bloßen Augen kein Vertreter zu beobachten ist. Wir werden aber später noch vom Siriusbegleiter als Beispiel eines Weißen Zwerges hören.

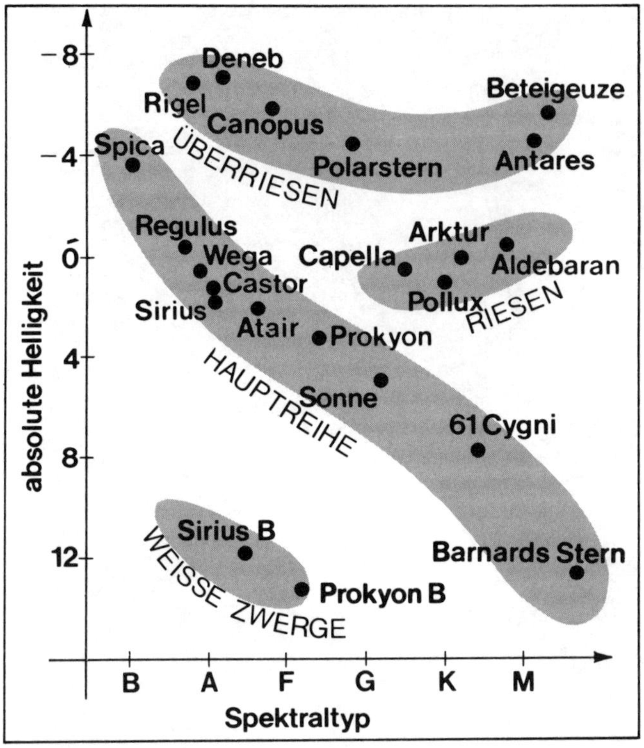

Das Hertzsprung-Russell-Diagramm

Der Orionnebel

Das Sternbild des Orion ist nicht nur schön anzuschauen, sondern hat es sozusagen auch „in sich" und gehört für die Astrophysiker zu den interessantesten Gebieten des Himmels. Das gilt insbesondere unter dem Gesichtspunkt der Entstehung und Entwicklung von Sternen.

Auf langbelichteten Aufnahmen dieser Region erkennt man, daß große Teile des Sternbilds von leuchtenden oder auch dunklen Gas- und Staubwolken durchzogen werden. Solche Wolken interstellarer Materie sind der „Stoff", aus dem neue Sterne entstehen. Die hellste Stelle dieser Gaswolken läßt sich schon mit bloßen Augen erkennen: Es ist der berühmte Orionnebel (M 42) – ein kleines, diffus schimmerndes Fleckchen unterhalb der Gürtelsterne. Im Fernglas und besonders im Fernrohr zeigen sich hier fantastisch schimmernde Nebelschwaden, in die feine weiße Sternpünktchen eingebettet sind.

Seltsamerweise finden sich bis zum Mittelalter keinerlei Hinweise auf den Orionnebel. Auch Galilei scheint ihn noch nicht gekannt zu haben.Seine Entdeckung wird Nicolas Peiresc (1611) zugeschrieben, erste Zeichnungen stammen dann von Huygens aus dem Jahr 1656. Über die Natur die-

Gebiet des Orionnebels M42/43. Aufnahme von W. Paech mit einem Schmidtspiegel 100/152/300 cm

Das Trapez im Zentrum des Orionnebels. Aufgenommen von W. Paech mit einem Schmidtspiegel 100/152/300 cm

ses und der anderen Nebelflecken des Himmels war man sich lange Zeit unklar. Heute wissen wir, daß es sich beim Orionnebel um einen riesigen Komplex leuchtender Wasserstoffwolken handelt, die in einer Entfernung von etwa 1600 Lichtjahren stehen.

Wie Sterne geboren werden

Jedes Amateurfernrohr zeigt im Zentrum des Orionnebels das „Trapez", ein kleines Sternviereck, das aus den Komponenten des Vierfachsterns Theta 1 Orionis gebildet wird. Dies sind aber nur die auffälligsten Sterne eines ganzen Haufens von einigen hundert meist schwächerer Sternchen, die sich alle aus der Nebelmaterie gebildet haben – und zwar erst „kürzlich": Man schätzt ihr Alter auf nur einige hunderttausend Jahre, und das ist für kosmische Maßstäbe extrem jung! Der Orionnebel ist also eine „Kinderstube" für neugeborene Sterne.

Man kann sich die „Geburt" und den weiteren Lebensweg der Sterne etwa so vorstellen. Zunächst einmal zieht sich eine Wolke aus interstellarer Materie durch ihre eigene Anziehung zu einer Gaskugel zusammen. Und was geschieht, wenn Materie zusammengedrückt wird, kennen zumindest die Radfahrer von ihrer Luftpumpe (in der ja beim Aufpumpen Luft zusammengepreßt wird): Sie wird wärmer. Im Unterschied zur Luftpumpe kann allerdings die Temperatur in solchen kosmischen Gaskugeln bis auf einige Millionen Grad ansteigen , und dann geschieht etwas entscheidend Neues: Im Zentrum setzen atomare Reaktionen ein.

Auf der Hauptreihe

Der Stern – von diesem Zeitpunkt an darf man den „Neugeborenen“ wohl so bezeichnen – arbeitet nun wie ein Fusionsreaktor. In seinem Zentrum verschmelzen bei Temperaturen von mehreren Millionen Grad Wasserstoffatome zu Heliumatomen , und hierbei werden enorme Energiemengen frei. Auch unsere Sonne befindet sich (schon seit fast 5 Milliarden Jahren) in diesem Zustand, und alles Licht und die Wärme, mit der unser Tagesgestirn das Leben auf der Erde überhaupt erst möglich macht, werden vom „Atomreaktor“ im Sonneninnern geliefert.
Sterne sind in dieser Lebensphase des Wasserstoffbrennens ganz stabile Objekte: Zwar drücken ihre äußeren Schichten unter dem eigenen Gewicht nach innen, aber der Druck der heißen Sternmaterie und Strahlung hält erfolgreich dagegen.
Den größten Teil ihres Lebens verbringen die Sterne in diesem Entwicklungsstadium. Im Hertzsprung-Russell Diagramm befinden sie sich dann auf der Hauptreihe, so daß man auch kurz von „Hauptreihensternen“ spricht.

Das Lebensende der Sterne

Natürlich kann ein Stern nur so lange stabil und im Gleichgewicht bleiben, wie sein Atomreaktor im Inneren genügend Energie aus der Verbrennung von Wasserstoff (und später auch von Helium und eventuell noch schwereren Elementen) liefert. Bei Sternen von der Masse unserer Sonne, die mit ihren Energiereserven recht gut haushalten, kann der Vorrat für etliche Jahrmilliarden reichen (bei der Sonne wohl noch weitere 5 Milliarden Jahre). Sehr leuchtkräftige und massereiche Sterne haben dagegen ihren Energievorrat schon nach einigen Millionen Jahren „verpulvert“.
Unter dem Einsatz leistungsfähiger Computer kann man heute den weiteren Lebensweg der Sterne durchrechnen, der im wesentlichen nur von der Masse abhängt. So wissen wir, daß Sternen von der Masse unserer Sonne ein vergleichsweise friedliches Ende bevorsteht. Wenn der Wasserstoff in ihrem Kern zu Helium verbrannt ist, blähen sie sich zu Roten Riesen auf – im HR-Diagramm verlassen sie also die Hauptreihe und bewegen sich zum Riesenast hin. In einem späteren Stadium wirft der Rote Riese dann seine äußeren Gasschichten ab und der entblößte Kern glüht schließlich als Weißer Zwergstern aus.
Massivere Sterne finden ihr Ende in einer spektakulären Supernovaexplosion, von der als trauriger Rest allenfalls ein winziger Neutronenstern von einigen Kilometern Durchmesser zurückbleibt. Genaueres über Supernovae findet man im Abschnitt „Die Supernova des Jahres 1054“.
Bei sehr massereichen Sternen könnte am Lebensende sogar der totale Zusammenbruch zu einem „Punkt“ – einem sogenannten Schwarzen Loch – stehen (näheres hierzu im Sommerkapitel).

Beteigeuze – ein Supernovakandidat

Beteigeuze ist das prominente Beispiel eines Sterns, der die beste Zeit seines Lebens bereits hinter sich hat und nun zu einem Roten Riesen aufgebläht ist. Sie ist so massereich, daß ihr kein friedliches Lebensende beschieden sein dürfte – die Astronomen sehen in Beteigeuze einen typischen Supernovakandidaten. Der aufgedunsene Sternkörper dieses Roten Riesen ist ungefähr 500mal so groß wie der unserer Sonne, und an die Stelle unseres Tagesgestirns versetzt, würde sich Beteigeuze bis jenseits der Marsbahn ausdehnen!
Hier fragt man sich vielleicht, wie man eigentlich den Durchmesser von Fixsternen bestimmen kann, die sich doch selbst in den größten Fernrohren immer nur als unmeßbar kleine Punkte zeigen. Bei einigen größeren Sternen gelang dies zum Beispiel mit Hilfe von sogenannten Sterninterferometern: Man führt verschiedene Lichtstrahlen eines Sterns zusammen und beobachtet die auftretenden Interferenzerscheinungen ; hieraus lassen sich dann Rückschlüsse auf den gesuchten Winkeldurchmesser des Sternscheibchens ziehen. Wenn dann auch noch die Entfernung des Sterns bekannt ist, läßt sich leicht sein wahrer Durchmesser berechnen.
Im Jahr 1920 wurde Beteigeuze der erste Stern, dessen Scheibchengröße auf diese Weise bestimmt werden konnte. Dabei ergab sich der kaum vostellbar kleine Winkel von 0.047 Bogensekunden: So winzig würde uns eine 10-Pfennig Münze aus einer Entfernung von rund 90 Kilomtern erscheinen! Berücksichtigt man aber die große Entfernung der Beteigeuze, so kommt man auf den wahren Durchmesser ihres Sternkörpers vom fünfhundertfachen unserer Sonne.
In den Jahren 1963 bis 1972 konnten mit Hilfe eines großen Sterninterferometers am Narrabri Observatory in Australien die Durchmesser von 32 hellen Sternen bestimmt werden. Seit 1987 ist im australischen Calgoora ein noch wesentlich leistungsfähigeres Interferometer im Bau, mit dem man die Winkelausdehnung von über hunderttausend Sternen hofft messen zu können.

Ein Speckle-Foto vom Roten Riesen

Im Jahr 1974 gelang es zum ersten Mal, eine Art „Foto“ vom Sternkörper der Beteigeuze herzustellen. Dieser Sternenriese sollte zwar theoretisch mit sehr großen Fernrohren als winziges Scheibchen erkennbar sein – in der Praxis scheitert dies allerdings am „Verwackeln“ des Sternbildes, verursacht durch die Luftunruhe in unserer Atmosphäre.Bei der Speckle- Methode überlistet man nun die Bildunruhe dadurch, daß man zahlreiche Einzelaufnahmen mit sehr kur-

zer Belichtungszeit (1/125 Sekunde!) anfertigt und auf diese Weise die momentanen Sternenbilder „einfriert". Die Einzelbilder werden anschließend mit Computerhilfe ausgewertet und zu einem Gesamtbild kombiniert. Auf dem so gewonnenen Bild der Beteigeuze zeigten sich „Sternflecken" von gewaltigen Ausmaßen, die wahrscheinlich (wie die bekannten Sonnenflecken) eine Folge gestörter Konvektionsströme in den Randzonen des Sterns sind.

Aldebaran, das rote Auge des Stiers

Rechts oberhalb vom Orion, etwa eine Handspanne (bei ausgestrecktem Arm anvisiert) vom „Himmelsjäger" entfernt, findet man an Winterabenden das Sternbild Stier. Sein hellster Stern ist Aldebaran, der mit seiner Helligkeit von 0.9^m den auffälligen Orionsternen kaum nachsteht.
Wer sich dieses Sternbild unvoreingenommen anschaut, wird wahrscheinlich kaum an die Figur eines Stiers erinnert. Es erscheint deshalb eher erstaunlich, daß diese Konfiguration in vielen alten Kulturkreisen gleichermaßen mit einem Stier in Verbindung gebracht wurde.Dabei markierte der rötliche Aldebaran ein Auge des Stiers und die nahebei stehende „V"-förmige Sterngruppe der Hyaden sollte den Kopf des Tieres nachzeichnen (Der Verfasser kann dies allerdings nur mit erheblicher Mühe am Himmel nachvollziehen!).
Der Stier zählt zu den Tierkreissternbilder, also jenen Sternbildern, durch die unsere Sonne im Verlauf eines Jahres wandert. Sie durchquert das Gebiet des Stiers jeweils von Mitte Mai bis Mitte Juni; in diesen Wochen steht der Stier also zusammen mit der Sonne am Taghimmel und ist dann natürlich nicht zu beobachten.
Anders als die hellen Orionsterne, gehört Aldebaran eher zu unserer Nachbarschaft im Milchstraßensystem – seine Entfernung beträgt 68 Lichtjahre. Man kann ihn als eine kleinere Ausgabe der Beteigeuze ansehen: Auch Aldebaran ist ein Roter Riese (Spektrum K5 III), der allerdings mit seinem 40-fachen Sonnendurchmesser bei weitem nicht an die gigantischen Ausmaße von Beteigeuze herankommt.

Wenn Aldebaran hinter dem Mond verschwindet

Aldebaran steht nur wenige Grade von der Tierkreislinie (der Ekliptik) entfernt. Und weil sich auch der Mond bei seinem monatlichen Lauf durch die Sternbilder stets unweit der Ekliptik bewegt, zieht er alle vier Wochen nahe an Aldebaran vorbei. Von Zeit zu Zeit kann es dabei sogar geschehen, daß unser Erdtrabant genau über Aldebaran hinwegzieht! Alle astronomischen Jahreskalender machen auf solch ein Ereignis, eine „Sternbedeckung", natürlich aufmerksam. Es ist auch wirklich faszinierend anzusehen, wie ein Stern bei einer Bedeckung durch den Mond schlagartig hinter dem Mondrand verschwindet uund dann nach einiger Zeit – wenn der Mond genügend weitergewandert ist – hinter dem anderen Mondrand wieder aufleuchtet.
Genaugenommen verschwinden Sterne natürlich nicht „schlagartig" hinter dem Mondrand, denn sie besitzen ja eine – wenn auch winzige – Winkelausdehnung. Wenn man solche Sternbedeckungen mit hohem technischen Aufwand verfolgt, läßt sich in einigen Fällen (Aldebaran gehört auch dazu) tatsächlich die Zeitdauer messen, die das Sternscheibchen braucht, um gänzlich hinter dem Mondrand zu verschwinden oder vollständig wieder aufzutauchen – es geht dabei um Millisekunden! Aus der gemessenen Zeitdauer läßt sich dann unschwer auf den Winkeldurchmesser des Sternscheibchens schließen, der im Fall von Aldebaran bei 0,02 Bogensekunden liegt und damit vergleichsweise schon recht groß ist.

Halley entdeckt die Eigenbewegung der Fixsterne

Die frühe Aufzeichnung einer Aldebaranbedeckung verhalf Edmond Halley im Jahr 1718 zu einer wichtigen Entdeckung. Ein solches Ereignis war nämlich schon im Jahr 509 von Athen aus beobachtet worden , und diese Tatsache war es, die Halley stutzig machte: Nach seinen Berechnungen hätte der Mond damals nämlich den Aldebaran gar nicht bedecken dürfen, sondern sollte ihn knapp (um einige Bogenminuten) verfehlt haben! Ob Aldebaran vielleicht seine Position am Himmel in den dazwischenliegenden 1209 Jahren verändert hatte ?
Tatsächlich erbrachte ein Vergleich von Halleys eigenen Positionsbestimmungen mit den Angaben alter Sternkataloge, daß Aldebaran nicht „fix" an der Himmelskugel stehengeblieben war, sondern sich langsam weiterbewegt hatte. Diese „Eigenbewegung", wie wir das heute nennen, macht bei Aldebaran in 9000 Jahren erst eine Vollmondbreite am Himmel aus. Im Prinzip zeigen alle Fixsterne derartige Eigenbewegungen, denn sie bewegen sich ja mehr oder weniger schnell durch die Weiten des Milchstraßensystems. Nur durch die riesigen Entfernungen zu uns bemerken wir diese Bewegungen kaum oder erst nach langer Zeit.

Tabelle. Die Eigenbewegungen einiger Fixsterne

Polarstern	0.04"/Jahr	Castor	0.21"/Jahr
Aldebaran	0.21	Pollux	0.62
Rigel	0.00	Regulus	0.25
Capella	0.44	Spica	0.05
Bellatrix	0.02	Arktur	2.24
Beteigeuze	0.03	Antares	0.03
Sirius	1.32	Wega	0.35
Prokyon	1.24	Atair	0.66

Der Sternhaufen der Plejaden

Beim Sternbild „Stier“ denkt jeder erfahrene Sternfreund sogleich auch an die Plejaden und die Hyaden. Dies sind schon mit bloßen Augen erkennbare „Sternhaufen“. Die einzelnen Sterne solcher Sternhaufen sind gemeinsam entstanden und stehen auch heute noch mehr oder weniger eng im Weltall beisammen. Losere Gruppierungen (wie die Plejaden und Hyaden) nennt man „offene Sternhaufen“ – sie lösen sich meist nach einigen hundert Millionen Jahren auf, weil ihre Sterne dann auseinanderdriften. Kompaktere Gebilde mit wesentlich mehr Sternen heißen Kugelsternhaufen.

Sternhaufen der Plajaden. Aufnahme von H.-J. Goldan mit einer 8“ Flatfieldkamera

Die Plejaden sind auch als Siebengestirn bekannt, obwohl man mit bloßen Augen meist nur sechs Sternpünktchen erkennen kann. Beobachter mit ungewöhnlich scharfen Augen haben unter besten Sichtbedingungen allerdings schon bis zu 16 Plejadensterne erspäht! Wer dagegen etwas kurzsichtig ist, wird von dieser Pracht nur ein verwaschenes Fleckchen wahrnehmen können.
Im Fernglas oder kleinen Fernrohr bietet dieser Sternhaufen einen fantastischen Anblick: Unter die neun blauweiß funkelnden hellsten Sterne streuen sich noch viele schwächere Haufenmitglieder. Zählt man auch die allerschwächsten und nur auf Fotografien erkennbaren Sternchen mit, so kommt man auf rund 500 Plejadensterne. Sie leuchten aus einer Entfernung von 400 Lichtjahren zu uns herüber.

Wie alt sind die Plejaden ?

Einen Roten Riesen enthält dieser Sternhaufen nicht – selbst die leuchtkräftigsten Plejadensterne, die an sich ja zu den „Schnellentwicklern“ zählen, haben sich noch nicht zu einem Riesenstern aufgebläht. Daraus läßt sich schließen, daß diese Sterngruppe noch recht jung ist: Man schätzt ihr Alter auf etwa 20 Millionen Jahre.
Langbelichtete Aufnahmen zeigen die Plejadensterne in feine Nebel eingebettet. Hierbei handelt es sich offenbar um die Reste jener interstellaren Materie, aus der sich die Sterne einst gebildet haben und die damals nicht völlig aufgebraucht worden ist. Visuell (mit dem Fernglas oder im Fernrohr) lassen sich die Plejadennebel allerdings kaum erkennen.

Der Sternstrom der Hyaden

Merklich weiter verstreut als die Plejaden und dadurch für das bloße Auge nicht so attraktiv, sind die Hyaden nahe dem rötlichen Aldebaran – der übrigens nicht dazu gehört, sondern räumlich gesehen halbwegs zwischen uns und den Hyaden steht. Bis zur 5.Sterngröße zählt man 15 Einzelsterne, und zusammen mit den schwächsten Mitgliedern dürften einige hundert Sterne zu diesem Sternhaufen gehören.
Die Hyaden stehen im Zentrum eines weit verstreuten, noch größeren Schwarmes von Sternen, die gemeinsam als „Sternstrom“ durch die Milchstraße ziehen. Ihrer Eigenbewegung nach zu urteilen, dürfte zum Beispiel auch die helle Capella im Fuhrmann ein weit außen liegendes Mitglied dieses Sternstromes sein. Einige leuchtkräftige Hyadensterne haben sich bereits zu gelblichen Sternriesen aufgebläht. Deshalb wird das Alter dieses Sternhaufens auch größer als das der Plejaden sein – es dürfte bei rund 400 Millionen Jahren liegen.

Das Sternbild Stier mit den Hyaden und Plajaden. aufgenommen von W. Paech

Wie weit sind die Hyaden entfernt ?

Moderne Quellen geben heute 140 – 150 Lichtjahre für die Entfernung der Hyaden an. Die Unsicherheit dieses Wertes beträgt immer noch zehn Prozent, und das, obwohl die Astronomen besondere Mühe darauf verwendet haben (und es noch tun!), gerade diese Entfernung möglichst genau zu ermitteln. Warum interessiert man sich nun so sehr für die Entfernung der Hyaden ?
Der Grund ist, daß dieser Sternhaufen eine wichtige Rolle für die Entfernungsbestimmung im Kosmos spielt. Die meisten Methoden, die Entfernung von Sternen oder sogar ganzen Galaxien zu bestimmen, verwenden die wahre Leuchtkraft dieser Objekte. Wenn es auf irgendeine Weise gelingt, die wahre Leuchtkraft eines Sterns oder einer Galaxie in Erfahrung zu bringen,so kann man durch Vergleich mit der scheinbaren Helligkeit (mit der uns dieses Objekt am Himmel erscheint) leicht beurteilen, wie groß die Entfernung ist.
In den Hyaden findet man nun eine schöne Vielfalt von Sternen verschiedener Spektraltypen (bis zum Typ A2),und durch eine genaue Entfernungsbestimmung bekommt man dann sofort auch Aufschluß über die wahren Leuchtkräfte all dieser Sterntypen, die damit als „Standardkerzen" geeicht sind. Fortan können sie also zur Entfernungsbestimmung zum Beispiel von anderen Sternhaufen , in denen sie ebenfalls vorkommen, dienen. In diesen Sternhaufen findet man vielleicht auch noch weitere Sterntypen, deren Leuchtkräfte dann ebenfalls bekannt werden.

Auf diese Weise gelingt es Schritt für Schritt, immer größere Tiefen des Milchstraßensystems auszuloten und sogar die Entfernungen von Galaxien zu bestimmen.

Die Supernova des Jahres 1054

Im Jahr 1054 wurde das Sternbild Stier zum Schauplatz eines für die damalige Zeit völlig rätselhaften Ereignisses. Als sich der Stier nämlich in der Morgendämmerung des 4. Juli aus dem Horizontdunst erhob, strahlte nahe beim Stern Zeta Tauri ein neuer, heller „Gaststern". Aus chinesischen Chroniken erfahren wir: „... dieser Gaststern leuchtete wie Venus am hellichten Tage, mit Strahlen in allen Richtungen. Seine Farbe war rötlich-weiß und er ließ sich 23 Tage lang am Taghimmel verfolgen... Nach mehr als einem Jahr wurde der Stern auch bei Nacht langsam unsichtbar." Seltsamerweise finden sich über diese gewiß spektakuläre Himmelserscheinung keinerlei europäischen Aufzeichnungen. Vielleicht hielt man es aus religiösen Gründen für ratsam, über diese offenkundige Veränderung am Himmel – der doch unveränderlich zu sein hatte! – zu schweigen.
Heute wissen wir, daß die chinesischen Astronomen Augenzeugen einer Supernova-Explosion geworden sind , bei der ein massereicher Stern sein Lebensende gefunden hat. Man unterscheidet dabei Sypernovae vom Typ I und Typ II, die an der Form ihrer Lichtkurven zu erkennen sind. Während die Supernovaexplosionen vom Typ I auch bei masseärmeren und langlebigeren Sternen auftreten können, scheint es sich

beim Typ II (zu dem auch die Supernova von 1054 zählt) durchweg um sehr massereiche Sterne zu handeln,die ihr kurzes Leben mit einem gewaltigen Feuerwerk beenden.

Dabei stürzt die instabil gewordene Kernzone des Sterns buchstäblich in Sekundenschnelle zu einem Gebilde von nur Kilometergröße zusammen, während die äußeren Sternschichten mit ungeheuren Geschwindigkeiten (bis zu 17000 Kilometern pro Sekunde) in den Weltraum geschleudert werden. Bei diesem Ereignis glüht der sterbende Stern noch einmal mit einer Leuchtkraft von 250 Millionen Sonnen auf!

Am irdischen Sternenhimmel sehen die Astronomen dann einen „neuen" Stern aufleuchten, der vorher nur unscheinbar und schwach war, so daß sich niemand um ihn gekümmert hatte. Man schätzt, daß es im Milchstraßensystem alle paar Jahrzehnte zu einer solchen Sternexplosion kommt. Die meisten dieser Ereignisse entgehen uns allerdings, weil die Sicht dorthin durch interstellare Materie verdeckt ist. So wurde zuletzt im Jahr 1604 eine galaktische Supernova beobachtet!

Man kann sich deshalb die Begeisterung der Astronomen vorstellen, als im Februar 1987 erstmals in moderner Zeit eine nahe Supernova aufleuchtete – zwar nicht direkt in unserer Milchstraße, aber sozusagen vor der Haustür, nämlich rund 170000 Lichtjahre entfernt in der Großen Magellanschen Wolke. Endlich konnten die bislang nur theoretischen Vorstellungen vom Ablauf einer solchen Explosion durch Beobachtungen gründlich getestet (und im wesentlichen auch bestätigt!) werden.

Tabelle. Galaktische Supernovaerscheinungen

Jahr	Sternbild	max. Helligkeit	Bemerkungen
185	Centaurus	-8^m	beobachtet in China
393	Skorpion	-1^m	beobachtet in China
1006	Wolf	-9^m	Typ I; auch in Europa beob.
1054	Stier	-5^m	Typ II. Vgl. Text!
1181	Cassiopeia	0^m	Typ II. Beob. in Cina, Japan
1572	Cassiopeia	-4^m	Typ I. Von Tycho Brahe beob.
1604	Ophiuchus	-2.5^m	Typ I. Von Kepler beobachtet
1987	Dorado	1.8^m	Typ II. In der Großen Magellanschen Wolke.

Was blieb übrig ?

Wie andere derartige Sternexplosionen, so hat auch die Supernova des Jahres 1054 am Ort des Geschehens Spuren hinterlassen. Die ausgeschleuderten Sternhüllen kann man mit jedem besseren Fernglas als kleines, diffuses Nebelfleckchen unweit Zeta Tauri beobachten. Dieser sogenannte

Der Crabnebel M1 im Sternbild Stier. Aufnahme von B. Flach-Wilken mit einem 300 mm Schiefspiegler

„Crabnebel“ führt auch die Bezeichnung M1 – nach einem heute noch gebräuchlichen Nebelverzeichnis des französischen Kometenjägers Charles Messier (1730 – 1817).
Im Jahr 1968 fand man im Crabnebel dann auch den von der Explosion übriggebliebenen Sterntorso – einen rasant (nämlich 30mal pro Sekunde!) rotierenden, nur kilometergroßen „Neutronenstern“. Dieser traurige Sternenrest leuchtet nicht mehr normal wie noch zu seinen Lebzeiten, sondern sendet zwei scharf begrenzte Strahlenbündel aus, die uns infolge der Rotation wie die Blitze („Pulse“) eines fernen Leuchtfeuers treffen. Solche merkwürdigen Objekte heißen deshalb auch „Pulsare“. Inzwischen hat man rund 300 derartiger Objekte gefunden, aber ihre wahre Anzahl dürfte weit größer sein.

Die vierfache Capella

Wenn der Orion im Süden steht und der winterliche Sternenhimmel auf dem Höhepunkt seiner Entfaltung ist, findet man den Fuhrmann hoch über sich nahe dem Zenit. Mit seinem fünfeckigen Umriß ist dieses Sternbild leicht am Himmel zu identifizieren – links neben dem Perseus und oberhalb vom Stier.
Der Hauptstern des Fuhrmanns ist die gelblich leuchtende Capella, ein Riesenstern vom Spektraltyp G8. In der Rangfolge der hellsten Sterne steht sie mit 0.1^m an beachtlicher sechster Stelle. Auf unseren Breiten ist Capella zirkumpolar – sie geht also beim Umkreisen des nördlichen Himmelspols niemals unter und kann deshalb in jeder klaren Nacht des Jahres irgendwo am Himmel erspäht werden. In den hellen Sommernächten steht sie allerdings nur wenige Grade hoch über dem Nordhorizont und kann sich dann nur mit Mühe in der Mitternachtsdämmerung behaupten. Die richtige Beobachtungszeit für Capella ist deshalb zweifellos der Winter.
Was wir dann am Himmel als einen Sternpunkt sehen, ist in Wirklichkeit ein kompliziertes System aus vier einzelnen Sonnen! Capella besteht nämlich zunächst aus zwei Sternen, die sich alle 104 Tage einmal umkreisen. Diese beiden stehen allerdings – von der Erde aus gesehen – so eng beisammen, daß man sie visuell (mit dem Fernrohr) nicht trennen kann. Nur das Spektrum verrät, daß es sich um einen Doppelstern handelt (man spricht in solch einem Fall auch von einem „spektroskopischen“ Doppelstern).
In 12 Bogenminuten Abstand gibt es dann noch einen nur 10^m hellen Begleiter, der Capella H genannt wird und ebenfalls doppelt ist. Das Vierfachsystem „Capella“ ist 42 Lichtjahre von uns entfernt und gehört damit zu unserer engeren galaktischen Umgebung.

Was verdunkelt Epsilon Aurigae ?

Unweit der Capella erkennt man ein kleines, spitzes Sterndreieck aus den schwächeren Sternchen Epsilon, Zeta und Eta des Fuhrmanns. Hiervon ist besonders der Stern Epsilon interessant, der durch sein Verhalten den Astronomen eine harte Nuß zu knacken gegeben hat.
Epsilon ist, wie wohl zuerst K. Fritsch im Jahr 1821 aufgefallen ist, ein Veränderlicher Stern – aber von ganz besonderer Art! Während der Stern normalerweise mit einer Helligkeit von 3.0^m leuchtet, beobachtete man in Abständen von jeweils gut 27 Jahren ein längeres Absinken der Sternhelligkeit auf 3.8^m. War schon diese Zeitspanne zwischen den Verdunkelungen ungewöhnlich groß, so gab vor allem auch die lange Dauer der einzelnen Finsternisse von fast zwei Jahren Rätsel auf.
Offenbar handelte es sich hier um einen Bedeckungsveränderlichen. Aber ein dunkler Begleitstern, der zwei Jahre braucht, um vor dem hellen Hauptstern hinwegzuziehen und so dessen Licht zu verfinstern, müßte derart riesige Ausmaße haben, wie sie für einen Stern eigentlich undenkbar sind. Welches mysteriöse Objekt verursacht dann aber die Verfinsterungen ?
Der jüngste Lichtabfall dauerte vom Juli 1982 bis Juni 1984 und wurde besonders intensiv beobachtet. Wenn auch immer noch nicht alle Detailfragen geklärt sind, so hat sich doch inzwischen folgendes Szenario vom System Epsilon Aurigae herauskristallisiert, das von den Cambridger Astronomen Peter Eggleton und James Pringle entworfen wurde.
Im Zentrum steht ein weißstrahlender Riesenstern vom Spektraltyp F. Sein Licht ist es, das wir normalerweise ungetrübt sehen. Um diesen Hauptstern kreist nun mit der Periode von 27,1 Jahren ein exotisches Gebilde: eine riesige, flache Scheibe aus dunkler Materie. Im Inneren dieser „Dunkelwolke“ soll sich – unseren Blicken verborgen – noch ein enger Doppelstern befinden, dessen Existenz aus theoretischen Gründen vermutet wird (sonst könnte sich die Dunkelwolke so nicht halten). Es ist also kein Stern, der in regelmäßigen Abständen Epsilon Aurigae verfinstert, sondern eine gigantische Wolke aus dunkler Materie.

Die Zwillingssterne Castor und Pollux

Schräg links oberhalb des Orion findet man am Winterabendhimmel das Tierkreissternbild der Zwillinge. Dieses Sternbild enthält – hart an der Grenze zum Stier – den wichtigen Sommersonnenwendpunkt, also die höchste Stelle in der Jahresbahn unserer Sonne. Jedes Jahr werden die Zwillinge etwa in der Zeit vom 21.Juni bis 20. Juli vom Tagesgestirn durchwandert und sind dabei natürlich unsichtbar, denn sie stehen dann ja zusammen mit der Sonne am Taghimmel.

Die Wintersternbilder Zwillinge (Bildmitte), Fuhrmann (rechts oben) und Kleiner Hund. Weitwinkelaufnahme von H.-J. Goldan

Die beiden auffälligsten Zwillingssterne heißen Castor und Pollux. Sie stehen am Himmel nur 4,5 Grad (eine halbe Faustbreite) voneinander entfernt, so daß sich durchaus der Eindruck von Sternzwillingen einstellen kann. Tatsächlich wurden die beiden bereits in vielen alten Kulturen mit einem Zwillingspaar in Verbindung gebracht. So spielen sie nicht nur in den Mythen eine Rolle, sondern finden sich zum Beispiel auch auf römischen Silbermünzen wieder, die Castor und Pollux als ein Reiterpaar oder in Form von Zwillingsköpfen darstellen.

Bei Castor (1.6^m) handelt es sich um einen Hauptreihenstern vom Spektraltyp A1, der etwas hellere Pollux (1.1^m) ist ein tiefgelb leuchtender K0 Riese. Mit Entfernungen von 46 bzw. 36 Lichtjahren zählen die beiden Zwillingsterne zur näheren Sonnenumgebung in der Milchstraße.

Wilhelm Herschel und die Doppelsterne

Im Jahr 1803 veröffentlichte Wilhelm Herschel, Uranusentdecker und einer der größten Astronomen seiner Zeit, einen Bericht in den Philosophical Transactions der Royal Society mit dem (übersetzten) Titel: „Bericht über die Veränderungen in der gegenseitigen Stellung von Doppelsternen, die sich in den vergangenen 25 Jahren ereignet haben; mit einer Untersuchung der Ursachen".

In dieser Arbeit geht es auch um Castor, der schon seit Cassini (1678) als doppelt erkannt war, ohne daß man allerdings hier ein echtes, physikalisch zusammengehöriges Sternpaar vermutet hätte. Herschel hatte nun bei einem Vergleich seiner eigenen Castorbeobachtungen mit den 43 Jahre zuvor angestellten Messungen durch Bradley bemerkt, daß die beiden Komponenten von Castor ihre gegenseitige Richtung (sie wird durch den sogenannten Positionswinkel angegeben) im Laufe der Zeit um rund 45 Grad verändert hatten und augenscheinlich umeinander kreisten.

Auch einige andere Doppelsterne, wie zum Beipiel Gamma im Löwen oder auch Gamma in der Jungfrau, zeigten ähnliche Veränderungen. Und so wurde Herschel zum Entdecker der Doppelsterne und lieferte den Astronomen den Beweis, daß die Newtonschen Gesetze der Massenanziehung nicht nur im Sonnensystem gültig sind, sondern auch in der fernen Welt der Fixsterne.

Für Castor gab Herschel eine Umlaufszeit der beiden Komponenten umeinander von 342 Jahren an. Wie wir heute wissen, dürfte der wahre Wert hierfür eher im Bereich von 400 bis 500 Jahren liegen. Die beiden Sterne – man nennt sie Castor A und B – sind 2.0^m bzw. 2.9^m hell. Ihr scheinbarer Abstand war bis zum Jahr 1965 auf nur 1,8 Bogensekunden geschrumpft, so daß es damals für kleine Amateurfernrohre gar nicht so einfach war, Castor zu „trennen". Inzwischen nimmt der Abstand aber wieder zu und wird im Jahr 2065 den größtmöglichen Wert von immerhin 6,5 Bogensekunden erreichen.

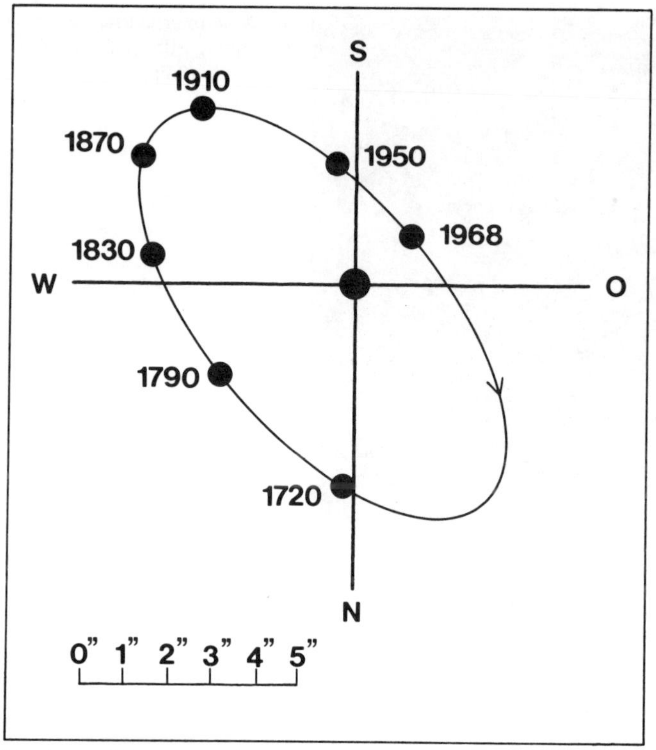

Das Doppelsternsystem Castor

Das Castorsystem ist übrigens nicht nur doppelt, sondern sogar sechsfach! Die Spektren haben nämlich verraten, daß sowohl Castor A als auch Castor B für sich schon enge Doppelsterne sind. Zudem steht in 72 Bogensekunden Abstand noch ein weiterer, knapp 9^m heller Begleiter, der als ein Bedeckungsveränderlicher erkannt wurde und damit ebenfalls doppelt sein muß.

Die Zwillinge als Schauplatz von Planetenentdeckungen

Im Laufe der Astronomiegeschichte ist das Gebiet der Zwillinge zweimal zum Schauplatz von Planetenentdeckungen geworden, durch die jedesmal das bis dahin bekannte Planetensystem nach außen hin erweitert wurde.
Bis weit in das 18. Jahrhundert hinein waren nur die hellen und schon für das bloße Auge auffälligen Sonnenplaneten Merkur, Venus, Mars, Jupiter und Saturn bekannt. Nach Kopernikus (1473 – 1543) hatte sich langsam die Erkenntnis durchgesetzt, daß es sich bei diesen „Wandelsternen" um Geschwister der Erde handelt, die gemeinsam mit ihr um die Sonne als Zentralkörper laufen. Daß es allerdings jenseits vom Saturn, der den Rand des bekannten Sonnensystems markierte, noch weitere Sonnenplaneten geben könnte, hat damals wohl kaum jemand geglaubt.
So geschah denn die teleskopische Entdeckung des Uranus am 13. März 1781 durch Wilhelm Herschel auch rein zufällig. Uranus stand bei der Entdeckung unweit des schwachen Sterns 1 Gemini und erweckte Herschels Aufmerksamkeit dadurch, daß er im Fernrohr nicht ganz punktförmig wirkte. Bald wurde die Bahn des Neuen berechnet,und es zeigte sich, daß Uraus in rund zweifacher Saturnentfernung um die Sonne lief – die Dimensionen des Sonnensystems hatten sich also mit einem Schlag „verdoppelt".
Die zweite Entdeckung eines Sonnenplaneten im Sternbild der Zwillinge ereignete sich im Jahr 1930. Aufgrund bestimmter Störungen in den Bahnen von Uranus und Neptun (der 1846 entdeckt worden war), glaubte man an einen noch unbekannten Planeten jenseits des Neptun. Besonders an der 1894 in Flagstaff (Arizona) erbauten Privatsternwarte von Percival Lowell widmete man sich ab 1905 mit großem Aufwand der Suche nach diesem „Transneptun" – lange Zeit jedoch ohne Erfolg.
Erst 14 Jahre nach Lowells Tod fand Charles Tombaugh vom Lowell-Observatorium dann auf Ende Januar 1930 gewonnenen Himmelsaufnahmen nahe dem Stern Delta in den Zwillingen ein schwaches Sternchen 15. Größe, das sich durch langsame Bewegung verdächtig machte und bald als der langgesuchte neue Planet (Pluto) erkannt wurde.

Der funkelnde Sirius

Wenn man die Linie der drei Orion-Gürtelsterne etwa um eine Handspanne weit nach links unten hin verlängert, so gelangt man zu einem besonders hellstrahlenden Stern: Das ist Sirius, der Hauptstern im Großen Hund. Er ist mit seiner Sterngröße von $-1{,}5^m$ der hellste Fixstern des gesamten Himmels! Leider steht er recht südlich und erhebt sich deshalb auf unseren Breiten bestenfalls eine gute Handspanne (24 Grad) über den Südhorizont.
Das bekannte „Funkeln", das an sich alle horizontnahen Sterne zeigen, läßt sich bei Sirius wegen seiner großen Helligkeit besonders gut beobachten. Viele Menschen glauben, die Sterne selbst würden aus irgendeinem Grund so unruhig leuchten. In Wirklichkeit ist es jedoch nur unsere wallende Atmosphäre, die uns das farbenprächtige Sternfunkeln beschert: Das Licht der horizontnahen Sterne muß ja einen besonders langen Weg durch die irdische Lufthülle zurücklegen, ehe es zu uns gelangt, und dabei wird es an den unterschiedlichsten Luftmassen gebrochen.

Tabelle. Die hellsten Fixsterne

Stern	Sternbild	Helligkeit	Stern	Sternbild	Helligkeit
Sirius	Großer Hund	-1.5^m	Rigel	Orion	0.1^m
Canopus	Schiffskiel	-0.7^m	Capella	Fuhrmann	0.1^m
Cen	Centaurus	-0.3^m	Prokyon	Kl.Hund	0.4^m
Arktur	Bootes	-0.1^m	Achernar	Eridanus	0.5^m
Wega	Leier	0.0^m	α Cen	Centaurus	0.6^m

Sirius ist ein leuchtkräftiger Hauptreihenstern vom Spektrum A1 und der nächste Fixstern, den wir von unseren Breiten aus mit bloßen Augen sehen können. Sein Licht braucht 8,7 Jahre, um zur Erde zu gelangen – er ist also 8,7 Lichtjahre von uns entfernt. In stellaren Abständen gerechnet ist das zwar unmittelbare Nachbarschaft, aber doch sehr viel, wenn wir es mit den Verhältnissen im Sonnensystem vergleichen: Sirius ist nämlich 550000mal so weit von uns entfernt wie die Sonne!

Sind die hellen Sterne auch besonders nah ?

Sirius ist also ein naher und zugleich sehr heller Stern. Nun könnte man meinen, daß alle hellen Sterne unseres Nachthimmels der Erde auch besonders nah stünden, während die schwächeren eben weiter von uns entfernt seien. Eine solche Regel mag zwar auf den ersten Blick einleuchten und wäre natürlich für die Orientierung im Weltall sehr schön – leider trifft sie aber nicht zu!
Wie hell uns ein Stern am Himmel erscheint, hängt nämlich nicht nur von der Entfernung ab, sondern wesentlich auch von seiner wahren Leuchtkraft. Deshalb kann ein weit entfernter, aber sehr leuchtstarker Stern am Sternenhimmel viel heller strahlen als ein näherstehender von geringerer Leuchtkraft.
So kennt man im Umkreis von 15 Lichtjahren um das Sonnensystem insgesamt rund 50 Nachbarsterne. Die meisten davon erscheinen uns jedoch so schwach, daß sie nur mit dem Fernrohr zu erkennen sind (vgl. hierzu auch unsere Tabelle im Sommerkapitel!). Der Grund hierfür ist, daß sich in der Sonnenumgebung bedauerlicherweise fast nur kühle und leuchtschwache Zwergsterne finden. Wirklich helle Exemplare gibt es in dieser Umgebung nur drei: Sirius, Prokyon und – als sonnennächster Stern – Alpha Centauri, den man auf unseren Breiten allerdings nicht beobachten kann.

Sirius und die Hundstage

Wenn wir heute unter der Hitze des Hochsommers stöhnen, fällt gegentlich das Wort von den „Hundstagen". Dies hat tatsächlich etwas mit Sirius, dem Hundsstern, zu tun.
Schon bei den Griechen und Römern des Altertums gab man diesem Stern die Schuld an sommerlicher Hitze und Dürre. Es konnte doch kein Zufall sein, daß die Bruthitze immer dann im Jahr einsetzte, wenn Sirius zum ersten Mal wieder am morgendlichen Dämmerungshimmel auftauchte! Wir sind heute weniger geneigt, bei zeitlichen Koinzidenzen sogleich auch an kausale Zusammenhänge zu glauben – man denke nur an das Beispiel „Geburtenrückgang bei gleichzeitigem Abnehmen der Störche": hier liegt wohl keine direkte Kausalität vor (oder ?).
Besser angesehen, ja geradezu verehrt, war Sirius im alten Ägypten. Wenn er um die Zeit der Sommersonnenwende wieder am Morgenhimmel auftauchte, war die Zeit des Nilhochwassers gekommen, das für die ägyptische Landwirtschaft entscheidende Bedeutung hatte.

Wie der Siriusbegleiter entdeckt wurde

Es war der Silvesterabend des Jahres 1862. Auf dem Werksgelände der Optikfirma Alvan Clark and Sons in Massachusetts wollten Alvan Clark und sein Sohn Alvan Graham ein neugeschliffenes Fernrohrobjektiv von 47 Zentimetern Öffnung (damals das größte der Welt!) testen. Als Beobachtungsobjekt hatten sie sich den Sirius vorgenommen, der allerdings zunächst noch von einer entfernten Hauswand verdeckt wurde. Da sah Alvan Graham – Sekunden bevor Sirius selbst sichtbar wurde – ein schwaches und vorher noch nie beobachtetes Sternchen ins Blickfeld des Okulars wandern: Es war der Begleiter des Sirius, nach dem die Astronomen schon zwei Jahrzehnte lang vergeblich gesucht hatten.
Daß es einen solchen Begleitstern geben mußte, hatte nämlich schon Friedrich Wilhelm Bessel (von dessen Entfernungsbestimmung an 61 Cygni noch im „Sommerkapitel" zu sprechen sein wird) vermutet: Sirius führt winzige Pendelbewegungen um eine Mittellage aus, wie sie eigentlich nur bei einem Doppelstern vorkommen können.
Rund 50 Jahre braucht Sirius B (so wird der Begleiter genannt) für einen vollen Umlauf um den Hauptstern. Er erscheint uns als Sternchen von $8{,}7^m$, dessen Abstand zum hellen Zentralstern während eines Umlaufs zwischen drei und elf Bogensekunden schwankt. Damit wäre Sirius B für heutige Amateurfernrohre an sich eine leichte Beute – wenn nicht der nahe Sirius mit seiner Lichtfülle alles überstrahlte! So kommt es, daß der Siriusbegleiter für normal ausgerüstete Amateure praktisch unbeobachtbar bleibt.

Sterne von Erdengröße: Die Weißen Zwerge

Bald wurde den Astronomen klar, daß Sirius B ein ganz ungewöhnliches Exemplar von Stern sein mußte. Denn obwohl seine Masse durchaus mit der unserer Sonne vergleichbar war, besaß er doch nur 1/435 ihrer Leuchtkraft. Dies konnte zwei Ursachen haben: entweder war der Stern extrem kühl und deswegen so leuchtschwach, oder seine Leuchtschwäche war die Folge eines außergewöhnlich kleinen Sterndurchmessers. Erst im Jahr 1915 gelang es am Mt. Wilson Observatorium, ein Spektrum von Sirius B zu gewinnen. Danach entpuppte er sich als ein Stern vom Spektraltyp A, dessen Temperatur mit rund 9000 Grad zu veranschlagen war, also keineswegs besonders niedrig lag. Und so blieb nur eine Erklärung für die geringe Leuchtkraft: Der Siriusbegleiter mußte überraschend klein sein – es dürfte sich bei ihm um einen Sternenzwerg von nur dreifacher Erdgröße handeln!

Dabei besitzt dieses kleine Objekt, wie schon erwähnt, immerhin die Masse unserer Sonne. Das kann aber nur bedeuten, daß seine Materie ungeheuer dicht gepackt sein muß. Wenn wir ein Stück Materie vom Siriusbegleiter zur Erde bringen könnten, so würde es hier 7000 mal so schwer wie ein (gleich großes) Stück Gold sein! Und die Personenwaage des Verfassers, die mit ihm selbst bislang noch keine technischen Probleme gehabt hat, würde bereits vor einem Kubikzentimeter solcher Materie kapitulieren, denn dieser kleine Materiewürfel hätte schon das Gewicht zweier Erwachsener.
Inzwischen wurde noch eine ganze Reihe anderer derartiger „Weißer Zwerge" entdeckt. Einige von ihnen dürften sogar noch kleiner als die Erde sein. Sie stellen gewisse Endstadien der Sternentwicklung dar, und auch unsere Sonne wird dereinst als solch ein Weißer Zwerg ausglühen und ihr Sternenleben beschließen.

4. ANREGUNGEN ZU WEITEREN HIMMELSBEOBACHTUNGEN

Der Winterhimmel hält noch eine Fülle weiterer, interessanter Objekte für den beobachtenden Sternfreund bereit. Sie alle aufzuführen, würde den gesteckten Rahmen bei weitem überschreiten. Im folgenden sollen aber doch einige Beobachtungsziele genannt werden, die nach Einschätzung des Verfassers lohnend sind.
Wie leicht bestimmte Objekte erkennbar sind und wie „schön" sie dann erscheinen, hängt natürlich auch von der optischen Ausrüstung und der Erfahrung des einzelnen Beobachters ab. Die Auswahl ist hier und in den weiteren jahreszeitlichen Kapiteln so getroffen, daß alle genannten Veränderlichen mit bloßen Augen oder zumindest in jedem Fernglas verfolgt werden können. Auch für viele Sternhaufen, Nebel und Galaxien wird ein Fernglas reichen – wenn diese Objekte meist auch in Fernrohren interessanter und eindrucksvoller aussehen. Um die Doppelsterne trennen zu können, braucht man allerdings bis auf wenige Ausnahmen ein Fernrohr.
Es sei noch einmal daran erinnert, daß in den Tabellen dieses Buches sämtliche Positionen auf das Äquinoktium 2000.0 bezogen sind. Die Objekte sind dabei in der Reihenfolge wachsender Rektaszensionen geordnet.

Veränderliche Sterne.

Wer sich für Veränderliche interessiert und einen klaren Winterabend vor sich hat,sollte zuerst einmal das astronomische Jahrbuch konsultieren und prüfen, ob *Mira* im Walfisch – zu unserer Beobachtungszeit schon recht niedrig im Südwesten – zufällig nahe dem Maximum (meist bei 3^m) ist. In diesem Fall wird man natürlich zuerst nach Mira Ausschau halten und prüfen, auf welche Helligkeit der Stern es bei seinem derzeitigen Maximum gebracht hat (das ist nämlich nie genau vorherzusagen!). Wir werden uns Mira noch im Herbstapitel eingehend widmen. Das Jahrbuch wird auch sagen, ob an diesem Abend *Algol* im Perseus einem Minimum zustrebt – der Lichtabfall ist dann im Verlauf einiger Stunden sehr schön zu verfolgen – oder sich vielleicht nach einem Minimum gerade wieder auf dem „aufsteigenden Ast" befindet.
Nicht ganz so spannend, aber doch routinemäßig angebracht,ist ein Blick zu *Delta Cephei* – jetzt am Nordwesthimmel – über dessen periodische Helligkeitsschwankungen (die Periode beträgt 5,4 Tage) ebenfalls alle einschlägigen Jahrbücher informieren. Von Delta Cephei und der großen Bedeutung solcher Cepheidensterne werden wir im Herbst-Kapitel noch näheres erfahren.
Weitere Informationen über Veränderliche entnehme man unserer Tabelle. Beim Lichtwechsel der Mirasterne treten häufig Abweichungen von den Durchschnittswerten auf. Insbesondere sollten die angegebenen Helligkeitsgrenzen nur als Anhaltspunkte dienen.

Tabelle. Veränderliche Sterne am Winterhimmel

Bezeichnung		Rektasz.	Dekl.	mag.	Periode	Bemerkungen
R	And	$0^h24.0^m$	38°35'	6 - 15	409^d	Mirastern
γ	Cas	0 56.7	60 43	1.6-3.1	irreg.	vgl. Herbstkap
Mira		2 19.3	– 2 59	3 – 10	332^d	Selten auch 2^m
R	Tri	2 37.0	34 16	6 – 12	266^d	Mirastern
RZ	Cas	2 48.9	69 38	6.4-7.8	1.20^d	Algol-Typ
ρ	Per	3 05.2	38 50	3.3-4.0	irregulär	Roter Riese
Algol		3 08.2	40 57	2.2-3.5	2.87^d	Vgl. Herbstkap
λ	Tau	4 00.7	12 29	3.5-4.0	3.95^d	β-Lyrae Typ
ε	Aur	5 02.0	43 49	3.0-3.8	9883^d	Siehe Text!
Beteigeuze		5 55.2	7 24	0 – 1	irregulär	vgl. Text
η	Gem	6 14.9	22 30	3.1-3.9	irregulär	Roter Riese
T	Mon	6 25.2	7 05	5.8-6.8	27.02^d	Cepheide
RT	Aur	6 28.6	30 30	5.1-5.8	3.73^d	Cepheide
ζ	Gem	7 04.1	20 34	3.7-4.2	10.15^d	Cepheide
R	Cnc	8 16.6	11 44	6 – 12	362^d	Mirastern
R	Leo	9 47.6	11 26	5 – 11	313^d	Mirastern
T	Cep	21 09.5	68 29	6 – 11	388^d	Mirastern
μ	Cep	21 43.5	58 47	3.6-5.1	irregulär	Roter Riese
δ	Cep	22 29.2	58 25	3.7-4.6	5.37^d	Vgl. Herbstkap
R	Cas	23 58.4	51 24	6 – 12	430^d	Mirastern

Doppelsterne

Bei der Beobachtung von Doppelsternen kann vor allem der gute alte Refraktor zeigen, was in ihm steckt, und welche Vorteile er vor den heute weitverbreiteten und teils viel größeren Spiegelfernrohren besitzt! Denn in der gestochen scharfen Abbildung von Sternpunkten ist das Linsenfernrohr immer noch unübertroffen. Unsere Tabelle nennt einige

schöne Doppelsterne des Winterhimmels. Zu den Lieblingsobjekten des Verfassers gehören γ *Ari*, γ *And*, das *Trapez* (*ϑ¹ Ori*) im Orionnebel und γ *Leo* mit seinen goldgelben Komponenten. Nicht zu verachten sind aber auch ι *Tri*, *32 Eri* mit feinem Farbkontrast und ζ *Ori*, der linke Orion-Gürtelstern.

Tabelle. Doppelsterne am Winterhimmel

Bez.		Rektasz.	Dekl.	mag.	Distanz	Bemerkungen
η	Cas	$0^h49.1^m$	57°49'	3.4/7.5	12.2"	U = 480^a
γ	Ari	1 53.5	19 18	4.6/4.7	7.8"	leicht und lohnend!
α	Psc	2 02.0	2 46	4.3/5.2	1.6"	Test für 3-Zöller, U = 720^a
γ	And	2 03.9	42 20	2.2/5.0	10.0"	schöner Farbkontrast
59	And	2 10.9	39 02	5.6/6.1	16.6"	
ι	Tri	2 12.4	30 18	5.3/6.8	3.8"	recht hübsch; leicht
ι	Cas	2 29.1	67 24	4.6/6.9/8.4		dreifach (2.5", 7.1")
γ	Cet	2 43.3	3 14	3.7/6.2	2.8"	
ε	Ari	2 59.2	21 20	5.2/5.6	1.4"	ab 4-Zöller
Σ	331	3 00.9	52 21	5.3/6.7	12.2"	
32	Eri	3 54.3	– 2 57	4.8/6.1	6.9"	Farben gelb/bläulich
λ	Ori	5 35.1	9 56	3.7/5.6	4.3"	
ϑ¹	Ori	5 35.3	– 5 23	5.1/6.7	var	„Trapez" (s. Text!)
				6.7/8.0	var	Abstände 8.8"-21.6"
ζ	Ori	5 40.8	– 1 57	1.9/4.1	2.4"	U = 1500^a
γ	Lep	5 44.5	–22 27	3.6/6.2	95"	Fernglas!
ε	Mon	6 23.8	4 36	4.3/6.7	13.3"	
β	Mon	6 28.8	– 7 02	3.8/5.4/5.6		dreifach (7.4", 2.8")
12	Lyn	6 46.2	59 26	5.3/6.0/7.4		dreifach (1.7" ,8.7")
α	Gem	7 34.6	31 53	1.9/2.9	3.0"	Castor (s. Text!)
ζ	Cnc	8 12.2	17 39	5.0/6.2	5.9"	5^m-Stern wieder doppelt (5.6/5.9, 0.9")
ι	Cnc	8 46.7	28 46	4.0/6.6	30.4"	Fernglas ?
38	Lyn	9 18.8	36 48	4.0/6.1	2.8"	
γ	Leo	10 20.0	19 50	2.2/3.5	4.3"	U = 700^a. Lohnend!
54	Leo	10 55.6	24 45	4.5/6.3	6.4"	
32	Cam	12 49.2	83 25	5.3/5.8	21.5"	
α	CVn	12 56.0	38 19	2.9/5.5	19.4"	
ζ	UMa	13 23.9	54 56	2.3/4.0	14.5"	Mizar (Deichselstern)
ν	Dra	17 32.3	55 10	4.9/4.9	62.0"	Feldstecher!
ψ¹	Dra	17 41.9	72 09	4.6/5.8	30.3"	
ξ	Cep	22 03.8	64 38	4.6/6.5	8.0"	U = 3800^a

Sternhaufen.

Im Bereich der winterlichen Milchstraße findet sich eine große Zahl von offenen (oder auch „galaktischen") Sternhaufen. Hierzu zählen natürlich die schon besprochenen *Plejaden* und *Hyaden* im Stier, bei denen man ja schon mit bloßen Augen unschwer eine Reihe von Einzelsternen erkennen kann, und auch die *Praesepe* oder *Krippe* (*M 44*) im Sternbild Krebs, die sich in dunklen, mondscheinlosen Nächten dem bloßen Auge als beachtliche, diffus schimmernde Wolke zeigt. Am schönsten ist M44 jedoch im Fernglas oder Fernrohr (bei geringer Vergrößerung!) zu beobachten. Ein 3-Zöller läßt mindestens 75 Einzelsterne der Krippe erkennen.

Unter günstigen Sichtbedingungen lassen sich noch einige weitere Sternhaufen soeben ohne optische Hilfsmittel erspähen. Dies gilt vor allem für den *Doppelsternhaufen h + chi* im Perseus (*NGC 869* und *884*); wesentlich schwieriger sind dagegen *M 34* im Perseus, *M 35* in den Zwillingen und *M 41* im Großen Hund mit bloßen Augen zu erfassen. Mehr als ein Existenznachweis kann dabei aber nicht herauskommen – Sternhaufen sind nun einmal typische Objekte für Fernglas oder Fernrohr. Neben den Plejaden zählen *h + chi im Perseus* und *M 35* zu den Lieblingsobjekten des Verfassers. Aus dem Beobachtungsbuch stammt folgende Eintragung:"Der Doppelsternhaufen h + chi paßt bei einer Vergrößerung von 50x nicht mehr ganz ins Gesichtsfeld. Beide Sternhaufen wirken hübsch, aber doch schon recht zerstreut. Der westliche Haufen (*NGC 869*) scheint in zwei getrennte Gruppen zu zerfallen und ist 15'-20' groß. Der östliche Haufen (*NGC 884*) enthält einen leicht ovalen Ring aus etwa 15 Sternen, der schwächere Sterne umschließt. Der engere Bereich dieses Haufens dürfte ebenfalls ca. 15' Durchmesser haben. Zwischen beiden Sternhaufen ist einer der Roten Riesen dieses Feldes an seiner Färbung zu erkennen.(Beobachtet mit einem 20-cm Spiegel)."

M 35 in den Zwillingen wirkt schon im Fernglas recht imposant, mit einigen hervortretenden Einzelsternen. Im 3-Zöller erkennt man mindestens 60 Sternchen, die sich über ein Feld von 0,5° verteilen, darunter eine Handvoll hellerer Exemplare und ein breites „Mittelfeld". Die Sterne sind ziemlich regelmäßig verstreut, zeigen teils aber auch girlandenartige Anordnungen.

Empfehlenswert sind auch die drei Sternhaufen *M36*, *M37* und *M38* im Fuhrmann! Im Fernglas wirken *M36* und *M37* imposant hell, wenn auch nur ansatzweise aufgelöst. Der größere *M38* erscheint dagegen merklich lichtschwächer. Mit dem Fernrohr betrachtet, ist wohl *M37* der schönste und sternreichste dieser Fuhrmann-Haufen. Seine Einzelsterne sind allerdings recht schwach (ab 9.2^m).

Nicht zu verachten ist auch der zweite offene Sternhaufen im Krebs, *M 67*. Er läßt sich zwar leicht mit dem Fernglas als ovales Wölkchen erkennen, offenbart seinen wahren Reiz

Der Doppelsternhaufen h und chi im Perseus. Aufnahme von B. Flach-Wilken mit einer 19 cm Flatfieldkamera

aber erst im (nicht zu kleinen) Fernrohr, denn die hellsten Sterne erreichen nur 9.7^m.
Für *M 41* unterhalb von Sirius im Großen Hund sollte man nicht zu hohe Vergrößerungen wählen, weil der Haufen dann zu zerstreut wirkt. Bereits das Fernglas zeigt die hellsten Sterne (ab 6.9^m), im Dreizöller zählt man leicht 40 Haufensterne. Nahe dem Zentrum von M 41 fallen zwei hellere Sterne auf, von denen der westliche (ein K3-Stern) leicht rötlich getönt ist.
Weniger bekannt, aber im lichstarken Feldstecher als ein Gesprenkel schwacher Sternpünktchen durchaus hübsch anzuschauen ist *NGC 2548* in der Wasserschlange. Im 3-Zöller erkennt man rund 60 Einzelsterne mit Helligkeiten ab 8.2^m.
Unsere Tabelle stellt die auffälligeren Sternhaufen des Winterhimmels zusammen. Bei den Durchmesserangaben ist zu beachten, daß es sich um fotografisch ermittelte Maximalwerte handelt, die zudem in der Literatur oft stark auseinandergehen. Im Fernglas erscheinen die Objekte häufig kleiner. Die angegebene Helligkeit ist als „Totalhelligkeit" sämtlicher Haufensterne zu verstehen. Auch hierzu findet man recht unterschiedliche Angaben.

Tabelle. Offene Sternhaufen des Winterhimmels.

Bez.	Rektasz.	Dekl.	mag.	Durchm.	Bemerkungen
NGC 663	$1^h46.0^m$	61°15'	7.1	11'	
NCG 869	2 19.0	57 09	4.3	30'	h Persei (s. Text!)
NGC 884	2 22.4	57 07	4.4	30'	chi Persei (Text!)
M 34	2 42.0	42 47	5.2	30'	soeben mit bl. Augen
M 45	3 47.0	24 07	1.2	110'	Plejaden (s. Text!)
Hyaden	4 27	16	0.4	5°	vgl. Text.
M 38	5 28.7	35 50	6.4	21'	vgl. Text
M 36	5 36.1	34 08	6.0	12'	vgl. Text
M 37	5 52.4	34 33	5.6	24'	lohnend (s.Text)
M 35	6 08.9	24 20	5.6	28'	schön! (s. Text).
NGC 2244	6 32.4	4 52	4.8	24'	steht im Rosettanebel
NGC 2264	6 41.1	9 53	4.1	20'	wie ein Christbaum!
M 41	6 47.0	–20 44	4.5	38'	vgl. Text
NGC 2281	6 49.3	41 04	5.7	15'	
M 50	7 03.2	– 8 20	5.9	16'	leicht im Fernglas
NGC 2422	7 36.6	–14 30	4.4	30'	Sterne ab 5.7^m
M 46	7 41.8	–14 49	6.1	27'	Sterne ab 8.7^m, Fernrohr!
M 93	7 44.6	–23 52	6.2	18'	
NGC 2548	8 13.8	– 5 48	5.8	30'	vgl. Text
M 44	8 40.1	19 59	3.9	1.5°	vgl. Text
M 67	8 50.4	11 49	6.9	30'	vgl. Text

Galaktische Nebel.

Ihrer Natur nach muß man drei Typen von galaktischen Nebeln unterscheiden: *Diffuse Nebel* (das sind interstellare Wolken aus Gas oder Staub), *planetarische Nebel* (abgestoßene Hüllen von Sternen; näheres im Sommerkapitel) und *Supernovareste* (wie zum Beispiel der Crabnebel M1).
Galaktische Gas- und Staubwolken gibt es zwar in großer Zahl, aber ihre visuelle Beobachtung als „Nebel" ist in den meisten Fällen schwierig, weil es sich oft um außerordentlich matt leuchtende Gebilde handelt. So ist für den Anfänger mit gutem Gewissen eigentlich nur der berühmte *Orionnebel M42* für eine Beobachtung an Winterabenden zu empfehlen – das allerdings wärmstens! Denn der Anblick dieser schimmernden Gaswolken mit ihren filigranartigen Strukturen und dunklen Einbuchtungen ist zweifellos einer der schönsten, den Feldstecher oder kleine Fernrohre am Himmel zeigen können.
Völlig im Schatten „des" Orionnebels und wenig beachtet ist der kleine, etwa 8^m helle Nebel *M 78*, der 2.3° nordöstlich

Der reiche Sternhaufen M 37 im Fuhrmann.
Aufgenommen von W. Peach mit einem 12" Refraktor

vom linken Gürtelstern zu suchen ist und bei dunklem Himmel problemlos in besseren Ferngläsern gesichtet werden kann. Im Fernrohr erkennt man eine diffuse Erhellung um zwei schwache Sternchen von 10^m. Wenig bekannt, aber dem versierteren Beobachter durchaus zu empfehlen ist Hubbles *Variable Nebula NGC 2261* im Einhorn, dessen Helligkeit mit gut 10^m zu veranschlagen ist. Das Objekt war zwar schon im 9 cm „Spotting Scope" des Verfassers als sehr kleines und mattes Fleckchen sichtbar, kommt aber erst bei stärkerer Optik wirklich zur Geltung. Im 8-Zöller wirkt dieser Nebel bei höheren Vergrößerungen wie ein Komet mit hellem Kern (= R Mon) und einem gefächerten „Schweif" von etwa 1.5' Länge. Fotoserien belegen, daß die Form dieses Nebels zeitlichen Veränderungen unterworfen ist (daher der Name!).
Einen kleinen, aber recht hellen Vertreter der planetarischen Nebel findet man mit *NGC 2392*, dem sogenannten *Eskimonebel*, im Sternbild der Zwillinge. Im Fernglas erscheint er lediglich wie ein schwaches Sternchen von 8.3^m. Erst im Fernrohr (Vergrößerungen von mindestens 100x seien empfohlen) wird ein kleiner, rundlicher Fleck mit recht hoher Flächenhelligkeit sichtbar. Dieser planetarische Nebel ist vor allem deswegen interessant, weil man hier relativ leicht den 10^m hellen Zentralstern erkennen kann (bei den meisten „planetaries" ist das sehr schwierig!).
Als reizvolle Spezialität sei den besser ausgerüsteten Sternfreunden der etwa 10.5^m helle planetarische Nebel *NGC*

2438 am Nordrand des auch sonst recht lohnenden offenen Sternhaufens *M 46* empfohlen. Dieser von Wilhelm Herschel entdeckte Nebel, bei dem es sich allerdings wohl um ein Vordergrundobjekt von M 46 handelt, ist andeutungsweise mit 3-Zoll Optik erkennbar und im 8-Zöller problemlos (wenn auch nicht auffällig) zu sehen.

Über den Supernovarest *M1*, den *Crabnebel* nahe Zeta Tauri, haben wir schon ausführlich berichtet. M1 hat die Gesamhelligkeit eines Sterns von 8.4^m,die sich allerdings über einen Durchmesser von 5' „verschmiert". Dennoch ist M1 zweifellos für Feldstecher erreichbar; dazu braucht man aber außer einem nicht allzu schwachbrüstigen Gerät noch einen wirklich klaren Winterhimmel ohne Hintergrundaufhellung, und ruhigen Halt (oder ein Stativ!). Im Fernrohr erscheint M1 natürlich größer als im Fernglas, aber mehr Detail wird kaum erkennbar.

Nähere Einzelheiten und noch einige weitere Nebel des Winterhimmels kann man der Tabelle entnehmen.

Tabelle. Galaktische Nebel am Winterhimmel

d= diffuser Nebel, p = planetarischer Nebel, R = Supernovarest

Bez.	Typ	Rektasz.	Dekl.	mag	Durchm.	Bemerkungen
NGC 246	p	0 47.0	– 11 52	8.5	3,5'x4'	
NGC 1535	p	$4^h14.3^m$	– 12°44'	9.3^m	17"x20"	
M 1	R	5 34.5	2 01	8.4	6'x4.5'	Crabnebel (Text!)
M 42	d	5 35.3	– 5 23	2.9	66'x60'	Orionnebel (Text!)
M 78	d	5 46.7	0 03	8	8'x6'	Vgl. Text
NGC 2261	d	6 39.2	8 44	10	2'	Var. Nebel (Text!)
NGC 2392	p	7 29.2	20 55	8.3	5"x19"	Eskimoneb. (Text!)
M 97	p	11 14.8	55 01	9	200"	Eulennebel
NGC 6543	p	17 58.6	66 38	8.8	16"x22"	
I 1470	p	23 05.3	60 15	8.1	70"x45"	
NGC 7662	p	23 25.9	42 32	8.9	17"x14"	

Galaxien

Die Beobachtung ferner Galaxien ist natürlich eigentlich eine Domäne lichtstarker Instrumente. Dennoch hält der Himmel auch für den schwächer ausgerüsteten Sternfreund einige hellere Galaxien bereit. Hier bieten sich im Winter vor allem die folgenden vier Spiralnebel an: Der *Andromedanebel M31* und die Galaxie *M33* im Dreieck (beide stehen jetzt noch auf günstiger Beobachtungshöhe am Westhimmel) sowie das Galaxienpaar *M81/M82* im Gebiet des Großen Wagen (hoch im Nordosten).

Unter günstigen Sichtbedingungen läßt sich *M 31* schon mit bloßen Augen als matt schimmerndes Wölkchen erkennen. Ein lichstarker Feldstecher ist ideal: er zeigt M 31 als imposanten, ovalen Nebelfleck mit heller Kernzone. Wer mindestens einen 8-Zöller besitzt, kann nach Einzelheiten wie einer feinen, dunklen Linie (hervorgerufen durch Dunkelwolken) nordwestlich vom Kern unserer Nachbargalaxie Ausschau halten.

Ein leichtes Objekt für Ferngläser ist auch die 8.2^m helle Begleitgalaxie *M 32*, die 24' südlich vom Kern des Andomedanebels zu suchen ist. Allerdings ist M 32 sehr klein, so daß man sie bei flüchtiger Suche leicht für einen Stern halten und übersehen kann.

Erheblich schwieriger zu beobachten, aber für lichtstarke Ferngläser ebenfalls noch erreichbar, ist *NGC 205*, ein weiterer Begleiter des Andromedanebels. Dieses Objekt zeigt sich als diffuse Aufhellung 35' nordwestlich des Zentrums von M 31.

Nicht weit vom Andromedanebel entfernt findet man mit *M 33* im Sternbild Dreieck eine weitere Nachbargalaxie unserer Milchstraße. Es gibt immer wieder Berichte, wonach M33 ebenfalls mit bloßen Augen gesichtet worden sein soll. Zumindest unter üblichen, mitteleuropäischen Bedingungen sollte man sich hierüber jedoch keinen Illusionen hingeben. Nach den Erfahrungen des Verfassers zählt M33 wegen seiner geringen Flächenhelligkeit selbst für den Feldstecher zu den schwierigeren Beobachtungsobjekten, und bei höheren Vergrösserungen im Fernrohr wird es noch problematischer. Dagegen sind die 7^m helle Galaxie *M81* im Großen Bären und ihre um eine gute Größenklasse schwächere Nachbargalaxie *M82* leichte Objekte für das Fernglas und auch im kleinen Fernrohr schön anzusehen!

Tabelle. Hellere Galaxien am Winterhimmel

Bez.	Rektasz.	Dekl.	mag.	Ausdehnung	Bemerkung
NGC 205	$0^h40.4^m$	41°41'	8.2^m	9'x4.5'	vgl. Text
M 31	0 42.7	41 16	3.5	130'x30'	Andromedanebel
M 32	0 42.7	40 52	8.2	3.5'x2.7'	vgl. Text
M 33	1 33.9	30 39	5.8	45'x18'	vgl. Text
M 74	1 36.7	15 47	9.3	8'x8'	schwierig!
M 77	2 42.7	– 0 01	8.9	2.3'x2'	klein, heller Kern
M 81	9 55.6	69 04	7.0	14'x9'	leicht im Fernglas!
M 82	9 55.8	69 41	8.4	8.6'x2.5'	bei M81, Fernglas
M 95	10 44.0	11 42	9.8	4.9'x3.7'	bildet mit M96 Paar
M 96	10 46.8	11 49	9.3	2.8'x1.8'	in gutenFerngl.
M 65	11 18.9	13 06	9.4	6.7'x1.8'	bildet mit M66 Paar
M 66	11 20.3	12 59	9.0	5.2'x2.4'	unschwer im Fernglas
M 51	13 29.9	47 12	8.4	8.4'x5.6'	mit „Anhängsel"
M 101	14 03.2	54 21	7.9	15'x13'	recht groß, matt
NGC 7331	22 37.1	34 25	9.6	9'x2.5'	

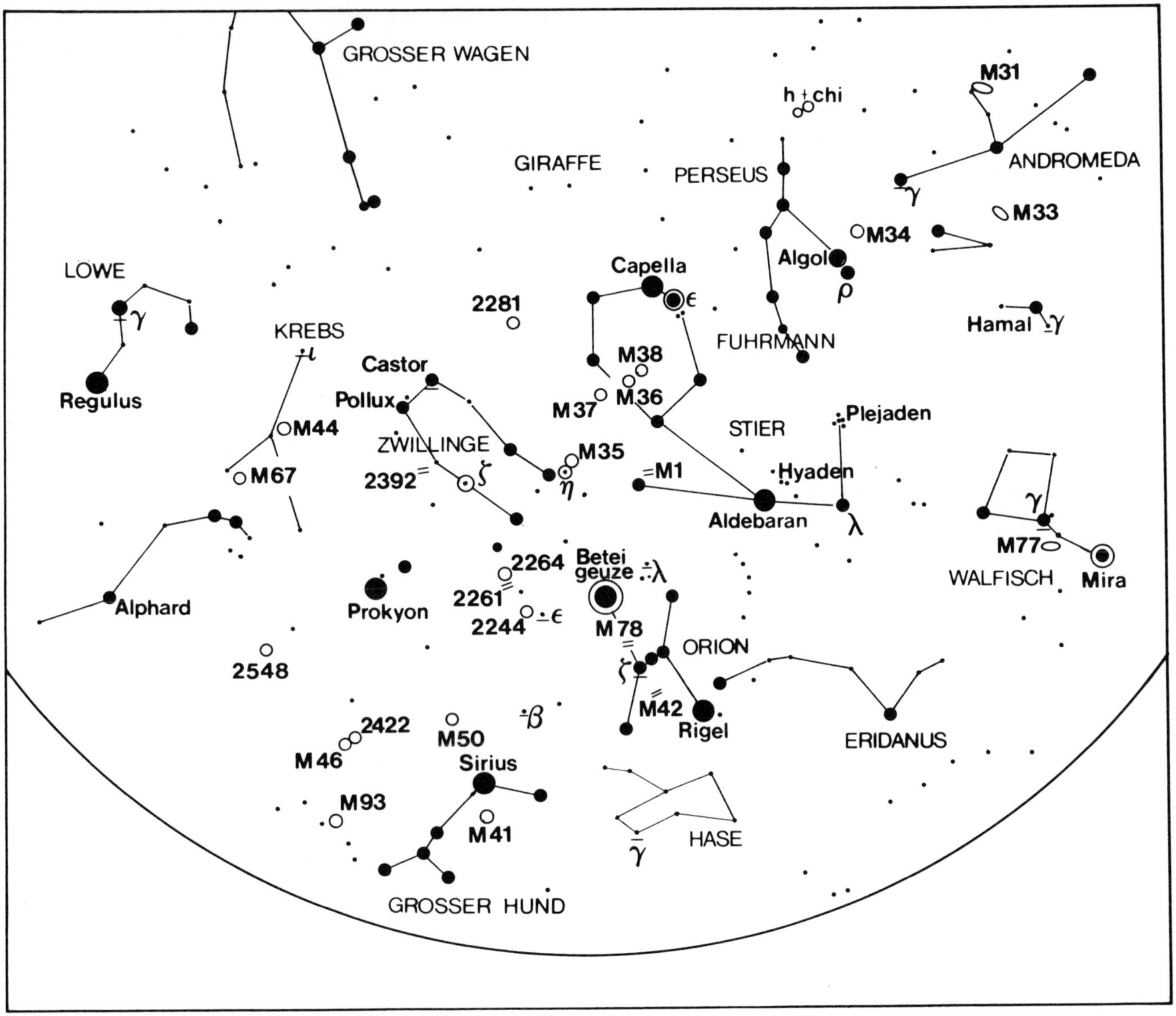

Beobachtungsobjekte am Winterhimmel

Wenn dann am Osthimmel der Große Wagen und der Löwe höhergestiegen sind, bieten sich als weitere Beobachtungsziele auch *M 51* und *M 101* im Umfeld der Wagendeichsel, sowie die beiden Galaxien *M65* und *M 66* im Löwen an. Sie sind alle schon mit Ferngläsern erreichbar, wirken aber natürlich in lichtstarken Fernrohren eindrucksvoller (besonders *M 51* mit seinem „Anhängsel“ *NGC 5195*).

Meteorströme

Die Wintermonate stellen für den Sternschnuppenfreund eine gewisse Durststrecke dar. Es sind nur zwei nennenswerte Meteorströme tätig, und auch die Rate der sporadischen (keinem Strom zugehörigen) Meteore ist besonders im Februar und März sehr niedrig.

In den Nächten vom 17.-24. Dezember sind die *Ursiden* nachweisbar. Wie der Name schon andeutet, liegt ihr Radiant (Ausstrahlungspunkt) im Sternbild Kleiner Wagen (Ursa Minor).

Es handelt sich um einen meist sehr unauffälligen Strom, der allerdings gelegentlich (so 1946 und 1986) durch hohe Aktivität überrascht hat. Die Ursiden sind Auflösungsprodukte des Kometen Tuttle, der eine Umlaufszeit von 13 Jahren besitzt und zuletzt 1980 in Sonnennähe war.

Vom 1.-4. Januar erscheinen dann die *Quadrantiden*. Sie könnten von der Sternschnuppenzahl her den berühmten Perseiden vom Monat August durchaus Konkurrenz machen, haben aber leider einen erheblichen Nachteil: Sie sind jeweils nur für eine ganz kurze Zeit, nämlich etwa 10 Stunden lang, nennenswert aktiv! Deshalb kommt es für den Beobachter entscheidend darauf an, den richtigen Zeitpunkt abzupassen. Für den Kenner sei daher vermerkt, daß das Tätigkeitsmaximum der Quadrantiden bei einer ekliptikalen Sonnenlänge von 282.7°(Äquinox 1950.0) eintritt. Anhand der Sonnenephemeride im astronomischen Jahrbuch läßt sich dann feststellen, auf welchen Tag (3. oder 4.1.) und welche genaue Uhrzeit das Maximum fällt.

Eine gebräuchliche Maßzahl für die Aktivität eines Meteorstromes ist die Zenithal Hourly Rate (ZHR), die stündliche Meteorfrequenz unter genau festgelegten Idealbedingungen (näheres hierzu im Sommerkapitel bei den Perseiden!).

Nach Beobachtungen aus den letzten dreißig Jahren lag die ZHR der Quadrantiden im Maximum meist bei 60-70 Objekten, gelegentlich wurden aber auch ZHR-Werte von über 100 registriert.

Wie im Sommerkapitel noch genauer erläutert wird, liegt die tatsächlich beobachtbare Meteoranzahl jedoch meist erheblich unter der ZHR. So darf man bei günstigen Bedingungen (Maximum, hochstehender Radiant, Sterne bis 5.5^m erkennbar) realistischerweise nur auf vielleicht zwei Dutzend Quadrantiden pro Stunde hoffen.

Der Radiant der Quadrantiden liegt etwa halbwegs zwischen der Deichselspitze des Großen Wagens und dem Kopf des Drachen, im Gebiet des nicht mehr gebräuchlichen Sternbilds Quadrant (heute rechnet man diese Gegend mit zum Bootes und spricht deshalb auch von den *Bootiden*). In den frühen Abendstunden steht der Austrahlungspunkt leider sehr niedrig im Norden, ist aber frühmorgens vor Beginn der Dämmerung hoch am Himmel, in Zenitnähe, zu finden.

KAPITEL II: DER STERNENHIMMEL IM FRÜHLING

1. VON SONNE UND MOND

Frühlingsanfang: Tag- und Nachtgleiche?

Wenn die Sonne auf ihrer Jahresbahn den Frühlingspunkt erreicht (das ist je nach Jahr am 20. oder 21.März der Fall), beginnt bei uns auf der Nordhalbkugel der Frühling – jedenfalls nach dem Kalender. Und es gehört zum unerschütterlichen Basiswissen des Gebildeten, daß wir an diesem Tag die „Tag- und Nachtgleiche" haben.

Die Sonne geht nämlich zum Frühlingsanfang genau im Osten auf, zieht einen Halbkreis über den Taghimmel und versinkt abends schließlich exakt in Westrichtung wieder unter den Horizont – an diesem Tag liegt also genau die Hälfte der täglichen Sonnenbahn über dem Horizont, so daß man ohne weiteres glauben wird, daß Tag und Nacht dann wirklich beide genau 12 Stunden dauern.

Nun gibt es aber immer Zeitgenossen, die alles selbst nachprüfen müssen. Ein solcher griff nach einem Blick auf die Sonnenauf- und Untergangstabellen zum Telefon, rief den Verfasser an (der sich, ehrlich gesagt, bis dahin noch keine tieferen Gedanken zu diesem Thema gemacht hatte) und legte mit der Bitte um Aufklärung seine Untersuchungsergebnisse vor: Zur „Tag- und Nachtgleiche" stellten sich Tag und Nacht nämlich keineswegs als gleichlang heraus – die Sonne blieb immerhin für gut zehn Minuten länger als die erwarteten 12 Stunden über dem Horizont! Gleichlang waren Tag und Nacht dagegen schon drei Tage zuvor. Wie klärt sich dieses Rätsel nun auf ?

Es ist die Atmosphäre unseres Planeten, die uns diesen Effekt mit ihrer lichtbrechenden Wirkung beschert. Immer, wenn Licht von einem Medium (Luft,Wasser,Glas oder einfach leerer Raum) in ein anderes schräg einfällt, werden die Lichtstrahlen in ihrem geradlinigen Verlauf gebrochen (abgeknickt). Hierdurch erscheinen uns Gegenstände, die wir zum Beispiel durch Wasser anschauen, eigenartig verzerrt oder in ihrer Lage versetzt.

Das gleiche geschieht, wenn wir die Sonne oder andere Gestirne betrachten, was ja notgedrungen durch die irdische Lufthülle geschehen muß. Nahe dem Horizont ist die Lichtbrechung am stärksten, und deswegen sehen wir Sonne, Mond und die Sterne dort merklich höher, als sie es „in Wirklichkeit" (also ohne Lufthülle betrachtet) sind. Dieser Effekt, den man auch „Refraktion" nennt, beträgt am Horizont immerhin 0.6°, also gut eine Sonnenbreite. Und eine Folge dieser „Anhebung" ist, daß wir die Sonne schon aufgehen sehen, wenn sie eigentlich (ohne Atmosphäre betrachtet) noch knapp unter dem Horizont steht! Entsprechend bleibt sie dank der Refraktion abends noch einige Minuten länger über dem Horizont, und so erklärt es sich, daß der Tag zur „Tag- und Nachtgleiche" tatsächlich schon etwas länger ist als die Nacht.

Von MEZ, MESZ und anderen Zeiten

Seit einigen Jahren haben wir uns daran gewöhnt: Am letzten Sonntag im März wird zu früher Morgenstunde auf die Sommerzeit (MESZ) umgeschaltet: die Stunde zwischen 2 und 3 Uhr entfällt,und die Uhren werden um eine Stunde vorgstellt. Erst ein halbes Jahr später bekommen wir diese Stunde nachgeliefert, wenn nämlich wieder auf die altgewohnte „Nomalzeit" MEZ (Mitteleuropäische Zeit) zurückgeschaltet wird.

Wir wollen hier nicht den Sinn dieser Regelung zu ergründen versuchen, sondern diese Umstellung zum Anlaß nehmen, uns einmal mit den verschiedenen Zeitangaben zu befassen. Da gibt es nämlich nicht nur die MEZ, MESZ und andere Zonenzeiten der Erde, wie etwa die Weltzeit (UT). Fortgeschrittene Sternfreunde verwenden auch die MOZ und die Sternzeit und haben sicher schon von Atomzeiten wie der TAI, UTC und TDT gehört.

Orts- und Zonenzeiten

Im Moment, wo diese Zeilen niedergeschrieben werden, zeigt die Uhr des Verfassers 17.46 Uhr an – das ist MEZ, also die übliche Zeit in Deutschland. In England geben die Uhren jetzt allerdings 16.46 Uhr an, nach der dort maßgeblichen Weltzeit (UT). Ebenso sinnvoll wäre aber auch die Zeitangabe 17.25 Uhr – das ist nämlich die momentane Mittlere Ortszeit (MOZ) für den Wohnort des Verfassers. Und nach Sternzeit wäre es hier gar 23.55 Uhr!

Alle diese Zeiten sind für bestimmte Belange zweckmäßig. Wenn man zum Beispiel eine Uhrzeit haben möchte, bei der es wirklich 12 Uhr ist, wenn die Sonne am eigenen Beobachtungsort im Süden steht, so muß man die MOZ wählen (die sich genauer gesagt allerdings nicht nach der unregelmäßig laufenden wahren Sonne richtet, sondern nach einer fiktiven, „mittleren" Sonne). Auch die für Sternfreunde nahezu unentbehrlichen drehbaren Sternkarten verwenden die MOZ.

Der Nachteil dieser reinen Ortszeit liegt auf der Hand: Wenn es etwa in Berlin 12.00 Uhr MOZ ist, so hat zum Beispiel Düsseldorf nach MOZ erst 11.33 Uhr, denn diese Stadt liegt westlicher als Berlin, so daß die Sonne dort erst später im Süden steht. Man stelle sich nur einmal die Komplikationen im Zug- oder Flugverkehr vor, wenn jede Stadt ihre eigene MOZ verwenden würde!

Deshalb hat man Ende des letzten Jahrhunderts die Zonenzeiten (wie MEZ und UT) eingeführt. Sie gelten jeweils für eine Zone der Erdkugel, die sich etwa über 15 Längengrade erstreckt.

Innerhalb einer solchen Zone zeigen alle Uhren die selbe Zeit an, nämlich die MOZ eines zentral gelegenen Ort. Deutschland liegt im Bereich der MEZ – sie ist die MOZ für Orte auf dem 15. Längengrad. England gehört dagegen zur Zone der UT, das ist die MOZ auf dem Nullmeridian von Greenwich.

Nicht nach der Sonne, sondern nach der Umdrehung des Sternenhimmels richtet sich die für Astronomen wichtige Sternzeit. Weil die Himmelskugel nur 23 Stunden 56 Minuten für eine volle Umdrehung benötigt, läuft die Sternzeit ein wenig schneller als die Sonnenzeit. Wenn der Frühlingspunkt im Süden steht, ist es genau 0 Uhr Sternzeit.

Die ungenaue Erduhr

Alle bislang besprochenen Zeiten verwenden die Sonne oder die Umdrehung des Sternenhimmels und damit eigentlich die Rotation unseres Planeten Erde um seine Achse. Man hat im Laufe der Zeit immer genauere Uhren entwickelt, deren Gang dann durch Beobachtung der Gestirne kontrolliert wurde. So erreichte die Normaluhr der Berliner Sternwarte zur Jahrhundertwende bereits eine Ganggenauigkeit von 0,015 Sekunden pro Tag! Damit wäre das Problem der Zeitbestimmung recht befriedigend gelöst – wenn die „Kontrolluhr" Erde wirklich exakt arbeitete. Aber tut sie das wirklich ?

Schon Halley bemerkte im Jahr 1693 anhand von Finsternisbeobachtungen aus der Antike gewisse zeitliche Unstimmigkeiten, und Kant stellte 1754 in einer kurzen Abhandlung die Frage, ob sich diese Unregelmäßigkeiten nicht dadurch erklären ließen, daß die Erdrotation gar nicht so regelmäßig abläuft, wie man geglaubt hatte. Wir wissen heute, daß die Erduhr tatsächlich keineswegs ideal ist und in ihrem Gang viele kleine Unregelmäßigkeiten aufweist.

Viel genauer gehen unsere heutigen Atomuhren, und deshalb hat man inzwischen die Zeitmessung von der Erdrotation abgekoppelt und eine Atomzeit (die TAI) für verbindlich erklärt. Auf dieser TAI basieren weitere Zeiten, so die UTC, eine Art modifizierter Weltzeit, die zwar ebenfalls eine Atomzeit ist,aber durch notfalls eingelegte „Schaltsekunden" an die frühere Weltzeit angeglichen wird, so daß der Unterschied in beiden Zeitangaben nie mehr als eine Sekunde beträgt. In der Astronomie verwendet man seit 1984 für sehr genaue Angaben die TDT (dynamische Erdzeit). Auch sie beruht auf der Atomzeit, wird allerdings nicht an die Weltzeit UT angeglichen, so daß der Unterschied zwischen TDT und UT inzwischen schon rund eine Minute beträgt.

Der Sonnenlauf im Frühling

Wie sich die Sonne in den Frühlingsmonaten vor dem Hintergrund der Tierkreissternbilder bewegt, zeigt unsere Abbildung.

Ihr Weg beginnt (am 20. oder 21. März) im Frühlingspunkt, dem Schnittpunkt der Ekliptik mit dem Himmelsäquator im Sternbild der Fische. Das folgende halbe Jahr wird sich die Sonne nun in den höheren Regionen des Tierkreises aufhalten. Im April und Mai durchquert sie die Fische und den Widder und steht zu Beginn des Juni in den Nähe von Aldebaran, dem Hauptstern des Stiers. Für uns auf der Erde bleibt dieser Stern dann natürlich unbeobachtbar, denn er steht ja nahe der Sonne am Taghimmel.

Die Mittagshöhe des Tagesgestirns nimmt in diesen Wochen kräftig zu: Sie steigt von 40 Grad zum Frühlingsanfang auf rund 62 Grad und damit schon fast sommerliche Höchstwerte zum Maiende. Durch die zunehmende Kraft der wärmenden Sonne wird auch die Natur aus ihrem Winterschlaf erweckt, und nicht wenige Menschen empfinden den Monat Mai mit seiner ergrünten und erblühten Natur als den schönsten des Jahres. In Haydns Oratorium „Die Jahreszeiten" wird der Mai so besungen: „Vom Widder strahlt die helle Sonn' auf uns herab, nun weichen Frost und Dampf, nun schweben laue Lüft umher, der Erde Busen ist gelöst, erheitert ist die Luft...".

Gelegentliche Einbrüche kalter Polarluft (die „Eisheiligen") können aber Gärtnern noch Sorge bereiten – den Stern

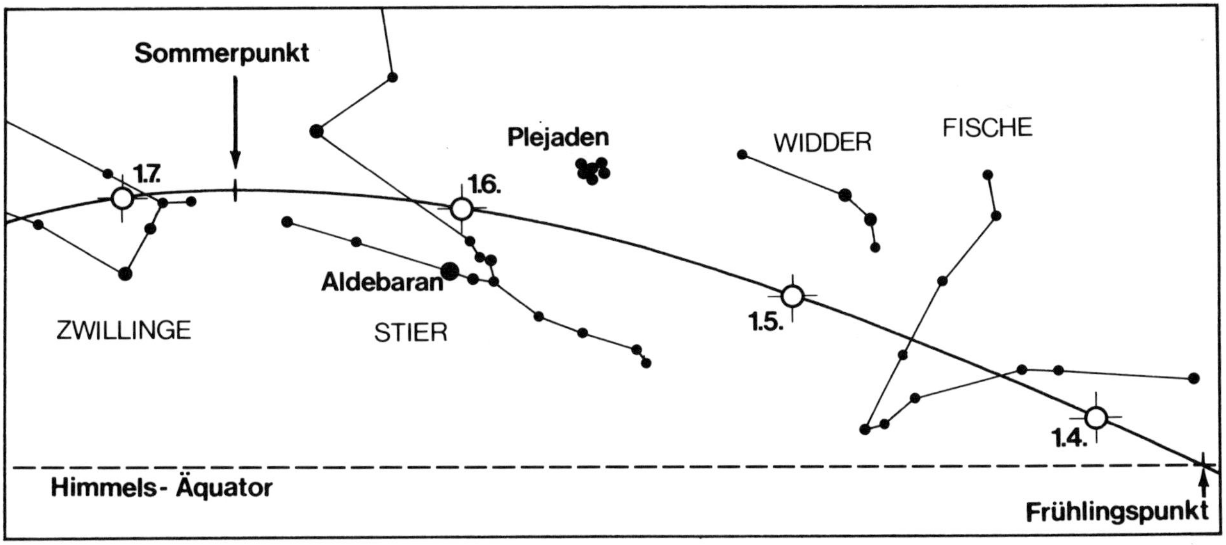

Der Sonnenlauf im Frühjahr

freunden beschert diese Kaltluft oft jedoch ungewöhnlich klare Nächte.

Die Mitternachtsdämmerung

Einer anderen, ebenfalls mit dem Sonnenlauf zusammenhängenden Erscheinung des Frühjahrs sehen Sternfreunde allerdings mit wachsendem Mißmut entgegen (besonders, wenn sie zu den „Nordlichtern" zählen): Mit der Annäherung des Sommers werden die für astronomische Zwecke nutzbaren Nachtstunden immer kürzer. Dies kann man auch gut an den Angaben der Tabelle erkennen, die für einen zentral gelegenen Ort auf 50° Breite und 10° östlicher Länge gelten. Alle Zeitangaben sind in MESZ gegeben.

Tabelle

Datum	Sonnenauf-/Untergang		Dunkelheit (Beginn/Ende)	
1. April	6.57 MESZ	19.52 MESZ	21.49 MESZ	5.04 MESZ
15. April	6.27	20.14	22.18	4.27
1. Mai	5.57	20.39	23.01	3.39
15. Mai	5.34	21.00	23.48	2.52
1. Juni	5.16	21.20		
15. Juni	5.10	21.30	Mitternachtsdämmerung!	

Besonders die Dämmerungszeiten hängen stark von der geographischen Breite des Beobachters ab: In Norddeutschland wird es etwa ab Mitte Mai am Sternenhimmel nicht mehr richtig dunkel, weil die Sonne nicht mehr die Tiefe von mindestens 18 Grad unter dem Horizont erreicht, die für eine „astronomische" Dunkelheit nötig ist. Dagegen kommt es zum Beispiel auf der Breite von München selbst um die Sommersonnenwende nicht zu einer Mitternachtsdämmerung.

Noch weiter im Norden, in den skandinavischen Ländern nördlich einer Breite von 67°, kann man dann sogar das eindrucksvolle Schauspiel der Mitternachtssonne erleben. Für wieviele Tage um die Sonnenwende herum die Sonne dort nicht mehr unter den Horizont sinkt, hängt allerdings wieder sehr von der geographischen Breite ab. Im Extremfall – am Nordpol – scheint die Sonne ununterbrochen vom Frühlingsanfang bis zum Beginn des Herbstes!

Der Mond im Frühling

Wenn die junge Mondsichel zwei oder drei Tage nach Neumond wieder am frühen Abendhimmel sichtbar wird, beträgt ihr Winkelabstand zur Sonne erst ein oder zwei „Handspannen": sie hat sich also im Tierkreis noch nicht weit vom Sonnenort entfernt. Deshalb wird man in den ersten Frühlingswochen, wenn die Sonne noch in der Nähe des Frühlingspunkt steht und abends etwa in Westrichtung untergeht, nach der wiederkehrenden Sichel des jungen Mondes ebenfalls über dem Westhorizont suchen müssen. Und weil die Tierkreislinie dann noch steil im Westen aufsteigt, gewinnt der Mond an den folgenden Abenden rasch an Höhe.

Der zunehmende Halbmond steht im zeitigen Frühjahr bei Sonnenuntergang bereits auf großen Höhen im Süden: Rund 90 Grad vom Sonnenort entfernt, befindet er sich in den höchsten Regionen des Tierkreises, unweit vom Sommerpunkt im Gebiet der Zwillinge. Wenn dann eine Woche darauf der Vollmond erreicht ist, hat unser Erdtrabant ein

weiteres Viertel seiner vierwöchigen Wanderung rings um die Ekliptik hinter sich gebracht und zeigt sich nun am Himmel der Sonne gegenüber, umweit des Herbstpunktes im Sternbild der Jungfrau. Etwa bei Sonnenuntergang kommt er im Osten über den Horizont, schwingt sich bis Mitternacht nur zu mäßigen Höhen (rund 40°) im Süden auf und geht zum Sonnenaufgang im Westen unter.

Mit dem Fortgang des Frühlings gehen auch entsprechende Veränderungen des „Mondverhaltens“ einher. Wie sich der Sonnenuntergang immer mehr nach Nordwesten hin verlagert, so muß man im späteren Frühjahr nach der jungen Mondsichel ebenfalls weiter im Nordwesten Ausschau halten. Der zunehmende Halbmond kulminiert dann nicht mehr auf so stolzen Höhen, und vor allem der Vollmond beschreibt mit dem Näherrücken des Sommers immer flachere und kürzere Bögen über den Nachthimmel.

Ostern und der Frühlingsvollmond

Während die meisten für unseren Kalender wichtigen Stichtage durch den Lauf der Sonne festgelegt werden, ist es der Mond, der den Ostertermin bestimmt. Auf dem Konzil von Nicäa wurde nämlich im Jahr 325 beschlossen, daß Ostern am Sonntag nach dem ersten Frühlingsvollmond gefeiert werden soll. Damit gehört Ostern zu den „beweglichen“ Festen. Sehr selten (zuletzt im Jahr 1818!) kann es schon auf den 22. März fallen, der spätestmögliche Termin ist der 25. April.

Nun ist eine genaue Vorausberechnung der Mondbewegung und damit auch der Mondphasen allerdings ein äußerst aufwendiges Unterfangen, und deshalb geht die Kirchenrechnung (der computus ecclesiasticus) von einem vereinfachten Rechenschema zur Bestimmung des ersten Vollmonds im Frühling aus. Dadurch kann es in seltenen Fällen zu Abweichungen von zwei Tagen gegenüber dem wahren Vollmondstermin kommen. Der berühmte Mathematiker Carl Friedrich Gauß hat eine „Osterregel“ aufgestellt, die alle kirchlichen Berechnungsvorschriften berücksichtigt. Sie ist in unserer Tabelle erläutert – wer mag, kann sich damit also das Osterdatum selbst berechnen.

Tabelle. Die Gaußsche Osterformel

1. *Abkürzungen* : Bei der Osterregel sind häufig zwei ganze Zahlen a und b durcheinander zu teilen. Dabei bezeichne [a,b] den Rest, der bei der Division a:b bleibt, und (a,b) sei die Zahl, die beim Ergebnis von a:b vor dem Komma steht. Beispiel: Für a = 20 und b = 3 wird [20,3] = 2 und (20,3) = 6.
2. *Berechne folgende Hilfsgrößen:*
   J = Jahreszahl, ab 1583
   k = (J,100)
   p = (13 + 8k, 25)
   q = (k,4)
   M = [15 – p + k – q ,30]
   N = [4 + k – q, 7]
   a = [J, 19]
   b = [J, 4]
   c = [J, 7]
   d = [19a + M, 30]
   e = [2b + 4c + 6d + N, 7]
3. *Ostern* ist dann am (22 + d + e)-ten März bzw. am (d + e – 9)-ten April.
4. *Ausnahmen:* Im Fall d = 29 und e = 6 ist Ostern am 19.4. Im Fall d = 28 und e = 6 und a > 10 fällt Ostern auf den 18. April.

2. UMSCHAU AM FRÜHLINGSHIMMEL

Der Sternenhimmel im zeitigen Frühjahr

Wir wollen uns zunächst am Himmel des zeitigen Frühjahrs umsehen und wählen dazu als Stichtermin Anfang April gegen 22 Uhr MESZ.

Der Südhimmel

Die Südrichtung trennt den Sternenhimmel zu unserer Beobachtungszeit in eine noch winterlich anmutende Hälfte (rechts vom Meridian bis nach Westen) und einen Frühlingshimmel (im Südosten und Osten).

Eines der schönsten Frühlingsternbilder, der *Löwe*, steht nun hoch im Südsüdosten. Seine Konturen sind einprägsam und erinnern tatsächlich stark an die Figur eines liegenden Löwen (oder zumindest doch eines vergleichbaren Tieres), so daß dieses Sternbild auch dem Anfänger keinerlei Probleme mit dem Aufsuchen bereiten wird. *Regulus*, der Hauptstern des Löwen, ist mit 1.4^m recht hell und markiert den rechten unteren Rand der Löwenfigur (wir werden später noch eingehender über Regulus und den Löwen berichten).

Rechts unterhalb vom Löwen – etwa eine Handspanne von Regulus entfernt – fällt in sternarmem Gebiet ein vereinzelter, 2^m heller Stern auf: Das ist *Alphard*, der Hauptstern im weit ausgedehnten, aber sehr unscheinbaren Sternbild der *Wasserschlange*. Sein Name kommt aus dem Arabischen und bedeutet treffenderweise „Der Alleinstehende“. Im Fernglas wird die kräftige orange Tönung dieses Roten Riesen (Spektraltyp K3) deutlich.

Rechterhand des Löwen hat das Tierkreissternbild *Krebs* den Meridian soeben überschritten. Er gehört zu den unscheinbarsten Sternbildern und ist nur bei wirklich dunklem und klaren Himmel überhaupt auszumachen. Immerhin enthält dieses Tierkreissternbild aber zwei schöne Sternhaufen (die Krippe und M 67, vgl. auch die Beobachtungshinweise!).

Der Westhimmel

Drehen wir uns nun etwas weiter nach rechts, Richtung Südwesten und Westen! Dort finden wir noch alle Wintersternbilder mit ihren vielen hellen Sternen versammelt. Der *Orion* mit *Beteigeuze*, *Rigel* und den drei *Gürtelsternen* neigt sich jetzt allerdings doch schon dem Untergang zu, und auch der hellfunkelnde *Sirius* – nun links vom Orion – steht schon recht horizontnah. Man sollte noch einmal die Gelegenheit zur Beobachtung dieser schönen Wintersternbilder nutzen, denn bald werden sie in den Strahlenbereich der von Westen heranrückenden Sonne geraten und dann natürlich nicht mehr zu sehen sein!
Oberhalb von Orion und Sirius zeigen sich jetzt noch auf guter Beobachtungshöhe der *Kleine Hund* (der sich fast gänzlich auf seinen auffälligen Hauptstern *Prokyon* reduziert), die *Zwillinge* mit *Castor* und *Pollux* und der *Fuhrmann* mit der hellen *Capella*.
Weiter nach Nordwesten zu schließen sich der *Perseus* und die *Cassiopeia*, das „Himmels-W", an.

Der Nordhimmel

Beim Blick zum Nordhimmel sichtet man zwar eine Vielzahl mittelheller und schwacher Sterne, aber es braucht doch schon eine gewisse Beobachtungserfahrung, um sich hier zurechtzufinden. Markante, leicht einprägsame Sternbilder und sofort ins Auge fallende, hellstrahlende Sterne fehlen.
Am besten sucht man zunächst einmal den *Polarstern* – etwa ausgehend von den hinteren Wagensternen, oder nach dem Motto: Nordrichtung anpeilen und 50 Grad hochblicken! Er gehört zum Sternbild *Kleiner Wagen*, dessen weitere Sterne sich nach rechts an den Polstern anschließen.
Der *Cepheus* steht jetzt in seiner niedrigsten Stellung mäßig hoch im Norden, ungefähr eine Handspanne unterhalb vom Polarstern und rechterhand der *Cassiopeia*. Sein Hauptstern (an der rechten unteren Ecke der Sternbildfigur) trägt den Namen *Alderamin*, der heute allerdings kaum mehr gebräuchlich ist . Alderamin leuchtet mit $2{,}4^m$ nur mittelhell und tritt unter den übrigen Cepheussternen nicht sonderlich hervor.
Am linken unteren Rand des Cepheus befindet sich *Delta Cephei*, ein berühmter Veränderlicher, über den im Herbstkapitel noch ausführlich berichtet wird. Etwas unterhalb der Verbindungsstrecke von Delta Cephei nach Alderamin steht *Mü Cephei*, Herschels „Granatstern". Dies ist ein veränderlicher Riesenstern (seine Helligkeit schwankt zwischen 4^m und 5^m) mit einer intensiv orangen Färbung, die allerdings erst bei der Betrachtung im Fernglas deutlich wird.
Rechterhand vom Cepheus beginnt das eher unscheinbare Sternbild des *Drachen*, das den Polarstern in einem weitem Linksbogen umrundet und sich dabei zwischen dem Kleinen und dem Großen Wagen hindurchschlängelt.

Der Osthimmel

Am Osthimmel hat es der Anfänger dann wieder leichter, sich zu orientieren: Dort fällt auf mäßiger Höhe sofort der Stern *Arktur* im *Bootes* auf. Mit seiner Helligkeit von 0^m zählt er zu den hellsten Fixsternen unseres Himmels, und so kann man ihn gar nicht verfehlen. Wir werden später noch näheres über diesen interessanten Stern erfahren!
Hoch über dem Bootes und fast schon im Zenit findet man jetzt den bekannten *Großen Wagen*. Rechts von seiner Wagendeichsel sind die *Jagdhunde* zu suchen. Dieses ziemlich unscheinbare Sternbild ist relativ „neu" und wurde erst im Jahr 1690 durch den Danziger Astronomen Johannes Hevelius eingeführt. Sein 2.9^m heller Hauptstern steht etwa zwei Faustbreiten rechterhand vom unteren Deichselstern. In der populärwissenschaftlichen Literatur wird häufig noch sein Name *„Cor Caroli"* (das Herz Karls) angeführt, womit der englische König Karl I oder auch Karl II – das läßt sich offenbar nicht mehr klären – gewürdigt werden sollte. Heutige Sternfreunde (und erst recht die Berufsastronomen!) dürften diese Namensgebung allerdings nur noch als „alten Zopf" betrachten.
Die Deichsel des Großen Wagen weist in leichtem Schwung zum Horizont, und wenn man diesen angedeuteten Bogen in Gedanken weiter fortsetzt, trifft man zunächst wieder auf *Arktur* und dann auf die helle *Spica,* die allerdings noch sehr horizontnah im Südosten steht und dadurch kaum zur Geltung kommt.

Der Sternenhimmel im späten Frühjahr

Wenn der Frühling fortschreitet, verändert sich durch die „jährliche Drehung" des Firmamentes auch der Anblick des abendlichen Sternenhimmels. Hinzu kommt, daß es mit der Annäherung des Sommers nun zunehmend länger hell bleibt, so daß man die abendliche Sternbeobachtung auf immer spätere Nachtstunden verschieben muß. Dadurch scheint sich die Szenerie des Abendhimmels in den Frühjahrsmonaten besonders schnell zu verändern.
Um mit dieser Entwicklung Schritt halten zu können, werden wir jetzt auch den Sternenhimmel des späten Frühjahrs beschreiben. Als Stichtermin wählen wir Ende Mai gegen Mitternacht (MESZ), wenn es am Himmel für eine Sternbeobachtung dunkel genug geworden ist.

Der Südhimmel

Den Südhimmel beherrscht jetzt nicht mehr der Löwe – der ist inzwischen weit nach Westen abgerückt – sondern der *Bootes* mit seinem orange-gelb getönten Hauptstern *Arktur*, der weit und breit der hellste Stern in dieser Himmelsgegend ist.
Unmittelbar nach links schließt sich an den Bootes die *Nörd-*

liche Krone an. Sie ist zwar nur ein kleines Sternbild, wirkt aber doch durch die regelmäßige, halbkreisförmige Anordnung ihrer sieben Sternchen recht hübsch! Der 2.2^m helle Hauptstern ist die – bescheidene – Zierde der Krone und heißt *Gemma* (lateinisch für „Edelstein").
Das Himmelsareal im Südosten hat schon typisch sommerlichen Charakter. Auffallend helle Sterne fehlen zwar, dafür ist der Himmel aber übersät mit vielen schwächeren Sternchen. Sie gehören zum *Herkules*, dem *Schlangenträger* und der *Schlange* – großflächige Sternbilder, die für den Anfänger nicht ganz leicht zu finden und überschauen sind.
Bei klarer Sicht bis hinab zum Horizont kann man tief im Südosten den 1.0^m hellen *Antares* funkeln sehen. Er ist der Hauptstern im Tierkreissternbild *Skorpion* und ein interessanter Roter Riese, über den wir im kommenden Abschnitt noch näheres erfahren werden.
Rechterhand vom Skorpion und zu unserer gewählten Beobachtungszeit genau im Süden, erkennt man einige Sterne, die zum Tierkreissternbild der *Waage* gerechnet werden. Nur zwei seiner Sterne sind etwas heller als 3m, und weil zudem auch die Konturen nicht eben eindrucksvoll genannt werden können, muß man dieses Sternbild am unteren Ende der Attraktivitätsskala ansiedeln.
Etwas markanter ist da schon das Sternbild der *Jungfrau*, deren auffälliger Hauptstern *Spica* nun mäßig hoch am Südwesthimmel zu finden ist. Spica steht am linken (östlichen) Rand dieses zweitgrößten aller Sternbilder. Das flächenmäßig größte Sternbild ist übrigens die *Wasserschlange* (lateinisch: Hydra), von der zu unserer Stichzeit nur noch wenige unscheinbare Sternchen (von unterhalb Spica bis hin zur *Waage*) zu sehen sind.

Der Westhimmel

Von den Wintersternbildern, die zum Frühlingsanfang den Westhimmel schmückten, ist jetzt kaum noch etwas zu sehen – sie sind fast alle schon in den Einzugsbereich der näherrückenden Sonne geraten. Nur die beiden Zwillingssterne *Castor* und *Pollux* zeigen sich noch nebeneinander über dem Nordwesthorizont.
Auch der *Löwe*, zum Frühjahrsbeginn das Prunkstück des Südhimmels, steht zu unserer Stichzeit nur noch mäßig hoch im Westen. Sein Hauptstern *Regulus* wird in zwei Stunden bereits untergehen. Hoch über dem Löwen erkennt man unweit des Zenits den *Großen Wagen*. Er befindet sich während des gesamten Frühlings bei Anbruch der Dunkelheit fast senkrecht über dem Betrachter – eine Position, die zwar leicht am Himmel zu lokalisieren ist, aber nicht jeder Nackenmuskulatur bekommt!

Der Nordhimmel

Niedrig über dem Horizont im Nordwesten und Norden zeigen sich in den lauen Vorsommernächten noch einige Sterne und Sternbilder,die eigentlich typisch für den Winterhimmel sind. Hierzu gehören die beiden Zwillingssterne *Castor* und *Pollux*, die jetzt allerdings kurz vor dem Untergang stehen. Weiter rechts hat die zirkumpolare *Capella* im Fuhrmann fast ihren niedrigste Stellung am Himmel erreicht, und nur bei dunstfreiem Wetter kann man sie im Nordnordwesten funkeln sehen, kaum mehr als eine Faustbreite über dem Horizont.
Auch Teile des *Perseus* sind zirkumpolar, fallen jetzt aber – rechts von Capella und genau in Nordrichtung – wegen der Horizontnähe kaum auf. Gut zu sehen ist dagegen die *Cassiopeia*: sie hat ihre niedrigste Stellung im Norden schon hinter sich und ist jetzt als „W"-förmige Konstellation leicht auf mäßiger Höhe im Nordnordosten zu finden.
Das Gebiet linkerhand der Cassiopeia gehört zum Sternbild der *Giraffe*. Dies ist eine Himmelsregion, die der Verfasser aufgrund leidvoller Erfahrungen nach Möglichkeit meidet. Es gibt hier nämlich kaum irgendwelche helleren Sterne oder geometrisch markante Figuren, an denen man sich orientieren könnte, so daß es zu einem nervenaufreibenden Unterfangen werden kann, wenn man in diesem unübersichtlichen Feld zum Beispiel ein schwaches Beobachtungsobjekt aufspüren will!

Der Osthimmel

Wir schließen nun unsere Umschau ab mit einer Musterung des östlichen Himmels. Hier zeigen sich mit *Adler*, *Schwan* und *Leier* bereits typische Sommersternbilder. Die beiden „Vögel", deren Umrißlinien man sich mit ein wenig Phantasie durchaus zu einem fliegenden Adler oder Schwan ergänzen kann, „fliegen" jetzt parallel zum Osthorizont. Ihre auffälligen Hauptsterne *Atair* und *Deneb* bilden zusammen mit der hellstrahlenden *Wega* (in der Leier) ein großes Sterndreieck, das oft auch das Sommerdreieck genannt wird.

3. IM BLICKPUNKT: INTERESSANTE STERNBILDER UND EINZELOBJEKTE

Regulus, der königliche Stern

Der Hauptstern des Löwen, Regulus, wurde von vielen alten Kulturvölkern mit Königtum und königlicher Macht in Verbindung gebracht. Sein heutiger Name „Regulus" (lateinisch für: Kleiner König) ist allerdings vergleichsweise neuen Datums und geht auf Kopernikus zurück. Aber bereits die Akkader in Mesopotamien sahen in ihm „Amil-gar-ur", einen legendären König des Himmels.Im alten Persien zählte Regulus neben Antares, Fomalhaut und Aldebaran zu die vier königlichen Sternen des Himmels. Anders als heute, stand Regulus damals nämlich nahe dem wichtigen Som-

mersonnenwendpunkt, und die übrigen drei genannten Sterne markierten ungefähr die Lage des Herbst-, Winter- und Frühlingspunktes, so daß sie wohl in den Augen der frühen Himmelsbeobachter eine Herrscherrolle über den gesamten Sternenhimmel innezuhaben schienen.
Wir können heute diese Betrachtungsweise vielleicht noch verstehen, aber wohl kaum noch nachempfinden – zu sehr haben sich unser Weltbild und die Wissenschaft von den Sternen inzwischen gewandelt.
Wenn man heute einen Astronomen nach Regulus fragen würde, so dürfte seine Antwort (vermutlich nach kurzem Blick in einen Sternkatalog) etwa wie folgt ausfallen: Es handelt sich um einen 1.4^m hellen Hauptreihenstern vom Spektraltyp B7, der in einer Entfernung von 85 Lichtjahren steht. Im Vergleich zu unserer Sonne beträgt sein Durchmesser das fünffache und die Leuchtkraft sogar das 160-fache. Seine Oberflächentemperatur liegt bei 13000 Kelvin – er ist also ein recht heißer Stern und strahlt deshalb in bläulich-weißem Licht.
In großer Entfernung (177") wird Regulus von einem Doppelstern ($8^m/13^m$, 2.6") umkreist, dessen beide Partner lichtschwache Zwergsterne sind und für einen Umlauf um den Hauptstern viele tausend Jahre benötigen.

Warum heißt der Löwe „Löwe"?

Zunächst denkt man bei dieser Frage natürlich an die Form dieses Sternbilds, die durchaus an einen Löwen denken läßt. Aber ganz so suggestiv scheint die Anordnung der Sterne doch nicht zu sein. So haben zum Beispiel die alten chinesischen Astronomen nur die „Nackensterne" mit Regulus zu einem Sternbild zusammengefaßt, das sie „Gelber Drachen" nannten. Dieselbe sichelförmige Teilfigur unseres heutigen Sternbilds taucht in orientalischen Sternkarten als Pferd oder Streitwagen auf.
Wahrscheinlich war deshalb noch ein ganz anderer Gesichtspunkt für die Namensgebung „Löwe" verantwortlich. Wie schon im Zusammenhang mit Regulus kurz erwähnt wurde, stand damals, vor rund vier Jahrtausenden, der Löwe nahe beim Sommersonnenwendpunkt. Wenn die Sonne auf ihrem Jahreslauf in dieses Sternbild eintrat, begann die sommerliche Hitze, und so kann man sich vorstellen, daß die Chaldäer und auch Ägypter beides in einen ursächlichen Zusammenhang brachten und das Sternbild vielleicht mit einem wilden und „hitzigen" Tier wie dem Löwen assoziierten. Für die Ägypter bestand noch ein ganz anderer, sehr konkreter Grund, im Sommer an Löwen zu denken: um Abkühlung zu suchen, fanden sich diese bekanntlich nicht ganz harmlosen Gesellen dann nämlich im Niltal ein!

Der Große Wagen

Den Großen Wagen am nächtlichen Sternenhimmel entdeckt zu haben, war wohl für viele Menschen das erste astronomische Erlebnis. Mit seinen drei Deichselsternen und vier Sternen, die den Wagenkasten darstellen, ist der Große Wagen zweifellos eines der einprägsamsten Sternbilder und

Das Sternbild Großer Wagen, aufgenommen von H.-J. Goldan mit 200 mm Teleoptik

hat zudem noch den großen Vorteil (zum Beispiel gegenüber dem Orion), zu jeder Jahreszeit am Nachthimmel zu stehen. Wie schon erwähnt, findet man ihn an Frühjahrsabenden zenitnah, also fast senkrecht über sich am Himmel.

Die wissenschaftliche Bezeichnung dieses Sternbilds ist – wie die der übrigen Sternbilder auch – lateinisch und lautet „Ursa Major", also „Große Bärin". Als populäre Bezeichnung ist dagegen die maskuline Form „Großer Bär" üblich (der Verfasser enthält sich an dieser Stelle jeglicher Bewertung dieser Vermännlichung). In der bekannten Wagenform einen Bären oder auch eine Bärin zu sehen, dürfte allerdings die Vorstellungskraft einigermaßen beanspruchen! Man rechnet aber zum Ursa Major noch etliche schwächere Sterne hinzu, die sich an die Wagenfigur besonders nach „unten" (in Richtung auf den Löwen) und an den Wagenkasten nach „hinten" anschließen. Und in dieser wesentlich erweiterten Figur läßt sich dann tatsächlich eine Art Bär erkennen.

Die Bekanntheit dieses Sternbilds beruht sicher auf seiner einprägsamen Wagenform und nicht etwa darauf, daß es besonders auffällige Einzelsterne enthielte: Seine hellsten Sterne Alpha und Epsilon haben nämlich jeweils nur 1.8^m, was man vielleicht noch als „hell", aber sicher nicht grade als besonders strahlend bezeichnen kann. Der schwächste der sieben Wagensterne ist Delta (der Kastenstern, an dem die Deichsel ansetzt) mit nur 3.3^m.

Räumlich betrachtet sind die Wagensterne nicht sehr weit von uns entfernt: Ihr Abstand zum Sonnensystem beträgt zwischen 59 und 75 Lichtjahre – nur Eta, an der Deichelspitze, dürfte aus etwa der doppelten Entfernung zu uns herüberleuchten. Physikalisch gesehen, handelt es sich bei den meisten Wagensternen um ziemlich gewöhnliche Sterne, nämlich um (im Vergleich zu unserer Sonne allerdings recht leuchtkräftige) weiße Hauptreihensterne vom Spektraltyp A. Nur der Hauptstern Alpha mit dem (kaum noch bekannten) Eigennamen Dubhe macht eine Ausnahme: Er ist ein tiefgelb getönter Riese mit Spektrum K0.

Wie der Große Bär an den Himmel versetzt wurde

Das Sternbild des Großen Bären taucht in den Sagen vieler Völker auf. Nach der griechischen Mythologie handelt es sich bei diesem Bären um die verwandelte Königstochter Callisto. Zeus hatte mit ihr einen Sohn (den Arcas) gezeugt, was bei seiner Gemahlin Hera Neid und Zorn hervorrief. Wahrscheinlich, um Callisto vor einer Verfolgung durch Hera zu schützen, verwandelte er sie in einen Bären. Diese Maßnahme hätte sich allerdings beinahe als verhängnisvoll erwiesen, als nämlich der inzwischen herangewachsene Arcas auf einer Bärenjagd beinahe seine eigene Mutter „erlegte". Wohl, um weitere Gefahren abzuwenden, wurden Callisto und Arcas von Zeus als die Sternbilder Großer und Kleiner Bär an den Himmel versetzt (nach einer anderen Version wurde Arcas zum Stern Arktur im Sternbild des Bärenhüters).

Dieses „An den Himmel versetzen" kommt in der griechischen Mythologie recht oft vor, und mancher Leser mag sich im Stillen nach den technischen Einzelheiten dieses zweifellos etwas mysteriösen Vorgangs gefragt haben. Zum Glück klärt uns der römische Dichter Ovid aber in seinen „Metamorphosen" hierüber auf. Dort heißt es sinngemäß: Zeus wirbelte Callisto und Arcas hoch in die Lüfte und befestigte beide am Firmament, von wo sie nun als neue Sternbilder des nördlichen Himmels zu uns herableuchten.

Die von der Form her plausiblere Deutung des Sternbilds als „Wagen" ist in Europa seit langem verbreitet. So findet man auf den 1603 in Augsburg erschienenen Sternkarten des Johannes Bayer die Bezeichnung „Horwagen", in England war und ist das Sternbild als „Charles Wain" bekannt (wain = Wagen) und die Dänen und Schweden nannten es „Stori Vagn" (Großer Wagen).

Es muß nicht immer ein Wagen sein!

Es gibt auch noch ganz andere Vorstellungen, zu denen die menschliche Phantasie durch die Wagensterne angeregt worden ist. So war dieses Sternbild im alten China ein himmlischer „Palast der Unsterblichen". Im arabischen Raum deutete man es eher als das Gegenteil, nämlich einen Sarg (gebildet von den vier Kastensternen), hinter dem drei Trauernde (die drei Deichselsterne) einherschreiten. Erfreulicher sind dagegen wieder die Vorstellungen jenes indischen Sternkundigen, der die sieben Wagensterne mit hübschen Mädchen verglich, die den Polarstern umtanzen, oder auch mit weißen Lotusblüten, die den Nordhimmel schmücken. Wie profan wirkt dagegen doch das heute im englischen Sprachraum übliche „Big Dipper" (Große Schöpfkelle)!

Der Bärenstrom

Wir wollen uns die Sterne des Großen Wagens noch etwas näher unter heutigen, astronomischen Gesichtspunkten betrachten. Und hier ist vor allem eines interessant: Im Gegensatz zu den meisten anderen Sternbildern – deren Einzelsterne sich nur rein zufällig an unserem Himmel zu den bekannten Figuren zusammenfügen, während sie im Weltraum gar nicht beisammen stehen – bilden fünf der Wagensterne tatsächlich eine zusammengehörige Gruppe (die beiden Ausnahmen sind Alpha und Eta).

Im Jahr 1869 bemerkte nämlich Richard A. Proctor, daß diese Sterne übereinstimmende Eigenbewegungen am Himmel zeigen, was schon ein Indiz für eine Zusammengehörigkeit ist (zum Begriff der Eigenbewegung siehe auch das „Winterkapitel"!).

Drei Jahre später gelang dann William Huggins durch Messung von Radialgeschwindigkeiten der sichere Nachweis, daß es sich hier tatsächlich um einen kleinen „Bewegungs-

haufen“ handelt, dessen Sterne gemeinsam durch unsere Galaxis ziehen. Man hat dann noch einige weitere, meist schwächere Mitglieder dieses Haufens entdeckt, darunter auch Gemma im Sternbild der Nördlichen Krone (deren Zugehörigkeit allerdings nicht ganz sicher ist).
Es scheint, daß dieser Bewegungshaufen im Großen Bären nur das Zentrum eines noch weit größeren „Bärenstromes“ ist, zu dem mindestens 70, vielleicht sogar rund 150 Mitglieder zählen, die man über den ganzen Sternenhimmel verstreut findet. Darunter sind auch einige helle Sterne wie Sirius, Delta im Löwen und Alpha im Schlangenträger.
Weil sich die Sterne des Bärenstromes an unserem Sternenhimmel ringsherum verteilen, müssen wir uns mitsamt dem Sonnensystem offenbar innerhalb dieses Sternstromes befinden („mitschwimmen“ tun wir allerdings nicht!). Man hat auch ermittelt, in welcher Richtung der Bärenstrom weiterzieht: Seine Zielrichtung liegt tief im Gebiet des Sternbilds Schütze.

Mizar und Alcor

Dort, wo die Deichsel des Großen Wagens einen deutlichen Knick hat, steht der 2.1^m helle Stern Zeta, den Sternfreunden auch unter dem Eigennamen Mizar bekannt.
Im Jahr 1650 wurde Mizar von dem italienischen Astronomen Giovanni Riccioli als „doppelt“ erkannt, und dies war die erste Entdeckung eines Doppelsterns überhaupt. Die beiden Komponenten (Mizar A und B) sind 2.3^m und 4.0^m hell und stehen 14'' auseinander, so daß dieser Doppelstern heute selbst für das kleinste Amateurfernrohr ein leichtes und hübsches Beobachtungsobjekt ist. Seit den ersten genaueren Messungen im Jahr 1755 hat sich der Begleiter bis heute nur um 8° weiter um den Hauptstern herumgedreht, so daß die Umlaufszeit dieses Systems sich auf viele Jahrtausende belaufen muß.
Mizar war 1857 der erste Doppelstern, von dem eine Fotografie gelang. Und 1889 gab es eine weitere Prémiere: Der amerikanische Astronom E.C. Pickering bemerkte nämlich periodische Änderungen im Spektrum von Mizar A, die nur den Schluß zuließen, daß diese Komponente in sich nochmals doppelt sein mußte (beim Blick durchs Fernrohr ist Mizar A allerdings nicht zu „trennen“, weil die beiden Einzelsterne viel zu eng beisammen stehen). Dies war die erste Entdeckung eines „spektroskopischen“ Doppelsterns. Später stellte sich auch Mizar B spektroskopisch als doppelt heraus, so daß es sich bei Mizar eigentlich um ein Paar von engen Sternpaaren handelt!
Eine gewisse Popularität besitzt Mizar allerdings aus einem anderen Grund: Dicht bei ihm steht nämlich der Alcor, ein schwaches Sternchen, das auch unter dem Namen „Reiterlein“ oder als „Augenprüfer“ bekannt ist und nach dem oft gesucht wird. Einen echten Test für die Sehschärfe stellt das Paar Mizar-Alcor jedoch nicht dar, denn diese beiden Sterne stehen immerhin 12 Bogenminuten am Himmel auseinander

Alcor (rechts unten) und Mizar im Großen Wagen.
Aufnahme von W. Paech mit einem 75 cm Spiegel

– gute Augen sollten sogar ein Zehntel dieses Abstandes noch trennen können! Wenn man also das Reiterlein einmal nicht erspähen kann, so wird das an ungünstigen Sichtumständen liegen: Seine Helligkeit beträgt 4.0^m, und das kann in der Nähe von Städten, bei aufgehelltem Himmelshintergrund, durchaus schon zu Problemen beim Aufsuchen führen.

Arktur im Bootes

Einer der auffälligsten Sterne des Himmels ist Arktur, der Hauptstern im Bootes (Bärenhüter). Mit seiner Helligkeit von

-0.1^m steht er in der Rangfolge der hellsten Sterne an beachtlicher vierter Stelle, hinter Sirius und den (bei uns nicht sichtbaren) Sternen Canopus und Alpha Centauri. Auf unseren Breiten ist Arktur zwar nicht zirkumpolar, zeigt sich aber doch aufgrund seiner nördlichen Position für viele Monate des Jahres am Abendhimmel – vom Frühjahr bis weit in den Herbst hinein.
Es ist deshalb verständlich, daß dieser Stern schon bei den frühesten Kulturvölkern bekannt war und vermutlich zu den ersten Sternen gehörte, die mit einem Eigennamen versehen wurden. So nannte man ihn im arabischen Raum „Himmelswächter“ oder auch „Lanzenträger“. Und im griechischen bedeutet „Arktur“ soviel wie „Bärenhüter“. Nach der Mythologie könnte es sich bei Arktur um Arcas, den Sohn der Callisto handeln, der ja (wie wir schon beschrieben haben) zusammen mit seiner in einen Bären verwandelten Mutter von Zeus an den Sternenhimmel versetzt wurde.
Schon bei flüchtiger Betrachtung mit bloßen Augen hat man den Eindruck, daß Arktur nicht rein weiß leuchtet, sondern leicht orange getönt ist, und im Fernglas zeigt er dann ein kräftiges, tiefes Gelb. Es muß sich demnach also um einen recht kühlen Stern handelt – seine Oberflächentemperatur liegt bei 4200 K.Arktur ist ein Roter Riese vom Spektrum K2, etwa 25mal so groß wie unsere Sonne und gut hundertfach so leuchtstark.

Ein Stern zieht vorüber...

Im Jahr 1718 entdeckte Halley die Eigenbewegung von Arktur: Dieser Stern verschiebt seine Lage am Himmel jährlich um den kleinen Betrag von 2,3“ weiter in Richtung auf das Sternbild der Jungfrau. Mit bloßen Augen ist solch eine winzige Ortsveränderung im Jahr natürlich nicht festzustellen, aber sie summiert sich doch im Laufe der Zeit auf und macht nach achthundert Jahren immerhin schon eine Vollmondsbreite aus! Damit ist Arktur unter allen bei uns sichtbaren hellen Sternen der schnellste.
Wir wissen heute auch über die räumliche Flugrichtung dieses Sterns in der Milchstraße Bescheid, und unter diesem Aspekt ist Arktur besonders interessant! Bekanntlich besteht die Milchstraße aus vielen Milliarden Sternen, die sich in Form einer flachen Scheibe anordnen. Unsere Sonne und fast alle Sterne des Nachthimmels stehen in dieser „Scheibe“ und kreisen im Lauf von Jahrmillionen um das Zentrum der Galaxis. Aber auch außerhalb der Scheibe, im sogenannten „Halo“, finden sich vereinzelt Sterne, die das Milchstraßenzentrum auf stark geneigten Flugbahnen umrunden. Ein solcher Stern aus dem Halo ist nun Arktur, der in unserer Zeit grade den Weg der Sonne kreuzt und dabei in einem Abstand von 37 Lichtjahren an uns vorüberzieht.
In (astronomisch gesehen) naher Zukunft trennen sich dann wieder die Wege, und nach einer halben Million Jahren wird sich Arktur bereits so weit vom Sonnensystem entfernt haben, daß er am irdischen Sternenhimmel mit bloßen Augen nicht mehr zu erkennen ist (es sei denn, die menschlichen Augen hätten sich bis dahin wesentlich verbessert!). Umgekehrt haben in der Vergangenheit die ersten Menschen, die staunend zum gestirnten Himmel aufschauten, von Arktur noch nichts sehen können, denn der war damals erst im „Anflug“ und leuchtete aufgrund seiner großen Entfernung viel zu schwach.

Und noch einmal Arktur

Das Stichwort „Energiegewinnung“ ist heute in aller Munde. Und wenn man einmal von unserer Atomenergie absieht, so gehen wohl alle anderen Energieträger wie Kohle und Öl letztlich auf die Sonnenenergie (die allerdings auch wieder eine Atomenergie ist!) zurück. Natürlich sind auch die anderen Sterne Energiequellen, aber durch die großen Entfernungen gelangt nur ein verschwindender Bruchteil ihres Energieausstoßes zur Erde. Was zum Beispiel von Arktur an Wärmestrahlung zu uns kommt, läßt sich zwar mit einigem technischen Aufwand durchaus messen, dürfte aber selbst bescheidenen Ansprüchen des täglichen Bedarfs kaum genügen: Arktur „erwärmt“ uns nämlich nicht stärker als eine Kerze aus 8 Kilometern Entfernung!
Wie man aber selbst solch winzige Energiemengen noch für irdische Zwecke nutzbar machen kann, zeigten findige Techniker 1933 in Chicago. Dort eröffnete nämlich die Ausstellung „Century of Progress“, und dabei wurde die Flutlichtanlage des Ausstellungsgeländes auf originelle Weise eingeschaltet: Das (mit Hilfe eines Fernrohrs) verstärkte Sternenlicht von Arktur wurde auf eine fotoelektrische Zelle geleitet, und deren Stromfluß aktivierte schließlich den Schalter der Flutlichtanlage!

Das Sternbild der Jungfrau

Wie der Löwe, so gehört auch das Sternbild Jungfrau (lateinisch: Virgo) zu den Tierkreissternbildern. Es enthält den wichtigen „Herbstpunkt“ der Ekliptik und wird von der Sonne auf ihrer jährlichen Wanderung von Mitte September bis Anfang November durchquert. Spica, der 1.0^m helle, auffällige Hauptstern der Jungfrau, liegt dicht unterhalb der Ekliptiklinie, und die Sonne zieht jeweils um den 17. Oktober herum nahe an ihm vorüber.
Obwohl das Sternbild der Jungfrau – jedenfalls dem Namen nach und als Tierkreiszeichen – weithin bekannt ist, dürften wohl nur die aktiven Sternfreunde (die in dieser Himelsgegend von schönen Doppelsternen bis hin zu fernen Galaxien wahrlich genug Interessantes finden!) mit seinem Anblick am gestirnten Himmel vertraut sein. Denn die Konturen dieses Sternbilds sind bei weitem nicht so einprägsam wie etwa die des Löwen oder vom Großen Wagen, und in ihm

die Gestalt einer Jungfrau zu erblicken, ist jedenfalls dem Verfasser trotz aller Bemühungen noch nicht gelungen.
Es mag deshalb erstaunen, daß dieses Bild dennoch in den unterschiedlichesten Kulturkreisen als Göttin oder andere Frauengestalt gedeutet wurde. So sahen zum Beispiel die frühen Ägypter in ihm die Göttin Isis, und die Babylonier deuteten das Sternbild als Ishtar, die Königin der Sterne. Im klassischen Altertum wurde unser Sternbild häufig mit Astraea, der römischen Göttin der Justiz, in Verbindung gebracht, aber auch (es gibt hierbei oft verschiedene Versionen) mit der Erntegöttin Ceres oder deren Tochter Proserpina.

Spica, die „Ähre“

Diese letzte Deutung erklärt auch, warum man das Sternbild auf alten Karten als (Jung-?)Frau abgebildet findet, die eine Kornähre in der Hand hält. Die helle Spica soll diese Ähre markieren – ihr Name kommt vom lateinischen Wort „Spicum“(Ähre). Unsere heutigen Sternkarten sind nüchterner und enthalten solch bildhafte Ausschmückungen generell nicht mehr; dies ist wohl Ausdruck unserer Zeit, die den Himmel (wenn überhaupt!) mit astrophysikalischer „Brille“ betrachtet. Auch wir werden jetzt zu dieser Sichtweise zurückkehren.
Im Jahr 1890 entdeckte H.C.Vogel an Hand des Spektrums, daß Spica ein Doppelstern sein muß. Die beiden massiven, heißen und sehr leuchtstarken Komponenten (Spektraltypen B1 bzw. B7) umkreisen sich so eng, daß sie sich fast berühren. Während des 4 Tage dauernden Umlaufs kommt es zu gegenseitigen Bedeckungen der beiden Sterne, die sich aber auf das Gesamtlicht von Spica nur minimal auswirken und für das bloße Auge kaum feststellbar sind. Bei dem Hauptstern, der etwa achtmal so groß wie unsere Sonne ist, handelt es sich außerdem um einen Veränderlichen, dessen geringe Helligkeitsschwankungen auf eine Pulsation des Sternkörpers zurückgehen. Die Entfernung zu diesem Sternsystem beträgt etwa 260 Lichtjahre, und damit leuchtet Spica aus einer viel größeren Tiefe zu uns herüber als etwa die ebenfalls am Frühlingshimmel stehenden hellen Sterne Regulus und Arktur.

Gamma Virginis

Am Himmel kaum zwei Faustbreiten von Spica entfernt, in Richtung auf den Löwen zu, findet man den mittelhellen Stern Gamma der Jungfrau. Er ist zweifellos einer der schönsten Doppelsterne des gesamten Himmels: Seine Komponenten stehen (zur Zeit noch!) 3“ auseinander und sind beide gleich hell (jeweils 3.7^m) – das ist auch für kleinere Amateurfernrohre ein ästhetischer Leckerbissen!
Entdeckt wurde die Doppelsternnatur von Gamma schon im Jahr 1718 durch Bradley und Pound. John Herschel, der Sohn des Uranusentdeckers Wilhelm Herschel, konnte dann 1833 die Bahn dieses Doppelsterns berechnen, und das war (nach Xi im Großen Bären) das zweite Mal überhaupt, daß man die Bahnelemente eines Doppelsternsystems bestimmen konnte. Die Umlaufszeit findet man heute zu 172 Jahren angegeben.

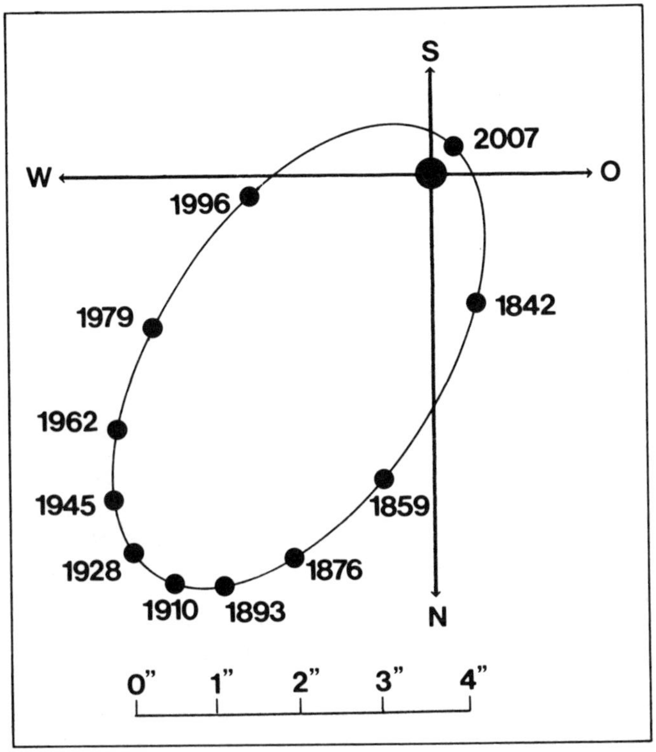

Das Doppelsternsystem Gamma Virginis

Wie man aus der Abbildung erkennt, nähert sich der Begleiter zurzeit dem Zentralstern und wird im Jahr 2007 durch das Periastron seiner Bahn gehen (so nennt man denjenigen Punkt der Umlaufbahn, der am dichtesten am Hauptstern liegt). Für irdische Beobachter werden sich die beiden Sterne bis dahin so stark angenähert haben (0,3“), daß kein Amateurfernrohr mehr imstande sein wird, Gamma Virginis doppelt zu zeigen. Wer also Interesse hat, sollte sich mit einer Beobachtung nicht mehr allzu viel Zeit lassen! Über einige weitere, gut bekannte Doppelsterne orientiert unsere Tabelle.

Tabelle. Einige gut bekannte Doppelsternsysteme

Name	mag. A	B	Abstand (Werte für 1970)	Pos.winkel	Umlaufszeit
η Cas	3.4	7.2	11.5"	302°	480 Jahre
α Gem	2.0	2.8	1.8	131	420 (Castor)
ζ Cnc	5.0	6.6	5.6	83	1150
γ Leo	2.6	3.8	4.4	122	701
ξ Uma	4.3	4.8	2.9	122	59,7
γ Vir	3.7	3.7	4.6"	303	171,8
ξ Boo	4.7	6.9	7.1	340	151,5
μ Boo BC	7.1	7.8	1.9	19	260
σ CrB	5.8	6.8	6.5	231	1000
τ Oph	5.2	5.9	1.8	279	280
70 Oph	4.3	6.0	2.4	55	87,9
ε^1 Lyr	5.1	6.2	2.7	358	1166
ε^2 Lyr	5.1	5.3	2.2	96	585
61 Cyg	5.2	6.0	28.4	144	692

Der Virgo – Galaxienhaufen

Unsere Betrachtungen zum Sternenhimmel bezogen sich bisher meist auf Sternbilder, besondere Einzelsterne oder auch Sternhaufen und Gasnebel, und all dies gehörte zu „unserer“ Welteninsel, dem Milchstraßensystem. Aber das Weltall besteht nicht nur aus der Milchstraße, sondern es enthält auch eine unübersehbare Zahl anderer, ähnlicher Sternsysteme oder „Galaxien“. Die meisten von ihnen sind allerdings so weit von uns entfernt, daß man sie am Nachthimmel nicht mehr mit bloßen Augen erkennen kann. Wir sehen mit dem Sternenhimmel also nur den „Vordergrund“, die Sterne unserer eigenen Galaxis. Erst in Fernrohren oder auf Himmelsaufnahmen zeigen sich dann die viel weiter entfernten anderen Galaxien im „Hintergrund“ der Szenerie.
Interessanterweise gibt es nun einige Gegenden des Himmels, in denen sich die Galaxien richtiggehend häufen. So ist zum Beispiel grade der Sternenhimmel des Frühlings reich an derartigen Objekten. Besonders im Gebiet der Jungfrau (Virgo), aber auch darüber, im unscheinbaren Sternbild Coma, hat man mehrere Tausend solcher Nebelfleckchen gezählt und nennt diese Ansammlung den Virgo-Galaxienhaufen (nähere Beobachtungshinweise hierzu folgen am Schluß dieses Kapitels).
Natürlich ist eine derartige Häufung von Galaxien in bestimmten Himmelsgegenden kein Zufall, und wir wissen heute, daß sich die Galaxien nicht mehr oder weniger gleichmäßig im All vertreuen, sondern eine Tendenz zur Haufen- und Girlandenbildung zeigen. Dabei ordnen sie sich nach einer Anfang der achtziger Jahre am Center for Astrophysics in Cambridge (Mass.) begonnenen Kartierung der großräumigen Galaxienverteilung offenbar bevorzugt an den Rändern riesiger Leerräume (voids) an, so daß das Weltall eine „blasenartige“ Struktur besitzt

Außer dem Virgohaufen kennt man noch eine Reihe weiterer Galaxienhaufen, von denen einige in unserer Tabelle aufgeführt sind. Die Entfernungen wurden nach Hubbles Gesetz (s.u.) mit H_0 = 75 km/s/Mpc berechnet.

Tabelle. Daten einiger Galaxienhaufen

Bezeichnung	Galaxien	Entfernung
Virgo	2500	50 Mio LJ
Pegasus I	100	165
Perseus	500	230
Coma	1000	290
Herkules		450
Corona Bor.	400	940

Die Flucht der Galaxien

Alle Objekte des Kosmos – ob Planeten und Monde, die Sterne oder ganze Galaxien – befinden sich in ständiger Bewegung (wobei man natürlich eigentlich dazusagen müßte, gegen welchen Bezugspunkt diese Bewegung gemessen wird!). Wie wir bereits im Zusammenhang mit Aldebaran und Arktur erfahren haben, hatte schon Edmond Halley im Jahr 1718 die Eigenbewegung der Fixsterne entdeckt, und daß auch unsere Sonne mitsamt ihren Planeten durch die Welt der Fixsterne wandert, konnte Wilhelm Herschel im Jahr 1805 anhand der Eigenbewegung naher Sterne nachweisen(vgl.hierzu auch das Sommerkapitel!).
Die Galaxien sind nun allerdings so weit von uns entfernt, daß sie keine Eigenbewegung mehr erkennen lassen. Es ist aber gelungen, ihre „radialen“ Bewegungen – auf uns zu oder von uns fort – herauszubekommen. Solche Radialgeschwindigkeiten verraten sich nämlich im Spektrum dadurch, daß die einzelnen Spektrallinien nicht an ihrer gewohnten Stelle stehen, sondern alle etwas verschoben erscheinen, und zwar zum roten (langwelligeren) Spektralbereich hin, wenn die Galaxie sich von uns entfernt, und zum Blauen hin bei Annäherung. Dieser sogenannte Dopplereffekt tritt übrigens auch bei Schallwellen auf: das Martinshorn klingt tiefer (langwelliger), wenn ein Unfallwagen uns passiert hat und sich wieder entfernt.
Im Jahr 1912 konnt Vesto M. Slipher vom Lowell-Observatorium zum ersten Mal den Dopplereffekt an einem Spiralnebel nachweisen. Danach mußte sich der Andromedanebel, eine Nachbargalaxie unserer Milchstraße, mit der enormen Geschwindigkeit von 300 Kilometern in der Sekunde auf uns zubewegen.
Dieses Verhalten stellte sich jedoch bald als völlig untypisch heraus, denn der ganz überwiegende Teil der Spiralnebel zeigte eine „Rotverschiebung“ und mußte sich damit also von uns entfernen. Dies war eine der wichtigsten naturwissenschaftlichen Entdeckungen unseres Jahrhunderts: Das

Weltall ist nicht statisch und in Ruhe, sondern es expandiert – seine Galaxien fliegen voneinander fort!

Hubbles Gesetz

Im Jahr 1929 fand Edwin Hubble eine einfache Gesetzmäßigkeit bei der Galaxienflucht: Je weiter nämlich eine Galaxie von uns entfernt ist, umso schneller fliegt sie auch davon. Dabei hat ein doppelt so weit entfernter Spiralnebel die doppelte Fluchtgeschwindigkeit, bei dreifacher Entfernung beträgt die Geschwindigkeit schon das Dreifache – Fluchtgeschwindigkeit und Entfernung sind also zueinander proportional. Diese einfache Beziehung findet man in unserer Abbildung veranschaulicht.

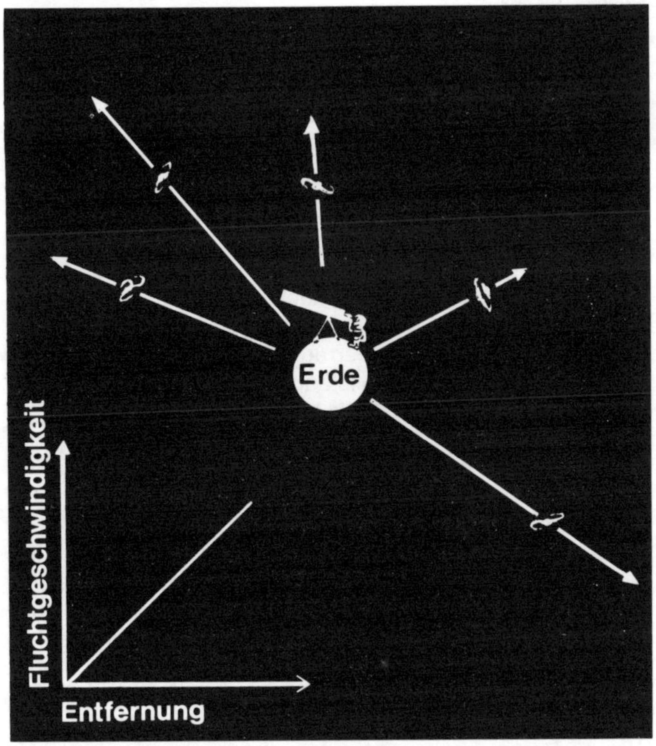

Das Hubblesche Gesetz

Hubbles Gesetzt eröffnet nun eine einfache Möglichkeit, die sonst nur schwer oder gar nicht zu bestimmende Entfernung von Galaxien zu ermitteln: Man braucht ja nur anhand des Spektrums die Fluchtgeschwindigkeit festzustellen und kann dann ausrechnen welche Entfernung dazugehört!
Leider ist diese Methode in der Praxis bis heute nicht unproblematisch, weil der Proportionalitätsfaktor zwischen Fluchtgeschwindigkeit und Entfernung – das ist die Steigung der Geraden in unserer Abbildung und wird Hubble-Konstante H_0 genannt – immer noch nicht genau bekannt ist (man vermutet H_0 zwischen 50 und 100 km/s/Mpc). Für die nahen Galaxien kennt man zum Glück aber eine Reihe anderer, zuverlässigerer Methoden der Entfernungsbestimmung, auf die wir an anderer Stelle noch eingehen werden.
So wissen wir inzwischen wenigstens größenordnungsmäßig über die galaktischen Entfernungen im Kosmos Bescheid: Bis zu den nächsten größeren Welteninseln wie dem Andromedanebel sind es zwei Millionen Lichtjahre, aber die entferntesten Galaxien, die wir beobachten können, leuchten aus einer Tiefe von mehreren Milliarden Lichtjahren zu uns herüber!

3 C 273 und das Rätsel der Quasare

Im Sternbild der Jungfrau, nur wenige Grad vom Doppelstern Gamma entfernt, befindet sich ein schwaches „Sternchen", das mit seiner Helligkeit von 12.8^m soeben noch in größeren Amateurfernrohren auszumachen ist. Mit diesem unscheinbaren Objekt hat es nun eine ganz besondere Bewandnis!
Die Astronomen hatten nämlich in den fünfziger Jahren mit ihren Radioteleskopen eine Reihe von Radioquellen am Himmel entdeckt. Häufig stammte diese Radiostrahlung von bekannten Gasnebeln oder Galaxien. Auf der Suche nach weiteren, sichtbaren Gegenstücken stießen dann Thomas Matthews und Allan Sandage im Jahr 1960 am Ort der Radioquelle 3 C 48 (das ist die Nummer 48 im 3. Cambridger Catalogue of Radio Sources) auf ein nur 16m helles, bläuliches und sternförmiges Objekt, und bald darauf fand sich an der Position von 3 C 273 in der Jungfrau ein zweiter, derartiger „Quasar" (das ist eine Abkürzung für quasistellar radio source). Als dann die ersten Spektren vorlagen, stand man vor einem absoluten Rätsel: Zwar waren einige helle Spektrallinien zu erkennen, aber diese Linien schienen rätselhaft, denn sie ließen sich keinem der bekannten chemischen Elemente zuordnen.
Eine ebenso simple wie unerwartete Lösung dieses Rätsels gelang schließlich 1962 dem holländischen Astronomen Maarten Schmidt vom Palomar Observatorium. Er entdeckte nämlich, daß es sich bei den eigenartigen Spektrallinien des 3 C 273 um ganz gewöhnliche Linien des Wasserstoffs und Sauerstoffs handelte – sie standen aber durch eine enorm große Rotverschiebung an völlig ungewohnter Stelle des Spektrums! Auch die Spektren der übrigen Quasare ließen sich nun ebenso verstehen.

Ein schwarzes Loch im Zentrum ?

Wir kennen inzwischen weit über tausend Quasare. Der großen Rotverschiebung und Fluchtgeschwindigkeit nach zu urteilen, müssen sie zu den entferntesten Objekten des Universums gehören (vgl. Hubbles Gesetz!). Diese Erkenntnis

Das Sternbild Skorpion, aufgenommen im August 1987 in Spanien von H.-J. Goldan. Oberhalb der Bildmitte steht der helle Planet Saturn, damals „Gast" im Skorpion

führt aber zu neuen Problemen: Wenn die Quasare trotz derartiger Entfernungen immer noch relativ hell zu erkennen sind, müssen sie über eine fast unvorstellbar große Leuchtkraft verfügen. So hat man zum Beispiel einzelne Exemplare gefunden, die stärker strahlen als 10000 Galaxien zusammengenommen. Oder, wer einen Vergleich mit Dingen des täglichen Lebens anschaulicher findet: Ein Quasar leistet soviel wie Milliarden Milliarden Milliarden Milliarden Milliarden Milliarden von (eingeschalteten) Kochherden! Die Frage ist also: Welcher physikalische Prozeß kann soviel Energie erzeugen ?
Zunächst einmal erhärtet sich immer mehr die Vermutung, daß wir mit den Quasaren offenbar nur die leuchtstarken Kerne gewisser weit entfernter (und ansonsten kaum erkennbarer) Galaxien beobachten. Möglicherweise sitzt in deren Zentrum ein riesiges „Schwarzes Loch", das in einem Akt von Kannibalismus die Sterne und Materie seiner Umgebung verschlingt. Jedenfalls scheint ein solches Szenario geeignet, den ungeheuren Energieausstoß der Quasare zu erklären (Näheres über Schwarze Löcher findet man im Sommerkapitel).

Das Sternbild Skorpion

Der Skorpion zählt zu den ältesten Sternbildern, und bereits die frühen Kulturvölker deuteten diese Konstellation als ein solches Stacheltier. Wir mußten im Zusammenhang mit dem Schicksal des Orion ja schon über die Untaten dieses Skorpions berichten! Die Form des Sternbilds läßt tatsächlich an einen prächtigen Skorpion mit Scheren und einem Stachel denken.
Leider ist auf unseren Breiten vom Skorpion meist nicht viel zu sehen: seinen zu südlich gelegenen Stachel streckt er gar nicht über unseren Horizont, und die Scherensterne bleiben im Horizontdunst oft recht unscheinbar. Nur Antares, das „Herz" des Skorpions, kann sich mit seiner Helligkeit (um 1.0^m, leicht schwankend) noch genügend durchsetzen. Wer aber zum Beispiel seinen Urlaub auf südlicheren Breiten verbringt -der Mittelmeerraum würde schon reichen – und dort den Skorpion vollständig überblicken kann, wird vom Anblick dieses Sternbilds fasziniert sein!

Antares, ein Roter Überriese

Der Name „Antares" kommt aus dem Griechischen und wird meist mit dem seltsamen Wort „Gegenmars" übersetzt. Vielleicht soll hiermit die rötliche Färbung des Antares angesprochen werden, die ihn durchaus als ein „Gegenstück" zum roten Planeten Mars erscheinen läßt. Bedingt durch seine Horizontnähe, funkelt Antares allerdings oft in allen möglichen Farben, aber vorherrschend ist doch ein orangefarbener Eindruck – besonders bei der Betrachtung im Fernglas! Wie die Beteigeuze im Orion, der er in vielem ähnelt, zählt auch Antares zu den Roten Überriesen und gehört zweifellos zu den größten bekannten Sternen. Man konnte den Winkeldurchmesser seines Sternscheibchens interferometrisch zu 0.041" bestimmen (wir haben diese Methode schon für die Beteigeuze erläutert, siehe dort!). Leider ist aber die Entfernung von Antares nur ungenau bekannt – sie dürfte zwischen 320 und 520 Lichtjahren liegen -, und so sind auch die Werte für den wahren Sterndurchmesser noch mit ziemlichen Unsicherheiten behaftet: Je nach der angenommenen Entfernung kommt man auf den 300 – 700 fachen Sonnendurchmesser.

4. ANREGUNGEN ZU WEITEREN HIMMELSBEOBACHTUNGEN

Wir beschließen das Frühjahrskapitel wieder mit Hinweisen auf zusätzliche Beobachtungsobjekte, die mit bloßen Augen, dem Fernglas oder einem kleinen Fernrohr leicht zu finden sind.

Veränderliche Sterne

In den ersten Frühlingswochen kann man noch nach vielen Veränderlichen des Winterhimmels Ausschau halten. Allerdings steht *Mira* inzwischen nicht mehr am Himmel, und die Stellung von *Algol* wird im Nordwesten zunehmend ungünstiger.
Wenn dann im späteren Frühjahr schon das Sommerdreieck im Osten zu sehen ist, findet man mit *ß Lyrae* (in der Leier, kaum eine Faustbreite von der hellen Wega entfernt) einen sehr interessanten Veränderlichen, der ebenso wie Algol oder Mira zum „Prototyp" einer ganzen Klasse geworden ist (Näheres hierzu im Sommerkapitel).
Lichtschwächer, aber ebenfalls hochinteressant ist *R CrB* im kleinen Halbrund der Nördlichen Krone (Corona borealis). Dieser 1795 von E. Pigott entdeckte Veränderliche verhält sich seltsam: meist erscheint er etwa 6^m hell, aber dann gibt es unvorhersehbare, starke Lichteinbrüche bis hinab zu 12^m oder gar 15^m, die sich vielleicht dadurch erklären lassen, daß dieser Stern dunkle Wolken aus Kohlenstoff ausstößt. Eine Überwachung von R CrB (mit dem Fernglas) könnte sich also lohnen. Auskunft über weitere Veränderliche gibt die Tabelle.

Doppelsterne

Auch wer nur ein bescheidenes Fernrohr sein eigen nennt, findet am Sternenhimmel des Frühlings eine Fülle schöner Doppelsterne! Außer dem bereits beschriebenen *Gamma in der Jungfrau* gehören *Gamma im Löwen* mit goldgelb leuchtenden Komponenten oder auch *Epsilon im Bootes* mit seinem Farbkontrast (gelb/hellblau) zu den Schaustücken des Abendhimmels im zeitigen Frühjahr. Wenn sich dann später schon das Sommerdreieck im Osten zeigt, zählen das Vierfachsystem *Epsilon 1 und 2* in der Leier und der leichte Doppelstern *Albireo* im Schwan (mit schönem Farbkontrast!) zu den Schauobjekten.
Die Tabelle nennt noch weitere Doppelsterne, die auch in kleineren Amateurfernrohren schon hübsch anzuschauen sind.

Tabelle. Veränderliche des Frühlingshimmels

Bez.	Rektasz.	Dekl.	mag.	Periode.	Bemerkungen
γ Cas	0^h56^m7	60°43'	1.6-3.1	irreg.	s. Herbst!
RZ Cas	2 48.9	69 38	6.4-7.8	1.20^d	Algoltyp
ρ Per	3 05.2	38 50	3.3-4.0	irregulär	
Algol	3 08.2	40 57	2.2-3.5		Vgl. Herbstkap.!
λ Tau	4 00.7	12 29	3.5-4.0	3.95^d	ß-Lyrae Typ
ε Aur	5 02.0	43 49	3.0-3.8	9883^d	Vgl. Winterkap.!
Beteigeuze	5 55.2	7 24	0 – 1	irregulär	
η Gem	6 14.9	22 30	3.1-3.9	irregulär	
T Mon	6 25.2	7 05	5.8-6.8	27.02^d	Cepheide
RT Aur	6 28.6	30 30	5.1-5.8	3.73^d	Cepheide
ζ Gem	7 04.1	20 34	3.7-4.2	10.15^d	Cepheide
R Cnc	8 16.6	11 44	6 – 12	362^d	Mirastern
R Leo	9 47.6	11 26	5 – 11	313^d	Mirastern
R CrB	15 48.5	22 25	6 –		siehe Text!
R Oph	17 07.8	-16 06	7 – 14	302^d	Mirastern
α Her	17 14.6	14 23	3.0-4.0	irregulär.	
U Oph	17 16.5	1 13	5.8-6.5	1.68^d	Algoltyp
X Oph	18 38.3	8 50	6 – 9	334^d	Mirastern
ß Lyr	18 50.1	33 22	3.3-4.2	12.94^d	(Sommerkap.!)
χ Cyg	19 50.6	32 55	5 – 13	407^d	Miratyp
T Cep	21 09.5	68 29	6 – 11	388^d	Mirastern
μ Cep	21 43.5	58 47	3.6-5.1	irregulär	
δ Cep	22 29.2	58 25	3.7-4.6	5.37^d	(Herbstkap!)
R Cas	23 58.4	51 24	6 – 12	430^d	Mirastern

Tabelle. Doppelsterne am Frühjahrshimmel

Bez.	Rektasz.	Dekl.	mag.	Abstand	Bemerkungen
η Cas	$0^h49.1^m$	57°49'	3.4/7.5	12.2"	U = 480^a
γ And	2 03.9	42 20	2.2/5.0	10.0	schöner Farbkontrast: gelb/blau
ι Cas	2 29.1	67 24	4.6/6.9/8.4		dreifach (2.5",7.1")
λ Ori	5 35.1	9 56	3.7/5.6	4.3	
ϑ[1] Ori	5 35.3	–5 23	5.1/6.7var 6.7/8.0var		„Trapez". Vgl. Winterkapitel
ζ Ori	5 40.8	–1 57	1.9/4.1	2.4	
ε Mon	6 23.8	4 36	4.3/6.7	13.3	
β Mon	6 28.8	–7 02	3.8/5.4/5.6		dreifach (7.4",2.8")
12 Lyn	6 46.2	59 26	5.3/6.0/7.4		dreifach (1.7", 8.7")
α Gem	7 34.6	31 53	1.9/2.9	3.0	Castor (Winterkap.!)
ζ Cnc	8 12.2	17 39	5.0/6.2	5.9	5^m-Stern dopp. (0.9")
ι Cnc	8 46.7	28 46	4.0/6.6	30.4	
38 Lyn	9 18.8	36 48	4.0/6.1	2.8	
γ Leo	10 20.0	19 50	2.2/3.5	4.3	Umlaufszeit U = 700^a. goldgelb,lohnend!
54 Leo	10 55.6	24 45	4.5/6.3	6.4	
24 Com	12 35.1	18 23	5.0/6.6	20.3	
γ Vir	12 41.7	–1 27	3.7/3.7	3	lohnend, Vgl. Text!
32 Cam	12 49.2	83 25	5.3/5.8	21.5	

Tabelle. (Fortsetzung)

Bez.	Rektasz.	Dekl.	mag.	Abstand	Bemerkungen
α CVn	12 56.0	38 19	2.9/5.5	19.4	leicht
ζ Uma	13 23.9	54 56	2.3/4.0	14.5	Mizar
κ Boo	14 13.5	51 47	4.5/6.7	13.2	
π Boo	14 40.7	16 25	4.9/5.9	5.6	recht hübsch
ε Boo	14 45.0	27 04	2.7/5.1	2.8	Farben gelb/hellblau
ξ Boo	14 51.4	19 06	4.7/6.9	7.2	U = 151.5ª
μ Boo	15 24.5	37 23	4.3/7.0/7.6		AB = 109", BC = 2.2" mit U = 260ª
δ Ser	15 34.8	10 32	4.2/5.2	4.0	U = 3200ª
ζ CrB	15 39.4	36 38	5.0/6.0	6.2	recht hübsch
β Sco	16 05.4	–19 48	2.6/4.9	13.5	leicht!
κ Her	16 08.1	17 03	5.0/6.3	28.2	
ς Oph	16 25.6	–23 27	5.0/5.9	3.2	
α Her	17 14.6	14 23	3.5/5.4	4.9	orange/bläulich. U = 3600ª
ς Her	17 23.7	37 09	4.5/5.5	4.0	
ν Dra	17 32.3	55 10	4.9/4.9	62.0	Fernglas!
ψ^1 Dra	17 41.9	72 09	4.6/5.8	30.3	Fernglas!
95 Her	18 01.5	21 36	5.0/5.2	6.3	
τ Oph	18 03.1	– 8 11	5.2/5.9	1.8	U = 280ª
70 Oph	18 05.5	2 30	4.2/6.0	1.5	U = 87.9ª. Ab 4-Zöller
ε^1 Lyr	18 44.3	39 40	5.0/6.1	2.7	U = 1166ª
ε^2 Lyr	18 44.4	39 37	5.2/5.4	2.4	U = 585ª. Bildet zusammen mit ε^1 Vierfachstern!
ζ Lyr	18 44.8	37 36	4.4/5.7	43.8	Fernglas!
ϑ Ser	18 56.2	4 12	4.1/5.0	22.2	leicht. Fernglas ?
β Cyg	19 30.7	27 58	3.1/5.1	34.3	Albireo. Gelb/hellblau. Schon in guten Ferngläsern. U = 7300ª.
δ Cyg	19 45.0	45 08	2.9/6.3	2.4	U = 828ª
61 Cyg	21 06.9	38 45	5.2/6.0	29.6	U = 722ª. Fernglas.
μ Cyg	21 44.1	28 45	4.8/6.1	1.7	U = 508ª
ξ Cep	22 03.8	64 38	4.6/6.5	8.0	U = 3800ª.

Der Sternhaufen Krippe (M44) im Krebs. Aufnahme von B. Flach-Wilken mit einer 29 cm Flatfieldkamera

Sternhaufen

Der winterliche Sternenhimmel bot – besonders im Bereich der Milchstraße – eine Fülle von *offenen Sternhaufen*, und viele dieser schönen Objekte lassen sich in den ersten Frühlingswochen noch mit dem Fernglas oder im kleinen Fernrohr beobachten. So sollte man am frühabendlichen Westhimmel noch einmal die Sternhaufen *M 36*, *M 37* und *M 38* im Fuhrmann und *M 35* in den Zwillingen betrachten, die im Mai in den Strahlenbereich der näherrückenden Sonne geraten und spätestens dann vom Beobachtungsprogramm zu streichen sind.

Hervorheben wollen wir an dieser Stelle auch den Sternhaufen *M 44*, der *„Krippe"* oder *„Praesepe"* genannt wird. Zum Frühlingsanfang findet man ihn abends hoch am Südhimmel in bester Beobachtungsposition.Unter günstigen Sichtbedingungen zeigt er sich bereits dem bloßen Auge als diffus schimmernde Wolke im Sternbild Krebs, und war schon den Astronomen des Altertums bekannt. Galilei zählte mit seinem bescheidenen Fernrohr 36 Einzelsterne,und später hat man dann rund 350 Sterne gefunden,die zu diesem Haufen gehören. Die Entfernung der Praesepe wird mit 520 Lichtjahren angegeben.
Im späten Frühjahr steht gegen Mitternacht schon die Sommermilchstraße über dem Osthorizont. Dann bieten sich die ersten „Sommerhaufen" als Beobachtungsziele an.

Tabelle. Offene Sternhaufen am Frühlingshimmel

Bez.	Rektasz.	Dekl.	mag.	Durchm.	Bemerkungen
NGC 663	1h46.0m	61°15'	7.1	11'	
NCG 869	2 19.0	57 09	4.3	30'	h Persei. Winterkap.!
NGC 884	2 22.4	57 07	4.4	30'	chi Persei (Winter)
M 34	2 42.0	42 47	5.2	30'	soeben mit bl. Augen
M 45	3 47.0	24 07	1.2	110'	Plejaden
Hyaden	4 27	16	0.4	5°	
M 38	5 28.7	35 50	6.4	21'	vgl. Winterkapitel
M 36	5 36.1	34 08	6.0	12'	vgl. Winterkapitel
M 37	5 52.4	34 33	5.6	24'	vgl. Winterkapitel
M 35	6 08.9	24 20	5.6	28'	vgl. Winterkapitel
NGC 2244	6 32.4	4 52	4.8	24'	steht im Rosettanebel
NGC 2264	6 41.1	9 53	4.1	30'	wie ein Christbaum
NGC 2281	6 49.3	41 04	5.7	15'	
M 50	7 03.2	– 8 20	5.9	16'	leicht im Fernglas
NGC 2422	7 36.6	–14 30	4.4	30'	Sterne ab 5.7m
NGC 2548	8 13.8	– 5 48	5.8	30'	schön im Fernglas
M 44	8 40.1	19 59	3.9	3°	Praesepe. Vgl. Text!
M 67	8 50.4	11 49	6.9	30'	recht hübsch; Fernrohr
I 4665	17 46.3	5 43	4.2	41'	lockere Ansammlung
NGC 6633	18 27.5	6 34	4.6	25'	imFerngl. 10 Einzelst.
M 39	21 32.2	48 26	4.6	32'	im Ferngl. ein Dutzend Sterne erkennbar

Wenn die Wintersternbilder im Verlauf des Frühjahrs nach Westen abrücken, werden offene Sternhaufen „Mangelware". Dafür findet man nun Schaustücke anderer Art: *Kugelsternhaufen*.
Viele dieser kugelförmigen und dichtgepackten Ansammlungen aus hunderttausenden von Sternen sind schon im Fernglas als kleine, rundliche Nebelflecke zu erkennen. Die teilweise Auflösung in einzelne Sternpünktchen gelingt allerdings erst mit größeren Instrumenten. Eine Fernrohröffnung von 15 bis 20 cm Öffnung sollte man schon zur Verfügung haben, aber dann ist der Anblick eines aufgelösten Kugelsternhaufens von unbeschreiblichem Reiz!
Zu den schönsten Objekte ihrer Art zählen zweifellos *M 13* im Herkules, *M 5* in der Schlange und *M 3* im Sternbild der Jagdhunde. Stellvertretend sei hier die Eintragung über *M 5* aus dem Beobachtungsbuch der Verfassers wiedergegeben (Beobachtungsinstrument war ein 20 cm Spiegelteleskop):
"Fantastischer Anblick! Die Auflösung beginnt schon bei einer Vergrößerung von 50x. Bei V = 110x ist die Auflösung bis zum Haufenzentrum möglich, vor diffus schimmerndem Hintergrund. In den Randzonen winden sich Sternketten wie Spiralarme nach außen. Durchmesser etwa 4'."
Bei *M13*, dem hellsten Kugelsternhaufen des nördlichen Himmels, ist die Auflösung soeben in einem guten 4 – Zöller (10 cm Öffnung) erahnbar. Im „Sommerkapitel" werden wir auf dieses Objekt und auf die Kugelsternhaufen allgemein noch näher eingehen.
Empfehlenswert und bereits im Fernglas recht eindrucksvoll, sind auch die beiden Kugelsternhaufen *M10* und *M12* im Schlangenträger (Ophiuchus) sowie *M4*, unweit von Antares im Skorpion. Weitere Informationen über lohnende Kugelsternhaufen findet man in unserer Tabelle. Zu beachten ist, daß die Angaben über den Winkeldurchmesser in der Literatur je nach Meßmethode stark auseinandergehen. Bei visueller Beobachtung wird man die meisten Kugelsternhaufen kleiner als angegeben finden.

Tabelle. Kugelsternhaufen am Frühlingshimmel

Bez.	Rektasz.	Dekl.	mag.	Durchm.	Bemerkungen
M53	13h12.9m	18°10'	7.7m	12'	Auflösung ab 20 cm Öffnung
M3	13 42.2	28 23	6.4	16	lohnend!
M5	15 18.6	2 05	5.8	17	ähnlich M3. Vgl. Text!
M80	16 17.0	– 22 59	7.2	9	Heller Kern.
M4	16 23.6	– 26 32	6.0	26	Auflösung ab 8 cm Öffnung
M13	16 41.7	36 27	5.9	16	lohnend! Vgl. Text.
M12	16 47.2	– 1 57	6.6	14	Auflösung ab 15 cm Öffnung
M10	16 57.1	– 4 06	6.6	15	Mit 20cm bis zur Mitte aufgelöst. Ähnlich M12
M92	17 17.2	43 08	6.5	11	Im Fernglas hell, aber klein.
M9	17 19.2	– 18 31	7.9	9	Auflösung ab 20cm Öffnung
M14	17 37.6	– 3 15	7.5	11	Ab 20cm beginnende Aufl.

Galaktische Nebel

Vom schönsten Nebelfleck des Himmels, dem *Orionnebel M 42*, muß man in den ersten Frühjahrswochen Abschied nehmen – sein Untergang erfolgt nun immer zeitiger. Etwas länger lassen sich noch der *Crabnebel M1* im Stier und der *Eskimonebel NGC 2392* im Einhorn beobachten, über die schon im Winterkapitel berichtet wurde.
Am „typischen" Frühjahrshimmel sind Nebel rar. Fernrohrbesitzer können nach einigen kleinen, aber recht hellen planetarischen Nebeln schauen, wie etwa dem leider stets horizontnahen *NGC 3242* in der Wasserschlange oder *NGC 6210* im Herkules. Beide sind prinzipell bereits in guten Ferngläsern als etwa 9m helle „Sternchen" erkennbar (was natürlich kaum befriedigend ist!). Erst bei der Betrachtung im Fernrohr erscheinen sie als rundliche Scheibchen, wobei höhere Vergrößerungen (mindestens 80x) anzuraten sind. Besonders der NGC 6210 zeigt eine auffallende Blaufärbung.
Im späten Frühling kommen dann am Osthimmel schon bekannte Objekte des Sommerhimmels herauf, wie der *Ringnebel M 57* in der Leier oder die (schwierig zu beobachtenden!) Gasnebel im Schwan. Weitere Einzelheiten kann man unserer Tabelle entnehmen.

Tabelle. Galaktische Nebel am Frühlingshimmel

d = diffuser Nebel, p = planetarischer Nebel, R = Supernovarest

Bez.	Typ	Rektasz.	Dekl.	mag	Durchm.	Bemerkungen
NGC 1535	p	$4^h14.3^m$	−12°44'	9.3^m	17"x20"	
M 42	d	5 35.3	− 5 23	2.9	66'x60'	Orionnebel
M 78	d	5 46.7	0 03	8	8'x6'	vgl. Winterkap.
NGC 2261	d	6 39.2	8 44	10	2'	vgl. Winterkap.
NGC 2392	p	7 29.2	20 55	8.3	15"x19"	vgl. Winterkap.
M 97	p	11 14.8	55 01	9	200"	Eulennebeel
NGC 3242	p	10 24.7	−18 38	9.0	16"x26"	vgl. Text
NGC 6210	p	16 44.5	23 48	9.7	8"x13"	vgl. Text
NGC 6543	p	17 58.6	66 38	8.8	16"x22"	
M 57	p	18 53.6	33 02	9.3	59"x83"	Ringnebel
NGC 6826	p	19 44.8	50 32	8.8	27"x24"	
NGC 7000	d	20 58.8	44 19	–	2°	Nordamerikanebel
NGC 6992	R	20 52	31 10	–	2.5°	Cirrusnebel

Galaxien

Passionierte „deep-sky"-Beobachter wissen es: Der Frühling ist die Jahreszeit der Galaxien. Allein im Bereich des Virgohaufens, über den wir schon berichtet haben, lassen sich mit einem 8-Zöller (20 cm Öffnung) rund hundert dieser fernen Welteninseln als – man muß es zugeben – meist wenig imposante, winzige Nebelfleckchen erkennen. Auch mit einem besseren Feldstecher kann man am Sternenhimmel des Frühjahrs durchaus einige Spiralnebel erkennen.

Beginnen wir die Suche hoch über uns – im Umfeld des Großen Wagen. Dort findet sich *M81*, der mit 7.0^m hellste Spiralnebel dieser Himmelsregion. Im gleichen Gesichtsfeld und nur 38' von M81 entfernt, ist auch die schwächere Nachbargalaxie *M82* (8.4^m) für Feldstecher unschwer erreichbar.

Oft abgebildet wird die „Whirlpool"-Galaxie *M 51*, unweit vom vorderen Deichselstern und schon auf dem Gebiet des Sternbilds Jagdhunde. Ihre Totalhelligkeit liegt bei 8.5^m, und wenn der Himmel nicht völlig klar und dunkel ist, kann eine Suche mit dem Fernglas schon problematisch werden. Im Achtzöller erkennt man auch ihre Satellitengalaxie *NGC 5195* (fast in Kontakt mit M51) und in beiden einen markant hervortretenden hellen Kern. Andeutungen der schönen Spiralarme von M51 lassen sich allerdings erst in sehr großen Amateurfernrohren wahrnehmen.

Auf der gegenüberliegenden Seite der Wagendeichsel steht *M101*, ebenfalls ein Feldstecherobjekt, das zwar flächenmäßig größer, aber matter als M51 wirkt. Alle diese Galaxien gehören nicht zum Virgo-Haufen und stehen uns deutlich näher.

Eine systematische Suche nach den Galaxien des rund 50 Millionen Lichtjahre entfernten *Virgo-Haufens* im Bereich Löwe – Jungfrau – Coma muß den spezialisierten und gut

B. Flach-Wilken fotografierte das Galaxienpaar M81/M82 mit einer 29 cm Flatfieldkamera

ausgerüsteten Sternfreunden überlassen bleiben. An dieser Stelle sei nur auf einige hellere und schon im Fernglas erkennbare Galaxien dieser Himmelsregion hingewiesen.

Leicht zu finden sind vor allem die Spiralnebel *M65* und *M66* im Löwen (etwa 3°südöstlich vom Stern Theta); sie stehen nur 21' auseinander und sind 9.3m bzw. 8.5^m hell. Aber auch die „black-eye"-Galaxie *M 64* (8.3^m, nahe dem Stern 35 Comae) und die oft abgebildete „Sombrero"-Galaxie *M 104* in der Jungfrau sind bei dunklem Himmel eine leichte Beute für lichtstärkere Ferngläser. Im 8-Zöller erscheint M 104 ausgesprochen spindelförmig mit einem kleinen, hellen Kern, und bei höheren Vergrößerungen zeichnet sich sogar andeutungsweise die von Fotos her bekannte, dunkle „Hutkrempe" ab.

Unsere Tabelle gibt eine Auswahl von helleren Galaxien des Frühlingshimmels. Zu beachten ist, daß die Durchmesserangaben fotografisch ermittelte Werte sind – in den meisten Fällen erscheinen die Galaxien bei visueller Beobachtung kleiner!

M51 in den Jagdhunden, mit der Satellitengalaxie NGC 5195. Aufnahme von W. Paech mit Schmidtspiegel 100/152/300 cm

Die Angabe der (Total-)Helligkeit läßt nicht ohne weiteres Rückschlüsse darauf zu, wie leicht eine Galaxie zu beobachten ist und wie hell sie dem Betrachter erscheint. Entscheidend ist hier, auf welche Fläche die Totalhelligkeit „verschmiert" wird.

Tabelle. Hellere Galaxien am Frühlingshimmel.

Bez.	Rektasz.	Dekl.	mag.	Ausdehnung	Bemerkungen
M 81	$9^h55.6^m$	69°04'	7.0	4'x9'	leicht im Fernglas
M 82	9 55.8	69 41	8.4	8.6'x2.5'	bildet Paar mit M81
M 95	10 44.0	11 42	9.8	4.9'x3.7'	bildet Paar mit M96
M 96	10 46.8	11 49	9.3	2.8'x1.8'	in gutenIerngl.
M 65	11 18.9	13 06	9.3	6.7'x1.8'	bildet Paar mit M66
M 66	11 20.3	12 59	8.5	5.2'x2.4'	leicht im Fernglas
M 85	12 25.4	18 11	9.3	3.3'x2.2'	
M 49	12 29.8	8 00	8.5	3.3'x2.3'	
M 104	12 40.0	– 11 37	8.3	6.4'x3.4'	„Sombrero"(s.Text)
M 60	12 43.7	11 33	9.0	4.5'x3.3'	
M 64	12 56.8	21 41	8.5	6.7'x3.7'	„black-eye" Galaxie
M 51	13 29.9	47 12	8.5	8.4'x5.6'	vgl. Text!
M 101	14 03.2	54 21	7.9	15'x13'	vgl. Text.

Meteorströme

In den Frühjahrsmonaten sind verschiedene Meteorströme tätig, und so wird man bei Himmelsbeobachtungen immer wieder einmal eine zugehörige Sternschnuppe dahinhuschen sehen. Allerdings kann nur hartgesottenen Naturen empfohlen werden, sich speziell der Beobachtung dieser Ströme zu widmen, denn die stündliche Meteorrate bleibt in fast allen Fällen sehr niedrig.

Mit einem Maximum am 22. April erscheinen die *Lyriden*, so genannt nach der Lage ihres Ausstahlungspunktes im Sternbild der Leier (lateinisch: lyra). Kurz vor Anbruch der Morgendämmerung (gegen 4 Uhr Sommerzeit) steht der Radiant der Lyriden hoch am Himmel, in der Nähe des Zenits.

Als Aktivitätszeitraum dieses schwachen Meteorstromes wird der 16. bis 25. April angegeben. Dabei bleibt die stündliche Meteorrate aber meistens sehr niedrig, bis auf ein spitzes, nur wenige Stunden dauerndes Maximum bei der Sonnenlänge = 31.4° (22. April), zu dem eine ZHR von 15-25 erreicht wird.

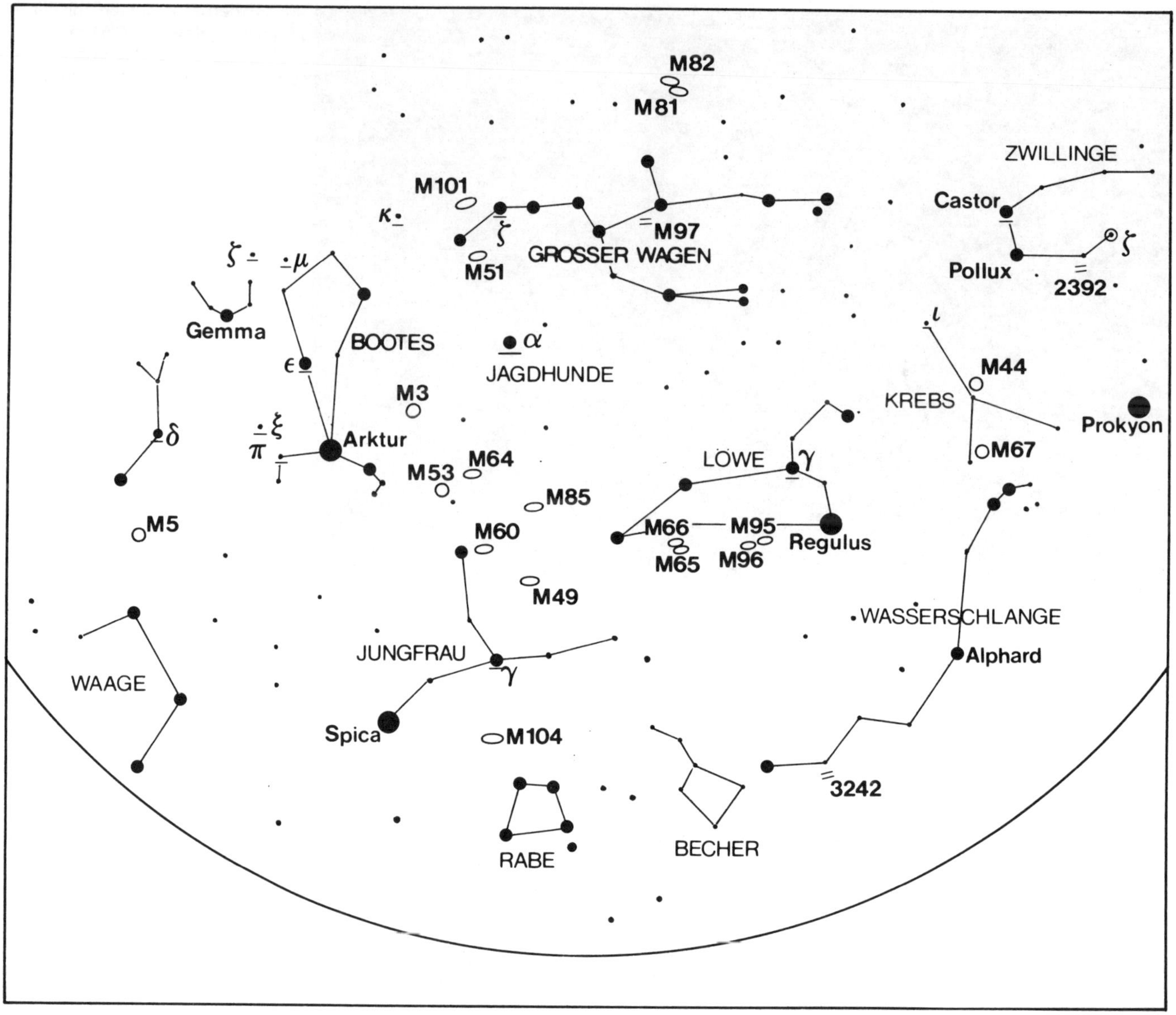

Beobachtungsobjekte am Frühjahrshimmel

Der Lyridenstrom ist schon seit zweieinhalb Jahrtausenden bekannt und hat gelegentlich große Sternschnuppenfälle geliefert. In diesem Jahrhundert traten 1922, 1945 und 1982 überraschend viele Lyriden auf. Es handelt sich dabei um Auflösungsprodukte des Kometen Thatcher von 1861, der sich allerdings bei einer Umlaufszeit gut 400 Jahren so bald nicht wieder blicken läßt.

Häufig erwähnt findet man die *Eta-Aquariden* der ersten Maiwoche, die vermutlich vertreute Partikel des Halleyschen Kometen sind. Für die Bewohner der Südhalbkugel ist dies der schönste Meteorstrom des Jahres! Dabei wurden in den vergangenen dreißig Jahren meist ZHR-Werte von 30-60 Meteoren pro Stunde ermittelt. Leider ist jedoch auf unseren nördlichen Breiten kaum etwas von den Mai-Aquariden zu bemerken. Ihr Radiant (im Wassermann, lateinisch: aquarius) kommt nämlich erst gegen 3 Uhr Sommerzeit über den Osthorizont, nur eine halbe Stunde vor Beginn der Morgendämmerung.

KAPITEL III: DER STERNENHIMMEL IM SOMMER

1. VON SONNE UND MOND

Was ist der Wendekreis des Krebses ?

Wenn die Sonne am 21. oder 22. Juni den höchsten Punkt ihrer Jahresbahn erreicht, beginnt nach unserem Kalender der Sommer. Über 16 Stunden strahlt das Tagesgestirn dann vom Himmel und erreicht mittags gut 60° Höhe im Süden.
Der Sommer-Sonnenwendpunkt liegt heute im Grenzbereich der Tierkreissternbilder Stier und Zwillinge, aber das war nicht immer so: Durch eine Erscheinung, die man Präzession nennt, wandern die wichtigen Markierungspunkte des jährlichen Sonnenweges ganz langsam im Tierkreis nach Westen (vgl. hierzu auch das Herbstkapitel!). Vor zweitausend Jahren lag der Sommersonnenwendpunkt noch an der Grenze zum Sternbild Krebs, und auf diese Tatsache geht der altehrwürdige, aber von der Realität längst überholte Begriff „Wendekreis des Krebses" zurück.
Auf dem Erdglobus findet man diesen Wendekreis eingezeichnet: er ist nichts anderes als der Breitenkreis auf 23° nördlicher Breite. Für Bewohner dieses Breitenkreises steht die Sonne zum Sommeranfang mittags genau senkrecht im Zenit. Das winterliche Pendent zum Wendekreis des Krebses ist der Wendekreis des Steinbocks, also der Breitenkreis mit 23° südlicher Breite.

Der Sonnenlauf im Sommer

Während sich die Sonne besonders zum Sommerbeginn tagsüber zu Rekordhöhen aufschwingt, sinkt sie nachts zum Leidwesen der Sternfreunde nur wenig unter den Horizont, und so bleiben nur wenige Stunden Zeit, um den Sternenhimmel zu bewundern. Einzelheiten über die Auf- und Untergänge der Sonne und die Dämmerungszeiten kann man unserer Tabelle entnehmen. Die Angaben gelten wieder exakt für einen zentral gelegenen Ort auf 50° Breite und 10° östlicher Länge.

Tabelle

Datum	Sonnenauf-/Untergang		Dunkelheit (Beginn/Ende)	
1. Juli	5.15 MESZ	21.33 MESZ	Mitternachtsdämmerung!	
15. Juli	5.27	21.24	0.55 MESZ	1.55 MESZ
1. August	5.48	21.04	23.40	3.10
15. August	6.08	20.40	22.50	3.50
1. September	6.34	20.05	22.00	4.30
15. September	6.55	19.35	21.20	5.00

Den Weg der Sonne durch die Tierkreissternbilder zeigt unsere Grafik auf der folgenden Seite.
Nach der Sommerwende durchquert sie (bis zum 20.7.) das Gebiet der Zwillinge und den Krebs (bis 10.8.) und verliert dabei zunächst kaum merklich an Mittagshöhe. Aber etwa von der zweiten Augusthälfte an, wenn unser Tagesgestirn durch den Löwen wandert (nahe an Regulus vorbei!), macht sich der immer steilere Abstieg im Tierkreis am „Kürzerwerden" der Tage deutlich bemerkbar. Mitte September erreicht die Sonne dann das Gebiet des Sternbilds Jungfrau, in dem der Herbstpunkt liegt: Die Tag- und Nachtgleiche steht bevor.

Wann steht die Sonne im Süden ?

Auf diese Frage werden wohl die meisten antworten: Natürlich um 12 Uhr mittags! Wer sich aber einmal die Mühe macht und kontrolliert, wann unser Tagesgestirn denn nun wirklich seinen höchsten Stand im Süden erreicht, wird vom Ergebnis überrascht sein.
Denken wir uns einen Beobachter in Hannover. Für ihn erreicht die Sonne zum Beispiel am 20. Juli erst um 13.26 Uhr die Südrichtung! An einem anderen Tag dagegen, sagen wir am 10. November, registriert er dieses Ereignis bereits um 12.04 Uhr und am 10. Februar kulminiert die Sonne für ihn um 12.35 Uhr.

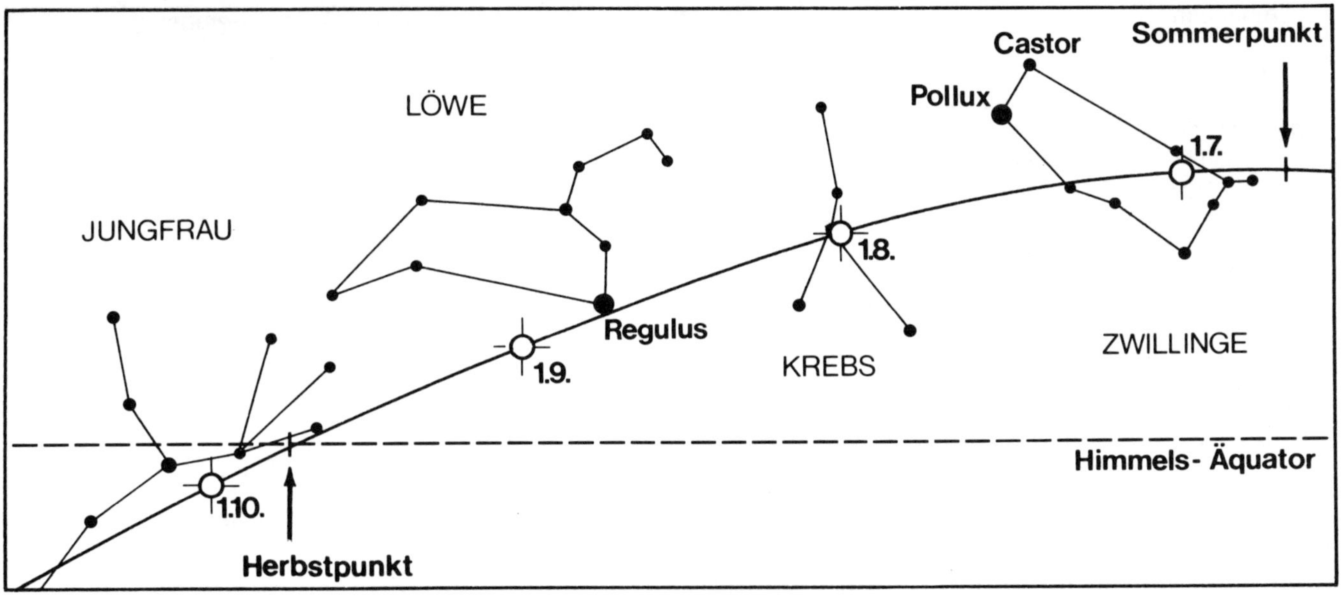

Der Sonnenlauf im Sommer

Es sind drei verschiedenartige Ursachen, die hier zusammenspielen und diese seltsamen Abweichungen bewirken. Zum einen ist es im Sommerhalbjahr die „unnatürliche"(weil dem Sonnenlauf nicht angepaßte) Sommerzeit MESZ, die unsere Uhren um eine ganze Stunde gegenüber der normalen Uhrzeit MEZ und damit auch der Sonne vorlaufen läßt. Dies erklärt schon zu einem guten Teil die sehr späte Kulminationszeit von 13.26 Uhr für unseren Beobachter zum gewählten Stichtag 20. Juli: Es war ja „in Wirklichkeit" (nach MEZ) erst 12.26 Uhr!

Aber selbst wenn man dies berücksichtigt, bleibt immer noch zu konstatieren, daß die genaue Südstellung der Sonne erst nach 12 Uhr erreicht wird. Die Kulminationszeiten schwanken nämlich um einen Mittelwert von 12.20 MEZ (je nach Beobachtungsort, hier für 10° östlicher Länge), wobei aber Abweichungen bis zu einer viertel Stunde auftreten.

Hierbei ist der „Sockelbetrag" von 20 Minuten Verspätung leicht zu verstehen: Unsere Zeit MEZ ist eine Zonenzeit, die nicht für sämtliche Orte ihres Gültigkeitsbereiches genau auf den dortigen Sonnenstand abgestimmt sein kann. Wie schon im Frühjahrskapitel erläutert, ist die MEZ so festgelegt, daß es genau 12.00 Uhr MEZ ist, wenn die (mittlere) Sonne auf dem 15. Längengrad kulminiert. Ehe sie dann auch in Deutschland die Südrichtung erreicht, vergehen noch rund 20 Minuten (für Orte auf dem 10. Längengrad; allgemeiner sind 4 Minuten Verspätung für jeden Längengrad Unterschied gegenüber 15° anzusetzen).

Damit sollte unsere Sonne eigentlich regelmäßig um 12.20 Uhr kulminieren, und für die fiktive „mittlere" Sonne gilt das auch. Die tatsächlich vorhandenen Schwankungen um den Mittelwert von 12.20 Uhr müssen nun der „wahren" Sonne angelastet werden, die aus verschiedenen Gründen (Schiefe der Ekliptik, wechselnde Bahngeschwindigkeit) nicht so gleichmäßig wie ein Uhrwerk läuft. Zu manchen Zeiten im Jahr bleibt sie deshalb hinter unserer Uhrzeit zurück, dann wieder läuft sie etwas vor. Man nennt diese Gangabweichung die „Zeitgleichung". Sie wird besonders groß Mitte Februar (Sonne geht 14 Minuten nach) und Anfang November (Sonne läuft 16 Minuten vor).

Gehen Sonnenuhren falsch ?

Soeben kehrt der Verfasser von einem Kontrollgang aus den Herrenhäuser Gärten in Hannover zurück. Dort befindet sich eine Sonnenuhr, die nach Augenzeugenberichten „völlig falsch" gehen sollte. In der Tat zeigte sie an diesem schönen Juninachmittag erst 15.30 Uhr an, während die allgemein anerkannte Uhrzeit schon 16.53 Uhr betrug!

Es wäre aber ungerecht, der Sonnenuhr diese offensichtliche Diskrepanz anzulasten. Denn wie wir gesehen haben, richtet sich ja unsere Alltagszeit nur noch in groben Zügen nach der wirklichen Sonne. Schlägt man aber zur abgelesenen Zeit von 15.30 Uhr zunächst einmal eine Stunde (als Sommerzeitkorrektur) und ferner 20 Minuten (für die Längendifferenz) hinzu und berücksichtigt schließlich noch die Zeitgleichung (sie betrug an diesem Tag nur 1 Minute Sonnenvorlauf), so hat uns die Sonnenuhr in Wirklichkeit 16.49 MEZ angezeigt: Es verbleiben also nur vier Minuten Gangungenauigkeit, die man ihr sicher nachsehen wird!

Das Analemma

Am Morgen des 17. Februar 1979 wurde in Watertown, Massachusetts eine bemerkenswerte astronomische Aufnahmeserie zum glücklichen Abschluß gebracht, die Dennis di Cicco – ein Mitherausgeber der amerikanischen Zeitschrift „Sky and Telescope" – in einjährigem, nervenaufreibendem Kampf gegen das Wetter gewann. Er hatte seine Plattenkamera fest auf eine bestimmte Himmelsgegend ausgerichtet, in der morgens die Sonne stand. Über ein ganzes Jahr hinweg fotografierte er nun in wöchentlichen Abständen jeweils punkt 8.30 Uhr den Sonnenstand und hatte schließlich 44 Sonnenbilder auf einer einzigen Fotoplatte eingefangen.

Was bei einer solchen Fotoserie herauskommt und als Poster inzwischen die Arbeitszimmer vieler Sternfreunde schmückt, zeigt unsere Grafik in etwas schematisierter Form (und für den Süddurchgang der Sonne): Die einzelnen Sonnenbilder reihen sich zu einer Jahreskurve von der Gestalt einer „8" zusammen, die man Analemma nennt. Zwei Effekte führen im Zusammenspiel zu dieser Kurve: Zum einen schwankt ja die Mittagshöhe der Sonne in weiten Grenzen zwischen einer niedrigsten Stellung (zum Winteranfang) und dem Höchststand (zur Sommersonnenwende). Diese unterschiedlichen Mittagshöhen lassen sich an der senkrechten Skala unserer Grafik ablesen. Die jahreszeitlichen Schwankungen der Analemma in waagerechter Richtung spiegeln dagegen die schon besprochene Zeitgleichung wieder: Man erkennt sofort, an welchen Tagen im Jahr die wahre Sonne und damit auch die Sonnenuhren gegenüber unserer Uhrzeit vorgehen und wann sie nachlaufen!

Unsere Sonne als Stern

Bereits im Jahr 265 v. Chr. schloß Aristarch von Samos (aus dem fast 90° betragenden Winkelabstand zwischen Sonne und Halbmond), daß die Sonne viel weiter von uns entfernt sein müsse als der Mond. Erst im 17. Jahrhundert gelang es aber durch Parallaxenmessungen, die wahren Entfernungen der Planeten und damit auch den Abstand Sonne-Erde (rund 150 Millionen Kilometer, eine „astronomische Einheit") zu bestimmen.

Nachdem die Sonnenentfernung erst einmal bekannt war, ergaben sich sofort weitere physikalische Daten unseres Tagesgestirns. Zum Beipiel konnte man aus dem Winkeldurchmesser von 1/2°, unter dem uns die Sonnenscheibe am Himmel erscheint, nun die wahre Sonnengröße berechnen: Ihr gewaltiger Sternkörper mißt 1,4 Millionen Kilometer im Durchmesser. Im Vergleich zu unserer Erde (die es nur auf den bescheidenen Äquatordurchmesser von 12757 Kilometern bringt) ist die Sonne also von ganz anderer Größenordnung. Mit Hilfe des 3. Keplerschen Gesetzes ließ sich auch ihre Masse bestimmen: Sie beträgt das 333000-fache der Erdmasse! Aus den Werten für Durchmesser und Masse

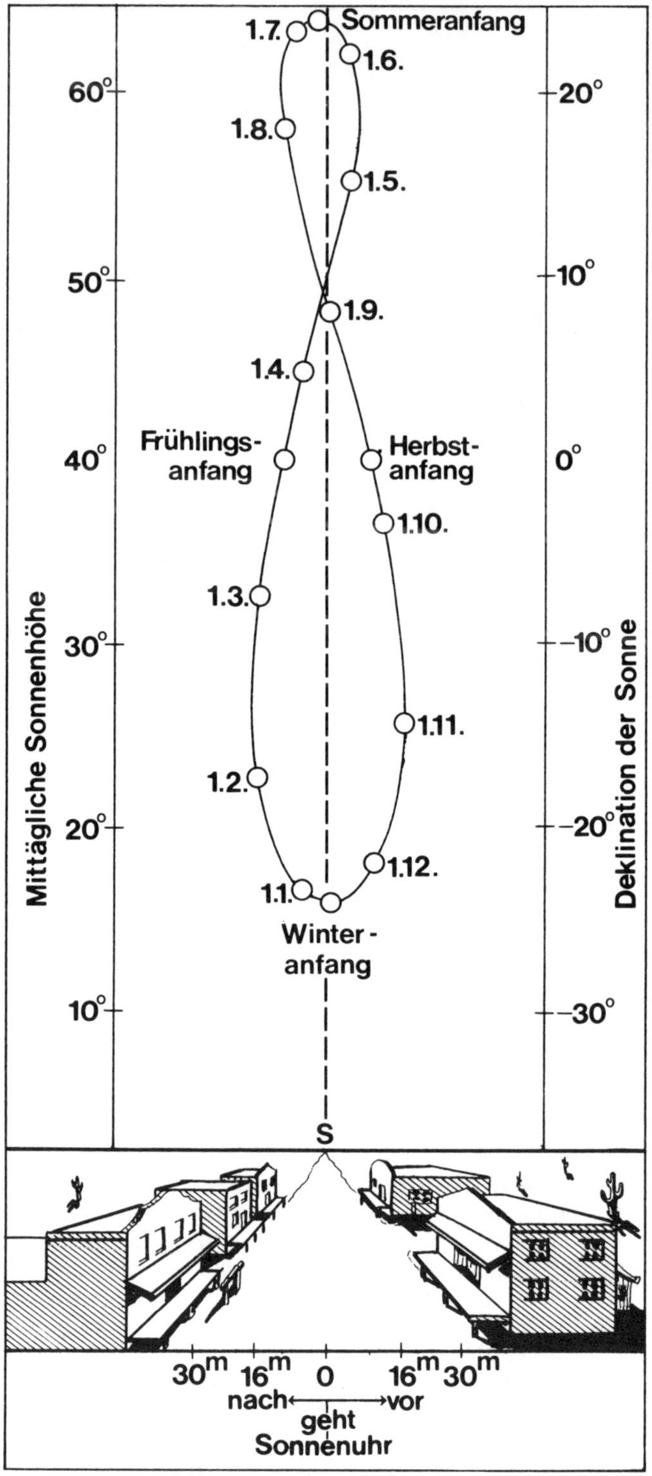

Die Analemma-Kurve

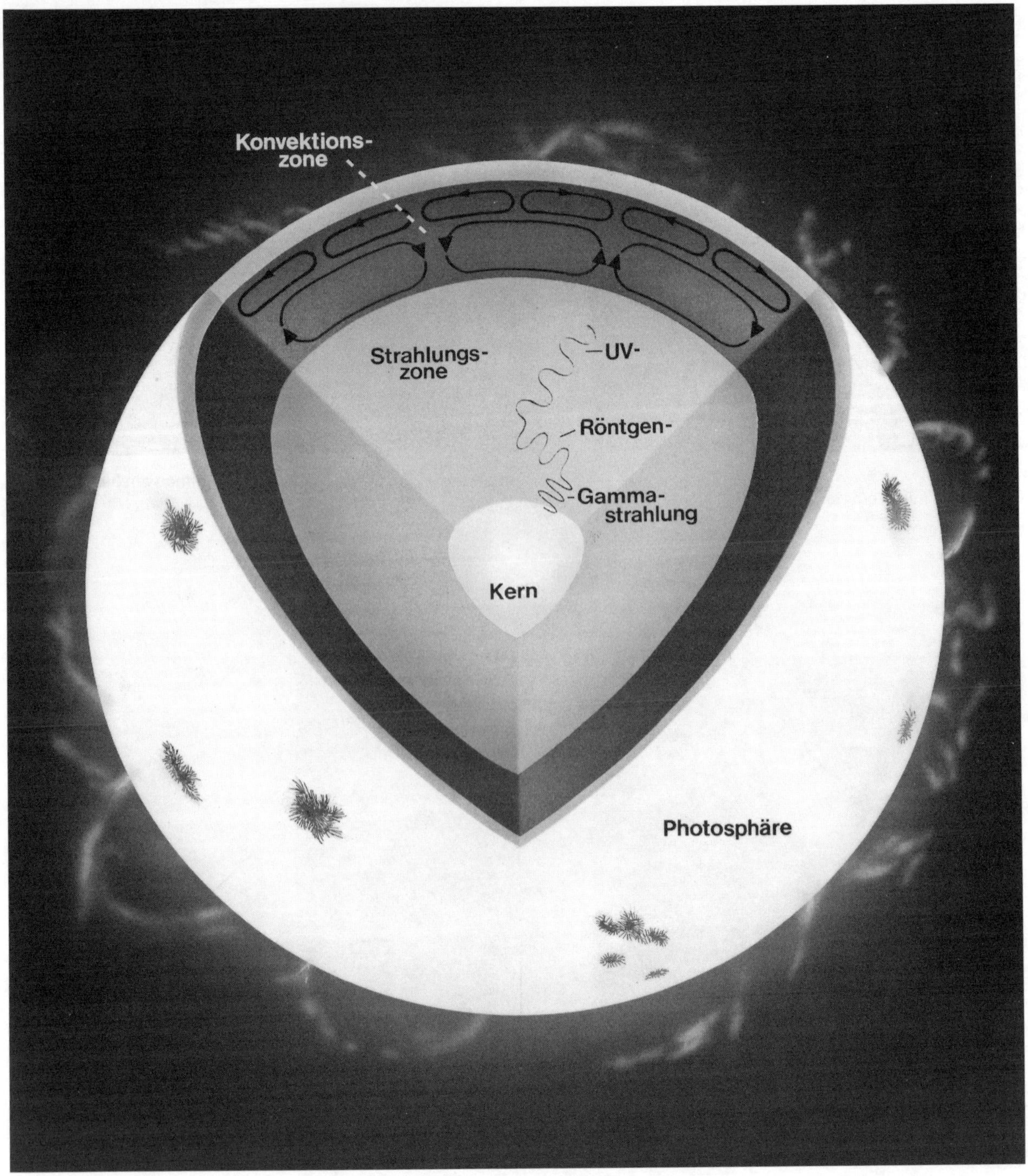

Aufbau der Sonne

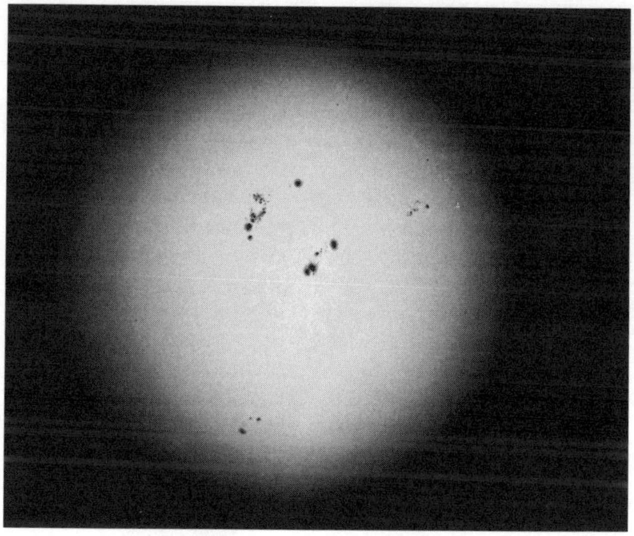

Die Sonne am 2. 9. 1980.
Aufnahme H.-J. Goldan mit 13 cm Refraktor

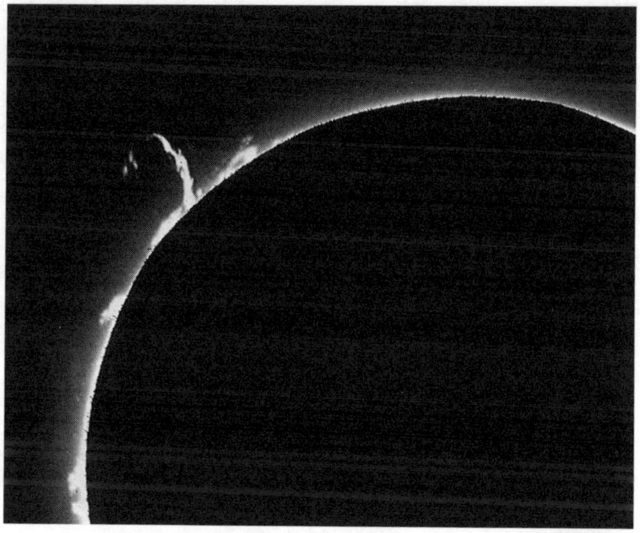

Protuberanzen am Sonnenrand, aufgenommen am 30. 3. 1978
im H-alpha Licht von W. Paech

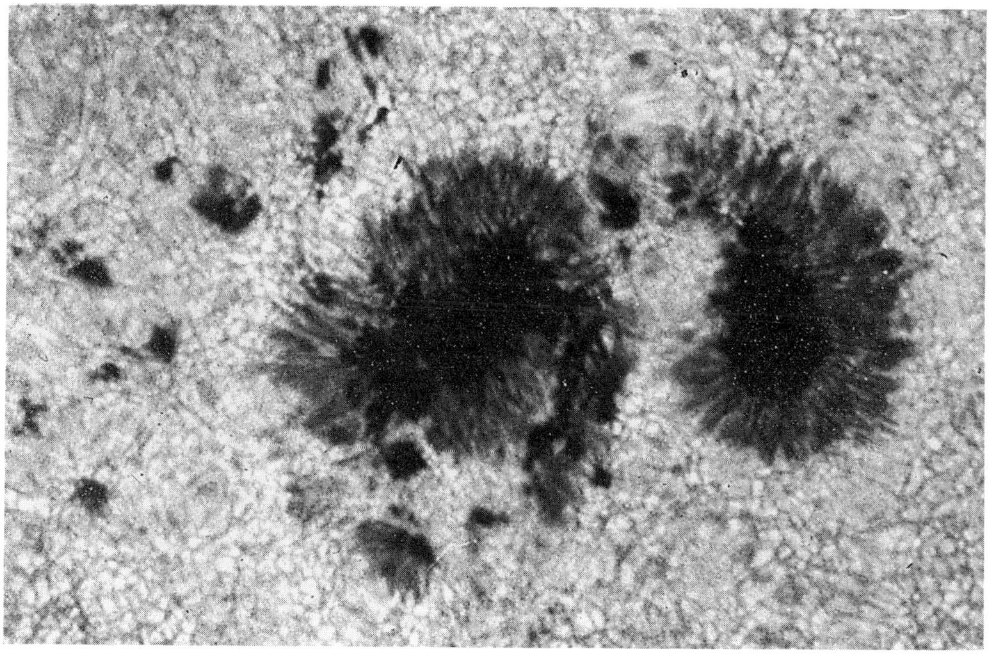

Große Sonnenfleckengruppe, aufgenommen von W. Paech mit
20 cm Refraktor am 1. 8. 1988. Man erkennt außerdem
die Granulation der Sonnenoberfläche

ergibt sich eine mittlere Dichte der Sonnenmaterie von 1.4 Gramm pro Kubikzentimeter (also nur das 1.4-fache des Wassers und ein Viertel der Dichte unserer Erde).
Vor allem aber ist die Sonne im Vergleich zur Erde ein ganz anderer Typ von Himmelskörper, nämlich ein echter Stern: eine an der Oberfläche 5800 K heiße, strahlende Gaskugel, die hauptsächlich aus Wasserstoff besteht. In ihrem 15 Millionen Grad heißen Kern wird Wasserstoff zu Helium verschmolzen. Die Energie, die bei diesen Kernfusionen frei wird, wird zunächst durch Strahlung (Absorption und anschließende Emission) und weiter außen durch Konvektion (Gasströme) bis zur Sonnenoberfläche (der „Photosphäre") transportiert, wo sie schließlich als Licht- und Wärmestrahlung austritt.
Im Vergleich zu anderen Sternen ist die Sonne ein völlig durchschnittlicher Hauptreihenstern vom Spektraltyp G2 V. In einigen Milliarden Jahren wird sie sich zu einem Roten Riesen aufblähen (was das Ende unserer Erde bedeuten dürfte) und schließlich ihr Sternenleben als ein Weißer Zwerg beschließen.

Die Sonnenflecken

In den Randschichten der Sonnenkugel, der sogenannten Konvektionszone, brodelt es wie in einem Wasserkessel: ständig steigen heiße Gaswolken an die Oberfläche, kühlen dort ab und sinken wieder in die Tiefe. Wo diese Konvektion durch Magnetfelder gestört ist und der Nachschub an heißen Gase unterbunden wird, entstehen an der Sonnenoberfläche kühlere und deshalb dunkel wirkende Stellen, die „Sonnenflecken". Sie erscheinen im Rhythmus von 11 Jahren besonders zahlreich – das jüngste Sonnenfleckenmaximum ist 1989 eingetreten.
Zur Beobachtung der Sonnenflecken reicht schon ein bescheidenes Amateurfernrohr aus, in sehr seltenen Fällen kann man große Fleckengruppen sogar mit bloßen Augen erkennen. Aber bei allen Sonnenbeobachtungen ist größte Vorsicht geboten! Ohne geeignete Dämpfungsfilter darf man niemals direkt in die Sonne blicken. Leicht vergißt man auch, daß die Sonne während einer Fernrohrbeobachtung nicht nur im Hauptrohr erscheint, sondern mit ihrer Brennkraft automatisch auch durch das Sucherfernrohr und vielleicht noch andere Zusatzgeräte strahlt. Der Verfasser hat bei solcher Gelegenheit schon einmal den schönen Pullover eines an sich erfahrenen Sonnenbeobachters partiell in Rauch aufgehen sehen (W.P. von der Astronomischen Station der Universität in H. möge mir diese Indiskretion verzeihen!).

Warum ist der Taghimmel blau ?

Eine genaue Beantwortung dieser und verwandter astronomischer Alltagsfragen ist gar nicht so einfach! So konnten zum Beispiel manche der farbigen Dämmerungserscheinungen erst vor relativ kurzer Zeit befriedigend geklärt werden. Wir werden uns deshalb an dieser Stelle auf eine Erklärung des Himmelsblaus beschränken.
Es ist nicht etwa so, daß die Luft „an sich" blau aussieht! Wenn wir einmal von den selbstleuchtenden Körpern absehen, so hat überhaupt kein Gegenstand eine Farbe „an sich". Wir sehen ihn nur, weil er zum Beispiel von der Sonne beleuchtet wird und das auf ihn treffende Licht mehr oder weniger verändert reflektiert oder streut.
Wenn wir nun an einem schönen, sonnigen Tag den blauen Himmel betrachten, so empfangen wir mit unseren Augen Sonnenlicht. Es gelangte allerdings (wir werden ja nicht direkt in die Sonne schauen!) nur auf Umwegen von der Sonne zu uns und wurde in der Atmosphäre an den Luftmolekülen und auch feinen Aerosolpartikeln (Schwebeteilchen) gestreut, so daß es aus allen möglichen Richtungen des Himmels kommt.
Die Frage bleibt natürlich: Warum erreicht uns auf diese Weise so bläuliches Licht, wo doch das direkte Sonnenlicht weiß erscheint ?
Das weiße Licht der Sonne besteht bekanntlich aus einem Gemisch verschiedener Farben, die sich ja zum Beispiel im Regenbogen offenbaren. Wenn uns also der Himmel blau erscheint, so muß der längerwellige Teil (vor allem das Rot) herausgefiltert worden sein.
Tatsächlich verhält es sich bei der Lichtstreuung an Molekülen und auch Aerosolen nun so, daß der blaue Anteil des Lichts viel stärker gestreut wird als der langwellige, rote Anteil, der seinen Weg im wesentlichen geradlinig und unbehelligt durch die Lufthülle nehmen kann.

Leuchtende Nachtwolken

Selten und nicht vorhersagbar zeigen sich am späten Abend im Juni oder Juli über dem Nordhorizont merkwürdige „Wolken": Die Leuchtenden Nachtwolken. Sie schimmern silbrigweiß oder manchmal auch bläulich und zeigen oft lange, wellenartige Strukturen. Normale Wolken liegen zu solcher Abendstunde nicht mehr im Sonnenlicht und heben sich deshalb – im Gegensatz zu den leuchtenden Nachtwolken – dunkel gegen den Dämmerungshimmel ab.
Erst im Jahr 1885 wurde man auf dieses Phänomen aufmerksam. Parallaktische Messungen ergaben bald, daß die Leuchtenden Nachtwolken in rund 80 Kilometern Höhe schweben, also weit oberhalb der Troposphäre, in der sich unsere üblichen Wettererscheinungen abspielen. Wir wissen heute,daß sie sich in der sogenannten Mesopause bilden – das ist die Zone der Erdatmosphäre mit den niedrigsten Temperaturen (bis unter -140° Celsius). Wie andere Wolken auch, so brauchen die Leuchtenden Nachtwolken zu ihrer Entstehung winzige Kondensationskeime. Hierfür könnte meteoritischer „Rauch" in Frage kommen, der entsteht, wenn Sternschnuppen verglühen. Man glaubt, daß die

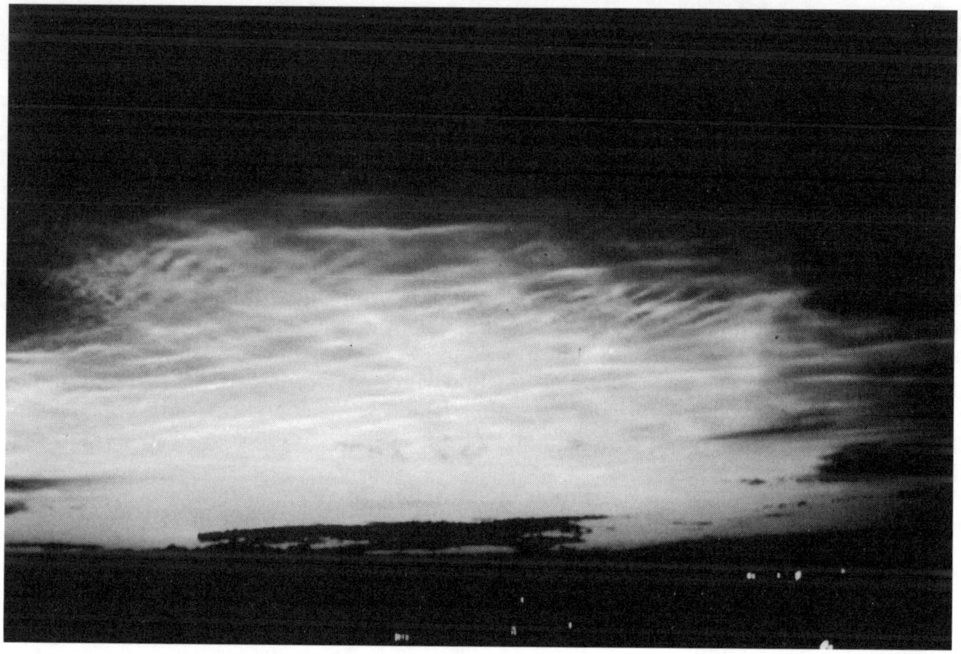

Leuchtende Nachtwolken am Abend des 2. 7. 1988. Aufnahme vom Verfasser mit Kleinbildoptik

so gebildeten Eiskriställchen kleiner als ein tausendstel Millimeter sind. Wenn sie dann in tiefere und wärmere Schichten der Atmosphäre absinken, lösen sich die Wolken wieder auf. Ein Tip für Hobbyfotografen: Leuchtende Nachtwolken lassen sich sehr gut mit Kleinbildoptik aufnehmen. Hinsichtlich der Belichtungszeit vertraue man ruhig der Belichtungsautomatik.

Der Mond im Sommer

Von allen Lichtphasen des Mondes schenken die meisten Menschen wohl dem Vollmond die größte Beachtung. Als wollte er sich den lauen Nächten dieser Jahreszeit angleichen, strahlt der Sommervollmond nicht wie im Winter mit kalt-weißem Licht aus großen Höhen herab, sondern erfreut die Nachtschwärmer mit einem warmen, gelben Schein.
Dieser Farbton kommt durch seine horizontnahe Stellung zustande, denn der Vollmond schwingt sich in den ersten Wochen des Sommers nur zu einer Höhe von rund zwei Faustbreiten über den Südhorizont auf – seine Bahn über den Nachthimmel ist kurz und flach. Durch ihren niedrigen Stand kann die „Nachtleuchte" allerdings auch unbotmäßig in so manches Schlafzimmer scheinen und auf diese Weise einen unruhigen Schlaf bescheren (Zeitgenossen mit entsprechenden Neigungen werden ihre durch das Mondlicht verursachten Albträume natürlich irgendwelchen mystischen Kräften des Vollmonds zuschreiben!).
Wer die vorangegangenen „Mondläufe" aufmerksam gelesen hat, wird sich auch das Verhalten des Sommervollmonds erklären können: Bei der Vollmondsstellung stehen sich Sonne und Mond in der Ekliptik genau gegenüber. Deshalb befindet sich der Vollmond eingangs des Sommers in jenen Teilen des Tierkreises, in denen die Sonne zum Winterbeginn steht – nämlich im Gebiet des Sternbilds Schütze. Daher zieht der Vollmond im Sommer ebenso flach über den Himmel, wie wir es von der Sonne im Winter kennen.
Mit dem Fortgang des Sommers „normalisiert" sich dann auch das Verhalten des Vollmondes wieder, und wenn der Herbst naht, erreicht er immerhin schon wieder mittlere Höhen (etwa 40°) im Süden.

2. UMSCHAU AM SOMMERHIMMEL

Wer nach den Sternbildern Ausschau halten will, wird in den ersten Sommerwochen auf eine harte Geduldsprobe gestellt! Zwar lassen sich dann die hellsten Sterne wie Arktur oder Wega mit einiger Mühe bereits eine halbe Stunde nach Sonnenuntergang am hellen Dämmerungshimmel erspähen, man muß aber schon bis gegen Mitternacht warten, ehe es für eine gedeihliche Sternenbeobachtung dunkel genug geworden ist. Wir wollen den Anblick des Himmels so beschreiben, wie er sich Mitte August gegen 23 Uhr (Sommerzeit) bietet. Die gleiche Szenerie findet man zum Beispiel auch Mitte Juli um 1 Uhr und Mitte September gegen 21 Uhr.

Der Südhimmel

Beim Blick nach Süden zeigt sich auf mittlerer Höhe das Sternbild *Adler* mit dem 0.8^m hellen *Atair* als Hauptstern. Atair ist in weitem Umkreis der auffälligste Stern und gar nicht zu verfehlen. Der Adler ist ein altes Sternbild ; seine Konturen sind recht einprägsam und lassen (bei einiger Phantasie!) durchaus an einen fliegenden Vogel denken.

Ein zwar kleines, aber doch recht hübsches Sommersternbild ist der *Delphin*, auf den man anderthalb Faustbreiten linkerhand von Atair stößt.

Wenn man die „Längsachse" des Adlers nach rechts unten zum Horizont hin verlängert, gelangt man zu den mittelhellen Sternen des *Schützen*. Dieses Tierkreissternbild erhebt sich auf unseren Breiten leider kaum aus dem Horizontdunst und bleibt daher meist sehr unauffällig. Aber schon im Mittelmeerraum zeigt sich der Schütze durchaus eindrucksvoll! Die im englischen Sprachraum übliche Bezeichnung „teapot" mag zwar profaner als der „Schütze" wirken, sie beschreibt aber (jedenfalls nach dem Eindruck des Verfassers) die Form des Sternbilds treffender.

Im Südosten und ebenfalls recht horizontnah steht der *Steinbock*, ein unscheinbares Tierkreissternbild ohne auffällige Einzelsterne.

Blicken wir nun senkrecht nach oben,in die Gegend des Zenits!

Dort ist die bläulich-weiß strahlende *Wega* gar nicht zu übersehen, denn sie ist weit und breit der hellste Stern. Wega gehört zur *Leier*, einem kleinen und (abgesehen von Wega selbst) nicht besonders auffälligen Sternbild, das aber viele interessante Beobachtungsobjekte enthält, auf die wir noch genauer eingehen werden.

Linkerhand der Leier und oberhalb vom Adler findet man den *Schwan*. Wie der Adler, so ist auch das Sternbild Schwan leicht am Himmel zu entdecken. Es hat die Form eines Kreuzes mit dem $1{,}3^m$ hellen Hauptstern *Deneb* an der Spitze. Deneb markiert zusammen mit *Wega* und *Atair* die Eckpunkte eines großen Sterndreiecks, das man auch das *Sommerdreieck* nennt, weil es an Sommerabenden hoch im Süden prangt. Es erscheint aber schon im Frühling am Osthimmel und ist noch Anfang des Winters frühabends niedrig im Westen zu sehen.

Den Himmel im Südwesten findet man jetzt übersät mit vielen schwächeren Sternchen, die zum *Schlangenträger* (*Ophiuchus)*, der *Schlange* und dem *Herkules* gehören. Dies sind großflächige und nicht ganz leicht überschaubare Sternbilder – wer sie aufsuchen möchte,sollte schon über eine gewisse Beobachtungsroutine verfügen!

Durch *Schwan* und *Adler* bis hinab zum Südwesthorizont ziehen die Sternwolken der sommerlichen *Milchstraße*. Hier liegen die hellsten Partien des gesamten Milchstraßenbandes. Dennoch braucht man dunkle, mondscheinlose Nächte, um in den Genuß dieser Himmelserscheinung zu kommen.

Der Westhimmel

Genau im Westen findet man zu unserer Stichzeit das schöne Sternbild des *Bootes* (*Bärenhüter)*. An seinem unteren Ende leuchtet der gelbliche *Arktur*, über den wir im Frühlingskapitel schon berichtet haben. Er ist weit und breit das hellste Gestirn und kann deshalb auch vom Anfänger leicht am Himmel gefunden werden.

An die oberen Teile des Bootes schließt sich nach links das kleine Sternen-Halbrund der *Nördlichen Krone* an, aus dem der knapp 2^m helle *Gemma* („Edelstein") deutlich hervortritt.

Weiter im Nordwesten und rechterhand vom Bootes, zeigen sich die sieben hellen Sterne des *Große Wagen*. An Frühlingsabenden noch hoch in Zenitnähe,strebt dieses bekannteste aller Sternbilder auf seinem Weg rund um den Himmelsnordpol nun seiner niedrigsten Stellung zu. Daß die Wagendeichsel beim Umrunden des Pols nicht etwa vorangeht,sondern den übrigen vier Wagensternen folgt, ist sicherlich ein kleiner Schönheitsfehler bei der Deutung dieses Sternbilds als „Wagen".

Unterhalb der Wagendeichsel und etwa auf gleicher Höhe mit dem weiter links funkelnden Arktur, erkennt man in sternarmer Umgebung den nur 3^m hellen Hauptstern der *Jagdhunde*. Sein Name *„Cor Caroli"* ist heute nicht mehr gebräuchlich.

Der Nordhimmel

An den im Norwesten stehenden *Großen Wagen* schließt sich nach rechts ein äußerst unübersichtliches Sternfeld an, in dem sich auch routinierte Sternbeobachter schon einmal „verirren" können! Die bestenfalls mittelhellen Sterne dieser Region werden zum Teil dem *Großen Bären* zugerechnet oder gehören zu den gänzlich unscheinbaren Sternbildern *Luchs* und *Giraffe*. Diese beiden Konstellationen wurden erst im 17. Jahrhundert eingeführt und dienten wohl als „Lückenfüller" in einer wahrlich unattraktiven Himmelsgegend.

Im Nordosten hat sich soeben der *Perseus* aus dem Horizontdunst erhoben – ein früher Vorbote des kommenden Winters. Bei klarer Sicht bis in Horizontnähe kann man links unterhalb des Perseus die *Capella* im *Fuhrmann* funkeln sehen. Sie ist für Beobachter in Deutschland zwar soeben noch zirkumpolar, berührt aber an der tiefsten Stelle ihres Umlaufs um den Himmelspol im Norden fast die Horizontlinie. Ihre große Zeit kommt erst in den Wintermonaten, wenn sie hoch oben in Zenitnähe zu finden ist.

Der Osthimmel

Über dem Osthorizont zeigen sich nun schon die ersten Herbststernbilder. Auf mäßiger Höhe erkennt man dort – gegen den Horizont geneigt und auf einer Ecke stehend – das *Pegasusviereck*. Seine Ecksterne sind zwischen 2.1^m und 2.8^m hell und begrenzen ein auffällig sternarmes Gebiet im Innern des Vierecks. Einige schwächere Sterne, die sich nach rechts anschließen, zählen ebenfalls zum *Pegasus*.
Im linken Eckpunkt des Pegasusvierecks beginnt das Sternbild *Andromeda*, eine Kette aus vier Sternen mittlerer Helligkeit (zwischen 2.1^m und 3.5^m), die zum Perseus im Nordosten hinüberführt.
Unterhalb von Pegasus und Andromeda sind die Tierkreissternbilder *Wassermann* und *Fische* soeben über den Horizont gekommen. Schon von Natur aus nicht grade prachtvoll ausgestattet, sind sie jetzt in Horizontnähe völlig unscheinbar.

3. IM BLICKPUNKT: INTERESSANTE STERNBILDER UND EINZELOBJEKTE

Der Schlangenträger

Viele Sterne, die zu unserer Beobachtungszeit am Südwesthimmel stehen, gehören zum Sternbild des Schlangenträgers (Ophiuchus) und der Schlange. Der Ophiuchus ist ein nicht sehr auffälliges, rund 30° hohes Viereck aus nur mittelhellen Sternen, unter denen aber der immerhin 2.1m helle Hauptstern Ras Alhague („Kopf des Schlangenträgers“) an der Spitze des Sternbilds doch deutlich hervortritt. Besitzer von Ferngläsern oder kleinen Fernrohren finden in dieser Himmelsgegend eine Vielzahl schöner Doppelsterne und Sternhaufen (Näheres hierzu im folgenden Abschnitt!).
Das Sternbild des Schlangenträgers wird schon im 4. vorchristlichen Jahrhundert bei Eudoxus erwähnt; gewisse „Vorläufer“ lassen sich aber bis zu den frühen Mesopotamiern zurückverfolgen. Die Griechen hatten keine einheitliche Deutung unseres Sternbilds. Manche sahen im Ophiuchus den griechischen Gott der Heilkunst, Aesculap, dessen Schlange ja bis heute ein Symbol ärztlicher Kunst geblieben ist.
Daß es Aesculap sogar gelungen war, Tote wieder zum Leben zu erwecken, rief Pluto, den Gott der Unterwelt auf den Plan. Pluto beschwerte sich bei Zeus über diese Einmischung. Der Göttervater sah derlei Streitigkeiten zwischen untergeordneten Gottheiten gar nicht gern und so empfahl er Pluto, den Aesculap mittels eines Blitzstrahls niederzustrecken, was denn auch geschah. Dieser bedauerliche Vorgang hinderte Zeus jedoch keineswegs daran, Aesculap in Würdigung seiner sonstigen Verdienste an den Sternenhimmel zu versetzen!

Barnard's Stern

Wir haben schon früher (beim Aldebaran) erfahren, daß die Fixsterne genaugenommen gar nicht „fix“ an der Himmelskugel stehen, sondern kleine Eigenbewegungen zeigen – eine Folge ihrer tatsächlichen Bewegung durch die Gefilde der Milchstraße. Bei den meisten Sternen liegt die Eigenbewegung allerdings bei weit unter einer Bogensekunde im Jahr. Man kennt heute nur rund 30 Fälle, in denen dieser Wert 3 Bogensekunden überschreitet. Eine große Eigenbewegung ist immer ein Indiz dafür, daß man es mit einem sehr nahen Stern zu tun hat.
Den ersten regelrechten „Schnelläufer“ (mit 5.2“ jährlich) entdeckte der italienische Astronom Guiseppe Piazzi im Jahr 1792 – es handelte sich dabei um den Doppelstern 61 Cygni, an dem später (1838) die erste Entfernungsbestimmung überhaupt gelang. Wie sich herausstellte,ist dieses Sternsystem nur 11 Lichtjahre von uns entfernt(näheres hierzu weiter unten!).
Nachdem dann im vergangenen Jahrhundert schon einige weitere Schnelläufer dazugekommen waren, wurde der amerikanische Astronom E.E. Barnard im Jahr 1916 auf einen neuen Rekordhalter aufmerksam: Beim Vergleich zweier fotografischer Platten, die 1894 und 1916 von einem Sternfeld im Ophiuchus (rund 10° südöstlich vom Hauptstern Ras Alhague) aufgenommen waren, entdeckte er ein schwaches Sternchen, das sich mit beachtlichen 10,3“ jährlich Richtung Norden bewegte. Dieser Rekord von „Barnard's Stern“ (so wurde er zu Ehren seines Entdeckers genannt) ist bis heute unübertroffen. Bei diesem Tempo verschiebt sich die Sternposition in 180 Jahren am Himmel immerhin schon um einen Vollmonddurchmesser.
Auch Barnards Stern erwies sich als ein Sternennachbar unserer Sonne: mit einer Entfernung von 6 Lichtjahre ist er sogar der naheste Stern des gesamten nördlichen Sternenhimmels – nur das System von Alpha Centauri (am Südhimmel) steht uns noch näher.
Trotzdem kann man diesen interessanten Stern des Ophiuchus mit bloßen Augen nicht erkennen: Er ist mit 9.5^m so schwach, daß für eine Beobachtung (abgesehen von einer guten Aufsuchekarte) zumindest ein großes Fernglas erforderlich ist. Barnards Stern ist nämlich ein sehr leuchtschwacher, kühler Roter Zwerg von nur doppelter Jupitergröße. Solche Roten Zwergsterne wurden auch schon geringschätzig als „Glühwürmchen“ bezeichnet.

Die Supernova von 1604

Am Abend des 9. Oktober 1604 hielten Astronomen in verschiedenen Teilen Europas Ausschau Richtung Südwesten, um dort die Konjunktion der hellen Planeten Jupiter und Mars zu beobachten. Dabei bemerkten sie wenige Grade von den Planeten entfernt einen „Neuen Stern", der ebenso hell wie der Mars leuchtete. Er stand in den niedrigsten Teilen des Ophiuchus nahe der Grenze zum Schützen und damit in einer Gegend,die an Oktoberabenden nur noch für kurze Zeit tief im Südwesten zu sehen ist.
Johannes Kepler, der nach dem Tod Tycho Brahes im Jahr 1601 dessen Nachfolger als kaiserlicher Hofastronom in Prag geworden war, konnte den neuen Stern erstmals am 17. Oktober beobachten. Die Helligkeit hatte sich inzwischen noch gesteigert, so daß der rätselhafte Stern nun sogar heller als Jupiter strahlte!
Im November geriet das Beobachtungsgebiet in den Strahlenbereich der näherrückenden Sonne und wurde unsichtbar. Als der Ophiuchus dann im Januar 1605 wieder am Morgenhimmel auftauchte, fand Kepler den Stern immer noch heller als Antares. Erst im März 1606 entschwand „Keplers Supernova" den Augen der Astronomen (Fernrohre gab es noch nicht, sie wurden erst kurz darauf erfunden!).
32 Jahre zuvor hatte bereits Tycho Brahe in der Cassiopeia einen ähnlichen neuen Stern aufleuchten sehen (vgl. hierzu das Herbstkapitel!), und so stellte besonders Johannes Kepler nun intensive Beobachtungen an, um diesen rätselhaften Erscheinungen auf die Spur zu kommen.
Wir wissen heute, daß die damaligen Astronomen Augenzeugen einer Supernovaexplosion (vom Typ I) geworden sind, die sich rund 20000 Lichtjahre von uns entfernt in der Milchstraße ereignet hat. Bis heute sollte dies die letzte galaktische Supernovaerscheinung bleiben. Näheres zum Thema „Supernova" findet man im Winterkapitel.

Warum der Herkules auf dem Kopf steht

An den Schlangenträger schließt sich nach oben das ebenfalls recht große Sommersternbild des Herkules an. Es erstreckt sich über eine Länge von gut 40° bis hinauf in Zenitnähe. Die hellsten Herkulessterne erreichen nur 3m, und weil auch seine Konturen nicht als besonders einprägsam bezeichnet werden können, zählt er sicher zu den weniger attraktiven Sternbildern. Deswegen mag es überraschen, daß der Herkules zu den ältesten Sternbildern gehört und häufig als Götterfigur oder Heroe gedeutet wurde.
So brachten die Babylonier das Sternbild mit dem Sonnengott Izhdubar in Verbindung, und die Phönizier sahen in ihm Melkarth, den Gott des Meeres. Häufig wurde das Sternbild auch schlicht „Der Kniende" genannt, eine Bezeichnung, deren Ursprung bereits für den griechischen Dichter Aratus im dritten vorchrichtlichen Jahrhundert nicht mehr ganz aufzuklären war. Die Griechen sahen in dieser Figur den Heracles (bei den Römern Hercules genannt), jenen Halbgott und ungestümen Helden, der im Mittelpunkt vieler Sagen steht.
Bereits früh offenbarte Heracles erstaunliche Kräfte, erwürgte er doch als Neugeborener schon zwei Schlangen, die Zeus' erboste Gemahlin Hera ausgesandt hatte, um dieses Kind – das ihr Gatte der Sterblichen Alkmene „in die Wiege gelegt" hatte – zu töten. Bekannt sind auch die „Zwölf Arbeiten", die Heracles verrichten mußte, um der Herrschaft des Eurystheus zu entkommen und die Unsterblichkeit zu erlangen.
Der Hauptstern des Herkules trägt neben der nüchternen, wissenschaftlichen Bezeichnung α Her auch noch den Namen Ras Algethi, der allerdings heute kaum mehr gebräuchlich ist. Wie so oft, ist auch dieser Sternname arabischen Ursprungs und bedeutet „Kopf des Knienden". An unserem Himmel findet man den Kopfstern des Herkules allerdings am unteren Rand des Sternbilds, so daß die Figur also auf dem Kopf steht.
Für die frühen Astronomen in Mesopotamien war das jedoch anders: An ihrem Sternenhimmel stand der Herkules hoch im Norden, und zwar aufrecht! Durch eine Erscheinung, die man Präzession nennt, haben die Sternbilder nämlich damals,vor fünf Jahrtausenden, eine andere Lage am Himmel eingenommen als heute (Zur Präzession vgl. auch den Abschnitt „Wega als Polarstern" und das Herbstkapitel!).

Der Sternenriese Ras Algethi

Mit bloßen Augen betrachtet, ist der Hauptstern des Herkules eher unauffällig, doch handelt es sich in Wirklichkeit bei Ras Algethi um ein hochinteressantes Exemplar von Stern! Schon Wilhelm Herschel bemerkte im Jahr 1795 die ziemlich regellosen Helligkeitsschwankungen im Bereich von 3^m bis 4^m – damit ist dieser Stern einer der hellsten „halbregelmäßigen" Veränderlichen des Himmels. Bei diesem Veränderlichentyp handelt es sich meist um kühle, rote Sternriesen, die sich auf ihrem Lebensweg der unruhigen Altersphase nähern.
Ras Algethi dürfte nach Beteigeuze wohl der zweitgrößte aller bekannten Roten Riesen sein – vielleicht 400 – 600 mal so groß wie unsere Sonne! Dabei stellt dieser enorme Sternkörper kaum mehr als ein Vakuum dar, denn seine Dichte beträgt nur ein zehnmillionstel der Sonnendichte. Wenn man einen Kubikmeter seiner Materie einfangen könnte, so hätte man erst die Masse von einem zehntel Gramm beisammen! Die Entfernung dieses „luftigen" Gebildes ist nur unsicher bekannt – die Schätzungen liegen im Bereich von 400 – 600 Lichtjahren.
Den beobachtenden Sternfreunden ist Ras Algethi vor allem als schöner Doppelstern bekannt: Wie zuerst der englische Astronom Nevil Maskelyne 1777 bemerkte, wird der orange getönte Hauptstern in 4.6" Abstand von einem 5.4^m hellen Stern begleitet, der im Fernrohr bläulich wirkt. Die Umlaufs-

zeit dieses Systems dürfte sehr groß sein und könnte 3 – 4 Jahrtausende betragen. Nur das Spektrum verrät, daß es sich bei dem Begleiter wiederum um einen (allerdings extrem engen) Doppelstern mit einer Umlaufszeit von nur 52 Tagen handelt.

Die Welt der Kugelsternhaufen

Im Sternbild Herkules, auf der Verbindungslinie zwischen den Sternen ζ und η Her, steht der Kugelsternhaufen M 13 – eines der schönsten Objekte seiner Art. „Er zeigt sich schon dem bloßen Auge, wenn die Nacht klar und mondscheinlos ist", notierte Edmond Halley, der diesen Sternhaufen 1714 entdeckt hatte. Ein halbes Jahrhundert später beschrieb der Kometenbeobachter Charles Messier, auf dessen Nebelkatalog die Bezeichnung M 13 zurückgeht, das Objekt als rundlichen, hellen Nebel, der aber „mit Sicherheit" keinen Stern enthalte. Erst Wilhelm Herschel erkannte die wahre Natur dieses „Nebelflecks": Seine großen Reflektoren zeigten M 13 als ein Geflimmer aus unzählbar vielen, dicht gedrängten Sternpünktchen.

Bis heute hat man über hundert solcher Kugelsternhaufen der Milchstraße entdeckt. Sie wurden auch in der Umgebung anderer Galaxien gefunden. Kugelsternhaufen können bis zu einer Million Sterne enthalten und stellen regelrechte kleine Welteninseln für sich dar. Die meisten von ihnen sind schon sehr alt (über 10 Milliarden Jahre).

Im Innern von Kugelsternhaufen muß sich den Bewohnern eines Planeten (wenn es sie denn gibt!) ein fantastischer Anblick bieten: der Himmel ist übersät mit strahlenden Sternen von Venushelligkeit und darüber, die die nächtliche Landschaft beinahe vollmondhell erleuchten.

Die Vertreibung aus dem Milchstraßenzentrum

Wenn es auch schwerfiel, so mußten die Menschen doch nach und nach von der Vorstellung abrücken, im Mittelpunkt der Welt zu stehen. Lange hat es gebraucht, ehe sich nach Nikolaus Kopernikus (1473 – 1543) allgemein die Überzeugung duchsetzte, nicht die Erde, sondern die Sonne stehe im Mittelpunkt des Alls. Dieses neue Weltbild war ja auch zunächst durch Beobachtungen kaum zu untermauern und stellte zudem einen Angriff auf die Lehre der Kirche dar.

Aber auch die Sonne sollte ihre Sonderrolle bald verlieren! Schon der Philosoph Immanuel Kant (1724 – 1804) hatte die richtige Vorstellung, daß unsere Sonne zusammen mit den Sternen des Nachthimmels zu einem großen Sternsystem (der Milchstraße) gehört. Und Wilhelm Herschel versuchte durch mühevolle Sternzählungen, Form und Ausdehnung der Milchstraße zu ermitteln.

Dies glückte allerdings erst in unserem Jahrhundert, und die Kugelsternhaufen spielten dabei eine zentrale Rolle. Um 1918 gelang es nämlich Harlow Shapley vom Mount Wilson Observatorium in Kalifornien, die Entfernung der Kugelstern-

Der Kugelsternhaufen M13 im Herkules. Aufnahme von H.-J. Goldan mit einer 8" Flatfieldkamera

haufen zu bestimmen. Es stellte sich heraus, daß diese Objekte die Milchstraße rundherum wie ein Mückenschwarm umgeben. Dabei steht unsere Sonne aber nicht im Zentrum dieses „Schwarms“ und damit im Mittelpunkt der Milchstraße, sondern in einem weiter außen gelegenen Spiralarm. Nach heutigen Erkenntnissen ist das Sonnensystem rund 27000 Lichtjahre vom Zentrum unserer Galaxie entfernt.
Dieser „Vertreibung“ aus dem Milchstraßenzentrum sollte wenige Jahre später die Erkenntnis folgen, daß auch die Milchstraße keinerlei Sonderrolle im Kosmos besitzt: Das gesamte Weltall ist erfüllt mit ähnlichen Galaxien.

Wega – ein Sonnensystem in der Entstehung ?

Wenn an Sommerabenden die Dämmerung fortschreitet, ist die 0.0^m helle Wega im Sternbild der Leier einer der ersten Sterne, die am Himmel sichtbar werden. Im Norden Deutschlands gehört Wega soeben zu den Zirkumpolarsternen, die auf ihrem Weg um den Himmelspol nie untergehen. Ihre höchste Stellung erreicht sie in den Sommernächten und ist dann als bläulichweiß strahlender Stern hoch in Zenitnähe gar nicht zu verfehlen.
Wega gehörte zu den ersten Sternen, deren Entfernung bestimmt werden konnte. Sie steht nur 27 Lichtjahre von uns entfernt und gehört somit zu den Sternennachbarn in der Milchstraße. Im Vergleich zu unserer Sonne handelt es sich bei Wega um einen recht stattlichen Stern: Ihr Durchmesser ist dreimal so groß und an Leuchtkraft übertrifft sie unser Tagesgestirn sogar um das 58-fache. Wegas bläulich-weißes Farbetönung zeigt an, daß es sich um einen heißen Stern handelt: Sie ist ein A0 – Hauptreihenstern mit einer Temperatur von 9200 K.
Eine aufregende Entdeckung gelang 1983 dem Erdsatelliten IRAS. Dies ist eine Abkürzung für „Infrared Astronomical Satellite“ – IRAS betrachtete das Weltall nämlich mit Infrarotaugen und konnte vor allem langwellige Strahlung „sehen“, die von kühler Materie (unter 0° Celsius) ausgesandt wird. Gleich zu Beginn der Mission wurde IRAS bei Wega fündig: Von dort kam Infrarotstrahlung, die nicht vom Stern selbst stammen konnte. Offenbar ist Wega eingebettet in eine große Wolke aus Staubteilchen und vielleicht auch größeren Brocken.
So ähnlich stellt man sich unser eigenes Sonnensystem in der Frühzeit vor, als sich die Planeten erst aus einer flachen Materiescheibe um die Sonne entwickelten. Erleben wir also bei Wega die Geburt eines fernen Planetensystems ?

Wega als Polarstern

Alle Sternbilder des Nachthimmels drehen sich in mehr oder weniger großen Kreisen um den nördlichen Himmelspol, der in unseren Tagen freundlicherweise (ungefähr) vom Polarstern markiert wird. Diese Umdrehung der Himmelskugel spiegelt nur die tägliche Rotation unseres Planeten wider, dessen Drehachse (durch Nord- und Süpdpol) etwa in Richtung des Polarsterns zeigt.
Dies war jedoch nicht immer so: Im Verlauf von Jahrtausenden verändert die Rotationsachse der Erde ihre Ausrichtung und beschreibt dabei innerhalb von 25800 Jahren einen großen Kreis am Sternenhimmel. Durch diese sogenannte Präzession verliert unser heutiger Polarstern seine Bedeutung und andere Sterne übernehmen seine Rolle. So wird zum Beispiel die helle Wega in rund 12000 Jahren unweit des Himmelspols stehen und dann der neue „Polarstern“ sein. Am Sternenhimmel des Homo erectus, vor 425000 Jahren, leuchtete sogar ein „Doppel- Polarstern“: Capella und Aldebaran – heute als Folge ihrer Eigenbewegung weit auseinander – standen damals nur 1° voneinander entfernt und zudem noch nahe dem Himmelspol (ob unsere Vorfahren dies allerdings zu würdigen gewußt haben, ist unbekannt). Weiteres zur Präzession findet man im Herbstkapitel.

Wohin fliegt das Sonnensystem ?

Wie wir bereits erfahren haben, hatte Halley im Jahr 1718 entdeckt, daß die Fixsterne gar nicht „fix“ an der Himmelskugel bleiben, sondern kleine Eigenbewegungen zeigen – offenbar eine Folge ihres Fluges durch die Milchstraße. Dies legte die Frage nahe, ob wohl auch unsere Sonne mitsamt ihren Planeten durch die Fixsternwelt zieht. Tatsächlich gelang es dann Wilhelm Herschel im Jahr 1805, eine solche Bewegung des Sonnensystems nachzuweisen. Er konnte sogar die ungefähre „Flugrichtung“ bestimmen: Dieser sogenannte Apex der Sonnenbewegung ist an unserem Sternenhimmel etwa in der Richtung der Wega zu denken.
Um zu verstehen, wie Herschel diese Entdeckung möglich war, brauchen wir uns nur an die üblichen Szenen aus Science-Fiction Filmen zu erinnern,bei denen sich der Zuschauer in ein Raumschiff versetzt fühlt, das unter den Sternen dahinfliegt: Man sieht die vorderen Sterne auf sich zufliegen, sie ziehen dann seitlich vorbei und entschwinden hinter uns (so ist jedenfalls zu vermuten) auf Nimmerwiedersehen.
Ein derart rasanter Flug durch die Sternenwelt (offensichtlich mit vielfacher Lichtgeschwindigkeit) ist allerdings in Wirklichkeit unmöglich: nichts kann schneller als das Licht fliegen. Aber ein wahrer Kern bleibt: Wenn man sich – wie wir das mit dem Sonnensystem tun – unter den Fixsternen bewegt, so spiegelt sich der eigene Flug in entsprechenden Bewegungen der Umgebungssterne wider. Und bei einer genauen Untersuchung der Eigenbewegungen sonnennaher Sterne fand Halley genau diesen Effekt!
Was man damals allerdings noch nicht wußte: Das Sonnensystem vollführt zusätzlich noch ganz andersartige, weit schnellere Bewegungen. Hierzu gehört zum Beispiel die Wanderung rund um das Zentrum der Milchstraße (mit 250 Kilometern in der Sekunde!). Und unsere Galaxie selbst

fliegt (noch schneller) auf den Virgo -Galaxienhaufen zu, der aber auch kein ruhender Pol im All ist...

Das Schicksal von Beta Lyrae

Es war einmal vor langer Zeit ein Sternpaar, dessen Partner A und B eng umeinander kreisten. Nachdem sie so einen Großteil ihres Lebens verbracht hatten, begann A (er war der massivere von beiden), sich zu einem Roten Riesen aufzublähen. Dabei rückte seine Oberfläche immer näher an den Partner B heran, bis schließlich – es mag vor 60 000 Jahren geschehen sein – die äußeren Gasschichten abgesaugt wurden und zu B hinüberströmten. Diese Materie hüllte B ein, stürzte zum Teil auch auf ihn hinab, so daß B an Masse zunahm. In unseren Tagen ist B der weitaus massivere von beiden. Von A ,seiner Außenhüllen fast gänzlich entblößt, ist dagegen nur noch sein zu Helium verbranntes Inneres übrig.

Dies ist eine wahre Geschichte – sie handelt vom Sternsystem Beta in der Leier (β Lyr). Am Himmel kann man β Lyrae als mittelhellen Stern etwa 6° von Wega entfernt erkennen. Seine Helligkeit schwankt im Rhythmus von 12,9 Tagen zwischen $3{,}3^m$ und $4{,}2^m$, denn die beiden Sternpartner verdecken sich bei jedem Umlauf gegenseitig, so daß sich ihre Gesamthelligkeit entsprechend vermindert.

Als erster ist John Goodricke im Jahr 1784 auf diese Veränderlichkeit von β Lyrae aufmerksam geworden, zwei Jahre nach seiner „Entdeckung" von Algol, bei dem es sich ja ebenfalls um einen Bedeckungsveränderlichen handelt.

Man kann die beiden Sternpartner von β Lyrae auch mit großen Fernrohren nicht einzeln erkennen – dafür umkreisen sie sich viel zu nah. Rückschlüsse lassen sich nur aus der Lichtkurve und dem Spektrum ziehen. Es handelte sich also um einen ausgesprochenen schwierigen Fall, an dessen Aufklärung die Astronomen bis in unsere Tage hart zu arbeiten hatten.

Wie wird es mit diesem Sternsystem weitergehen ? Nach Modellrechnungen stellt man sich vor, daß der entblößte Heliumkern von Stern A weiterbrennen wird und sich in etwa 3 Millionen Jahren erneut „aufbläst", wobei wiederum Materie auf seinen Partner B abströmt. Dadurch wird B noch massereicher, und schließlich vertauschen sich die Rollen: Stern B bläht sich zum Roten Riesen auf, bis seine Außenschichten auf den inzwischen zu einem Weißen Zwerg verkümmerten Partner A niedergehen.

Der Ringnebel in der Leier

Im Jahr 1779 entdeckte der Toulouser Astronom Antoine Darquier bei Beobachtungen mit seinem 3-zölligen Fernrohr einen kleinen Nebelfleck im Sternbild der Leier, etwa halbwegs zwischen den Sternen β und γ Lyrae gelegen. Dieses Objekt wurde von Wilhelm Herschel einige Jahre später beschrieben als „ eine der Seltsamkeiten des Himmels..., ein Nebel mit einem runden, dunklen Fleck in der Mitte und von ovaler Form". Heute gehört M57 (so lautet die Bezeichnung nach Messiers Nebelkatalog) zu den Paradeobjekten für Amateurfernrohre, in denen er als hübscher, zarter

Die Aufnahme vom Ringnebel M57 in der Leier (W. Paech mit 12" Refraktor) gibt auch etwa den visuellen Eindruck in mittleren Amateurfernrohren wieder

„Rauchring" zu sehen ist. Deshalb wird M57 oft auch „Ringnebel in der Leier" genannt.
Wir klassifizieren den Ringnebel heute als einen sogenannten planetarischen Nebel, von denen inzwischen rund tausend Exemplare bekannt sind. Dabei bezieht sich das Adjektiv „planetarisch" lediglich auf den Anblick im Fernrohr, wo viele dieser Nebel (der Ringnebel ist hier eher untypisch) tatsächlich wie ein matt erhelltes Scheibchen aussehen und damit an die Planeten erinnern.
In Wirklichkeit handelt es sich hier um ein Phänomen, das mit der Spätphase der Sternentwicklung zusammenhängt. Wie wir schon erfahren haben, führt der Lebensweg vieler Sterne nach einer langen Phase der Stabilität schließlich über das Stadium eines Roten Riesen hin zum Ausglühen als Weißer Zwerg. Auf dem Weg vom Riesenstadium zum Weißen Zwerg neigen die betroffenen Sterne offenbar dazu, ihre äußeren Gashüllen in den Weltraum abzustoßen, und diese expandierenden Hüllen beobachten wir als planetarische Nebel.
Wenn die umgebende Hülle transparent genug ist, kann man im Zentrum des Nebels auch den seiner Außenschichten entblößten, heißen Kern des früheren Roten Riesen beobachten. Auf den Zentralstern im Ringnebel ist man erst um das Jahr 1800 aufmerksam geworden. Er ist nur 15^m hell und liegt somit außerhalb der Reichweite üblicher Amateurteleskope. Die harte UV- Strahlung dieses 100000 K heißen Sterns ist für das Leuchten der Nebelgase verantwortlich.

Das Sternbild des Schwans

Hoch über sich findet man an Sommerabenden das schöne Sternbild des Schwans. Mit ein wenig Phantasie kann man sich unter dieser Sternfigur tatsächlich einen Schwan vorstellen, der mit lang vorgestrecktem Hals die sommerliche Milchstraße entlang gen Süden zieht. Sein Kopf wird dabei vom mittelhellen Stern Albireo, einem schönen Doppelstern, markiert, während der Schwanz des Vogels beim 1.3^m hellen Hauptstern Deneb zu denken ist. Der Name „Deneb" leitet sich vom arabischen „Al Dhanab al Dajajah" ab, was „Schwanz der Henne" heißen soll. Unser Sternbild wurde von den alten Kulturvölkern nämlich zwar oft als Vogel gedeutet, aber nicht unbedingt als ein Schwan, sondern zum Beispiel auch als Henne, Taube, Rebhuhn oder Adler.
Deneb und die nördlichsten Partien des Schwans sind bei uns zirkumpolar, gehen also niemals unter. Aber auch das vollständige Sternbild läßt sich über viele Monate des Jahres am Abendhimmel finden: Im Frühjahr kommt es – parallel zum Horizont „fliegend" – über den Nordosthorizont, in Sommernächten erreicht es seine höchste Stellung nahe dem Zenit, an Herbstabenden steht der Schwan hoch am Westhimmel und selbst im Januar kann das Sternbild noch abends für kurze Zeit im Nordwesten gesehen werden. Dann steht der Schwan senkrecht zum Horizont im „Kopfstand" und erinnert in dieser Stellung eher an ein aufrecht stehendes Kreuz, weshalb man gelegentlich auch die Bezeichnung „Kreuz des Nordens" findet (die aber unter Sternfreunden nicht üblich ist).

So hell wie 60000 Sonnen

Mit seiner Helligkeit von 1.26^m erscheint uns Deneb am Himmel etwas schwächer als die beiden übrigen Sterne des Sommerdreiecks, Wega (0.04^m) und Atair (0.77^m). Dies täuscht jedoch über die wahren Leuchtkraftverhältnisse! Mit ihren Entfernungen von nur 27 bzw. 16 Lichtjahren stehen uns nämlich Wega und Atair ausgesprochen nah – Deneb dagegen leuchtet aus einer Tiefe von 1600 Lichtjahren zu uns herüber. Wenn er trotzdem an Helligkeit einigermaßen mit Wega und Atair mithalten kann, so muß er eine enorme Leuchtkraft besitzen. Tatsächlich handelt es sich bei Deneb um einen der massivsten und leuchtstärksten Sterne unserer Galaxis.
Um einen Eindruck von diesem Überriesen zu bekommen, wollen wir ihn einmal mit unserer Sonne vergleichen, die in vielerlei Hinsicht ein Durchschnittsstern ist. Denebs mächtiger Sternkörper dürfte rund 60 mal so groß wie der unseres Tagesgestirns sein und etwa die 25-fache Masse der Sonne besitzen. Mit einer Oberflächentemperatur von 9700 K ist er im Vergleich zur Sonne viel heißer, und dies führt zusammen mit dem großen Sterndurchmesser zu einer gewaltigen Strahlungsleistung: Man müßte 60 000 Exemplare unserer Sonne zusammenstellen, um auf die Leuchtkraft von Deneb zu kommen!
Massereiche Sterne entwickeln sich sehr schnell und haben nur eine vergleichsweise kurze Lebensdauer. So wird sich Deneb, der bereits den sicheren Lebensabschnitt als Hauptreihenstern hinter sich hat und nun ein heißer Überriese vom Spektraltyp A2 I ist, innerhalb von vielleicht nur einigen zehntausend Jahren zu einem kühlen Roten Riesen vom Spektraltyp M verändern. Dies ist für stellare Verhältnisse eine ausgesprochen stürmische Entwicklung, und so hatte man gehofft, innerhalb einiger Jahrzehnte spektroskopischer Überwachung bereits entsprechende Änderungen in Denebs Spektrum entdecken zu können – bislang jedoch ohne Erfolg.
Am Sternenhimmel rund 3° von Deneb entfernt ist der oft abgebildete Nordamerika-Nebel zu suchen, eine Wolke aus Gas und Staub, die mit ihren Umrissen den nordamerikanischen Kontinent verblüffend ähnlich nachzeichnet. Dieser große Nebelkomplex ist visuell schwierig zu beobachten und am ehesten noch in lichstarken Ferngläsern zu erspähen (näheres hierzu im folgenden Abschnitt!). Seine Entfernung zu uns dürfte ähnlich wie die von Deneb sein, aber es ist fraglich, ob der Nordamerikanebel tatsächlich von diesem Stern „illuminiert" und zum Leuchten angeregt wird.

Auf der Suche nach Sternparallaxen

Von naturwissenschaftlichen Theorien erwartet man, daß sie Vorhersagen gestatten, die durch Beobachtungen überprüft werden können. Sollte sich dann herausstellen, daß die Vorhersagen nicht zutreffen, muß man die Theorie verwerfen.
Nach der kopernikanischen Lehre vom Umlauf der Erde um die Sonne sollte man zum Beispiel erwarten, daß die Fixsterne eine „Parallaxe" zeigen: Wenn man einen bestimmten Stern das Jahr über beobachtet, so müßte er aus perspektivischen Gründen seine Position vor dem Hintergrund der noch weiter entfernten Sterne ein wenig verschieben und im Jahreslauf eine kleine Ellipsenfigur beschreiben. Nahe Sterne würden eine relativ große Parallaxe (so nennt man den halben Öffnungswinkel dieser Ellipse) zeigen, weit entfernte Fixsterne dagegen nur eine kleine Verschiebung.
Aber bis in das 19. Jahrhundert hinein versuchten die Astronomen vergeblich, diese Vorhersage einer Fixsternparallaxe zu verifizieren! Es gab zwar immer wieder Erfolgsmeldungen, doch sie erwiesen sich zunächst stets als „falscher Alarm". Immerhin fand James Bradley auf der Suche nach Parallaxen sozusagen als Nebenprodukt im Jahr 1728 den viel größeren Effekt der Aberration des Sternenlichts – ebenfalls eine Positionsverschiebung der Sterne, die aber eine Folge der endlichen Lichtgeschwindigkeit und der Bahnbewegung der Erde ist.

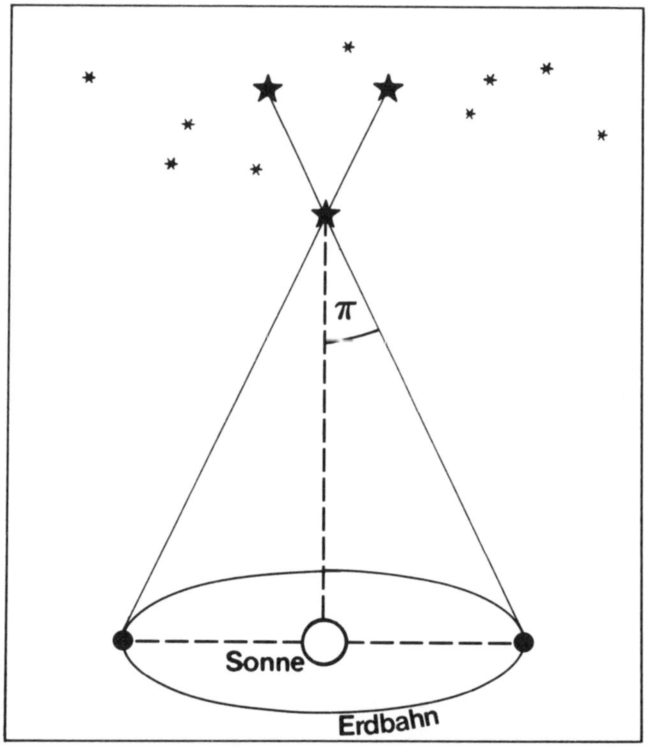

Zur Fixsternparallaxe

Bessel entdeckt die Parallaxe von 61 Cygni

Der Durchbruch gelang erst Friedrich Wilhelm Bessel von der Königsberger Sternwarte im Jahr 1838, und zwar an 61 Cygni. Dies ist ein unauffälliges, nur 5^m helles Sternchen im Gebiet des Schwans, rund 8° südöstlich von Deneb gelegen. Schon ein Fernglas (ruhig halten!) zeigt, daß es sich hierbei um einen Doppelstern handelt. Die beiden Komponenten sind 5.2^m bzw. 6.0^m hell, stehen zur Zeit 30" auseinander und dürften für einen vollen Umlauf umeinander 650 – 700 Jahre benötigen.
Daß Bessel ausgerechnet diesen unscheinbaren Doppelstern näher untersuchte, hatte seinen Grund in der großen Eigenbewegung von 5" im Jahr, auf die schon Piazzi 1792 aufmerksam geworden war. Bessel vermutete richtig, daß dieser „Schnelläufer" uns auch sehr nahe stehen und somit auch eine große Parallaxe zeigen müsse. Mit Hilfe eines sogenannten Heliometers konnte er dann tatsächlich die Parallaxe von 61 Cygni messen: Es ergab sich eine winzige Verschiebung von 0.29" – dieser Winkel beträgt nur ein Sechstausendstel des Vollmonddurchmessers und ist mit üblichen Amateurfernrohren überhaupt nicht zu trennen!
Ist die Parallaxe eines Sterns erst einmal bekannt, läßt sich seine Entfernung sofort berechnen. So wissen wir, daß 61 Cygni in einer Entfernung von 11.2 Lichtjahren von uns steht und einer der nächsten Sternnachbarn im Milchstraßensystem ist (vgl. auch die Tabelle!). Etwa gleichzeitig mit Bessel konnte Struve die Parallaxe der Wega bestimmen und Henderson glückte eine entsprechende Messung an α Centauri.
Inzwischen kennt man die Parallaxen einer Vielzahl von nahen Sternen, aber leider gelingt die Entfernungsmessung nach dieser Methode zuverlässig nur bis zu einer Tiefe von etwa 100 Lichtjahren, weil dann die zu messenden Winkel einfach zu klein werden. Man kann also mit der Parallaxenmethode nur die nähere Umgebung der Sonne in der Milchstraße ausloten.
Einen wesentlichen Fortschritt versprach man sich von dem im August 1989 gestarteten europäischen Astrometriesatelliten HIPPARCOS, der unter anderem genaue Parallaxen von über 100 000 Sternen messen sollte. Leider erreichte er durch das Versagen eines Antriebsmotors nicht die geplante geostationäre Umlaufbahn, konnte jedoch umprogrammiert werden und lieferte noch wertvolle Daten.

Tabelle. Sternnachbarn im Umkreis von 12 Lichtjahren

Bezeichnung	Entfernung	mag	Bemerkungen
α Centauri	4.3 LJ	0.0/1.4/10.7	Dreifachsystem. Text!
Barnards Stern	6.0	9.5	Siehe Text
Wolf 359	7.6	13.7	Roter Zwergstern
Lalande 21185	8.2	7.5	Spektrum M2 V
LFT 144	8.5	12.4/13.0	Doppelstern,Rote Zwerge
Sirius	8.7	– 1.5/8.7	Siehe Winterkapitel
Ross 154	9.3	10.6	Roter Zwerg
Ross 248	10.3	12.3	Roter Zwerg
ε Eridani	10.8	3.7	sonnenähnlich
Ross 128	10.9	11.1	Roter Zwerg
LFT 1729	10.9	12.6	Roter Zwerg
61 Cygni	11.2	5.2/6.0	Siehe Text!
Prokyon	11.4	0.3/10.8	Weißer Zwerg als Begl.
ε Indi	11.4	4.7	sonnenähnlich
+59°1915	11.6	8.9/9.7	Doppelstern,Rote Zwerge
Groombridge 34	11.7	8.1/11.0	Spektren M1 V /M6 V
τ Ceti	11.9	3.5	sonnenähnlich
Lacaille 9352	11.9	7.4	Spektrum M2 V

Was sind Schwarze Löcher ?

In Weißen Zwergen oder den nur kilometergroßen Neutronensternen haben wir zwar kümmerliche, aber immerhin noch stabile Endstadien von Sternen vor uns. Seit den Untersuchungen des indischen Astronomen Chandrasekhar (1928) weiß man jedoch, daß sich kein stabiler Endzustand mehr einstellen kann, wenn ein Stern vor seinem Zusammenbruch noch über einer gewissen Massengrenze (1 – 2 Sonnenmassen) liegt: In solch einem Fall müßte er im Gravitationskollaps zu einem „Punkt“ zusammenstürzen!
An einer so entstandenen, punkthaften „Singularität“ der Welt enden Raum und Zeit – jedenfalls in dem Sinn, daß unsere mathematischen und physikalischen Modelle zur Beschreibung der Natur dort versagen. Umgeben ist diese Singularität von einem Bereich, den man „Schwarzes Loch“ nennt. Dort herrschen derartig starke Gravitationskräfte, daß nicht einmal das Licht oder andere Strahlung nach außen entkommen kann. Deshalb ist ein solches Schwarzes Loch für die Astronomen auf der Erde gar nicht direkt zu beobachten.
Schwarze Löcher könnten übrigens nicht nur beim Kollaps massiver Einzelsterne entstehen, sondern auch beim Zusammenbruch ganzer Zentralregionen von Galaxien. Solche supermassiven Schwarzen Löcher mit vielleicht hundertmillionenfacher Sonnenmasse scheinen die beste Möglichkeit zur Deutung des Quasarphänomens zu sein (vgl. hierzu auch das Frühlingskapitel). Bis heute ist allerdings noch in keinem einzigen Fall der zweifelsfreie Nachweis eines Schwarzen Loches gelungen, was angesichts der Eigenschaften dieser exotischen Objekte auch nicht verwundern darf. Einigen „verdächtigen Kandidaten“ widmen die Astronomen aber inzwischen gesteigerte Aufmerksamkeit!

Die Röntgenquelle Cygnus X-1

Einer der vielversprechendsten Kandidaten für ein Schwarzes Loch ist die Röntgenquelle X-1 im Sternbild Schwan (unweit von η Cyg gelegen), die in den sechziger Jahren entdeckt wurde. Die Röntgenstrahlung kommt aus der Richtung eines nur 9^m hellen Sterns mit der Katalognummer BD +34°3815. Hierbei handelt es sich um einen 30000 K heißen Überriesen vom Spektraltyp B0, dessen Entfernung auf 6500 – 8000 Lichtjahre geschätzt wird.
Dieser Sternenriese selbst ist jedoch nicht die Quelle der Röntgenstrahlung. Man weiß, daß er mit einer Umlaufszeit von 5.6 Tagen von einem geheimnisvollen, massiven Objekt umkreist wird, das sich weder optisch noch im Spektrum verrät. Vom sichtbaren B0- Stern strömt Materie auf diesen Begleiter ab, die sich beim Absturz extrem erhitzt und dabei die energiereiche Röntgenstrahlung aussendet.
Interessanterweise unterliegt diese Strahlung starken Schwankungen im Bereich von nur Millisekunden, und deshalb muß das verursachende „Objekt“ äußerst kleine Abmessungen haben – auf keinen Fall kann es sich um einen normalen Stern handeln. Die beste Deutungsmöglichkeit für den Begleiter scheint tatsächlich ein Schwarzes Loch zu sein.
Für eine diesbezügliche Wette zwischen Stephen Hawking, einer der führenden Kapazitäten auf diesem Gebiet, und seinem Kollegen Kip Thorn mit durchaus pikanten Einzelheiten sei der Leser auf das Buch „Eine kurze Geschichte der Zeit“ von S. Hawking verwiesen!

Die Nova Cygni von 1975

Zuerst wurden Beobachter in Japan Zeugen des aufregenden Himmelsschauspiels: Als dort die Dämmerung am Abend des 29. August 1975 genügend fortgeschritten war und die Sterne sichtbar wurden, bemerkten sie zu ihrer Überraschung etwa 5° von Deneb entfernt einen „neuen“, 3^m hellen Stern im Schwan!
Stunden später senkte sich die Abenddämmerung auch über Europa und die USA, wo nun ebenfalls viele Menschen zu unabhängigen Entdeckern dieser Novaerscheinung wurden. Innerhalb weniger Stunden stieg die Helligkeit noch um eine Größenklasse an und erreichte am 30. August das Maximum mit 1.8^m. Damit war die „Nova Cygni 1975“ zur hellsten Nova seit dem Ausbruch der Nova Puppis im November 1942 (sie erreichte sogar 0.5^m) geworden.
Viele Sternfreunde werden noch jene Sommernächte in Erinnerung haben, als das Sternbild des Schwans durch den „Neuen“ so seltsam verändert erschien! Doch sehr rasch verblaßte die Nova wieder: Schon eine Woche nach ihrem plötzlichen Auftauchen konnte man sie mit bloßen Augen kaum mehr erkennen, und zwei Monate später war ihre Helligkeit bereits auf 9^m abgesunken.

Mit den schon wiederholt angesprochenen Supernovaerscheinungen haben die Novae gemeinsam, daß ein zuvor sehr schwacher Stern unverhofft einen starken Helligkeitsausbruch erleidet und dann an unserem Sternenhimmel als scheinbar neuer Stern aufleuchtet. Novaerscheinungen erreichen allerdings bei weitem nicht die gleiche Größenordnung wie die Supernovae, und wir wissen heute, daß es sich dabei sogar um wesentlich verschiedene Vorgänge handelt. Zu Novaausbrüchen kommt es wohl nur in engen Doppelsternsystemen. Dabei strömt Wasserstoff von einem Riesenstern auf den Begleiter, einen Weißen Zwerg, und umhüllt diesen ausgebrannten Sterntorso. Irgendwann einmal wird die angesammelte Wasserstoffschicht dann so dick, daß in ihrer unteren, heißesten Zone eine atomare Kettenreaktion in Gang kommt, bei der die Wasserstoffhülle wieder in den Weltraum abgestoßen wird. Diesen explosionsartigen Vorgang, der sich durchaus auch nach längerer Zeit wiederholen kann, beobachten wir als das Aufleuchten einer Nova.
Die Nova Cygni war eine der hellsten Erscheinungen unseres Jahrhunderts. Schwächere Novae tauchen sogar recht häufig auf, und manche Amateure haben sich darauf spezialisiert, den Himmel systematisch zu überwachen, um (möglichst als erster!) das Aufleuchten einer Nova zu bemerken.

Die Nova Cygni (Pfeil), fotografiert von R. Lukas mit Kleinbildoptik am 7. September 1975. Die Helligkeit war bereits wieder auf 6. Größe abgefallen

Tabelle. Einige helle Novaerscheinungen

Bezeichnung	Jahr	Helligkeit(max)	Bemerkungen
T Corona Bor.	1866	2.0^m	Erneuter Ausbruch 1946(3.2^m)
Q Cygni	1876	3.0	Schneller Helligkeitsabfall
GK Persei	1901	0.2	Abfall um 3^m in 13 Tagen
V603 Aquilae	1918	-1.4	Abfall um 3^m in 8 Tagen
V476 Cygni	1920	2.0	Abfall um 3m in 16 Tagen
RR Pictoris	1925	1.2	Abfall um 3^m in 150 Tagen
DQ Herculis	1934	1.3^m	Abfall um 3^m in 97 Tagen
CP Lacertae	1936	2.2	Abfall um 3^m in 9 Tagen
CP Puppis	1942	0.4	Supernova ?
V446 Herculis	1960	3.0	Schneller Abfall
V533 Herculis	1963	3.0	
V1500 Cygni	1975	1.8	Vgl. Text!

Der abgeplattete Atair

Mittelhoch am Südhimmel steht zu unserer Beobachtungszeit das schöne Sommersternbild Adler, dessen 0.8^m heller, weißstrahlender Hauptstern Atair sofort auffällt. Mit seiner Entfernung von nur 16 Lichtjahren gehört Atair zu den Sternnachbarn unserer Sonne in der Milchstraße. Wir sehen hier einen an der Oberfläche rund 8700 K heißen Hauptreihenstern vom Spektraltyp A7, der neunmal so leuchtstark ist wie unsere Sonne.
Aus der Nähe betrachtet, dürfte Atair einen recht eigenartigen Anblick bieten: Seine Form wird nicht kugelrund, sondern stark abgeplattet sein, so daß der Stern am Äquator doppelt so dick wie zwischen den Polen ist. Diese Abplattung ist die Folge einer ungewöhnlich raschen Rotation des Sterns, der sich einmal in nur sechseinhalb Stunden um seine Achse dreht (zum Vergleich: Unsere Sonne läßt sich dafür rund 25 Tage Zeit!). Bislang hat aber noch niemand den Atair wirklich abgeplattet sehen können, denn wie alle übrigen Fixsterne auch erscheint Atair selbst in großen Fernrohren lediglich als ein Punkt.
Das Sternbild Adler kann zwar außer seinem Glanzlicht Atair nur Sterne von 3^m oder schwächer vorweisen, trotzdem zählt es durch seine einprägsame Form, unter der man sich durchaus einen Adler mit ausgebreiteten Schwingen vorstellen kann, zu den „leichten" Sternbildern, die auch Anfänger problemlos am Himmel entdecken.
Wie auch die benachbarten Sternbilder Schwan, Leier und Delphin, findet man den Adler schon im Wetterkalender des Athener Astronomen Euctemon (5. Jahrhundert v. Chr.) erwähnt, der offenbar an einen Einfluß der Sternbilder auf den Wetterwechsel glaubte.

Die Milchstraße in den Mythen der Völker

Zwischen Atair und Wega verläuft das schimmernde Band der Milchstraße, und hierzu gibt es eine wahrhaft ergreifende Liebesgeschichte vom Hirten Kengyuh (verkörpert durch Atair) und der Prinzessin Orihime (Wega), die auch heute noch in China und Japan sehr bekannt ist.
Orihime lebte einst im Palast ihres Vaters, des Himmelsgottes, am östlichen Ufer vom großen Fluss der Milchstraße. Auf Geheiß des strengen Vaters mußte die hübsche Prinzessin all ihre Zeit verwenden, um aus Seide wertvolle Kleidung zu weben. Schließlich hatte der Vater aber doch ein Einsehen und erlaubte ihr die Heirat mit dem Hirten Kengyuh, der am anderen (westlichen) Ufer der Milchstraße lebte. Das neue Leben gefiel der Prinzessin so gut, daß sie die Weberei entgegen den Bitten ihres Vaters völlig aufgab. Dies erzürnte den Himmelsgott schließlich so sehr, daß er Orihime mit Gewalt in seinen Palast zurückbringen ließ. Fortan durfte sie ihren Gemahl nur noch einmal im Jahr – am 7. Tag des 7. Monats – besuchen. Dann bildeten Vögel mit ihren Schwingen eine Brücke über die Milchstraße, auf der sie zu ihrem Gemahl gelangen konnte. Die Trennung verlief jedesmal schmerzlich. Ihre Tränen fielen auf die Erde nieder und verursachten die im Juli einsetzende Regenperiode.
Bei den frühen Kulturvölkern des mittleren Ostens findet man die Vorstellung, daß es sich bei den lichten Milchstraßenwolken um Rauch handelt, der vom Altar – einem Sternbild unterhalb vom Skorpion- aufsteigt. Die moderne und profane Version hiervon ist wohl die Deutung der Milchstraße als Wasserdampf, der aus dem „Teapot" (Sternbild Schütze) quillt.
Natürlich hat die Milchstraße auch in die Mythologie des klassischen Altertums Eingang gefunden. So soll man in ihr die Aschenspur jener Unglücksfahrt vor sich sehen, die Phaethon, Sohn des Sonnengottes Helios und der Irdischen Klymene, mit dem goldenen Sonnenwagen seines Vaters unternahm. Des Pferdelenkens unkundig, ließ der verunsicherte Phaethon die Zügel fahren, so daß das feurige Gefährt zunächst gegen die Fixsterne stieß und sodann, alles verbrennend, auf die Erde niederstürzte.
Einer anderen griechischen Sage nach besteht die Milchstraße aus Muttermilch: Wie wir schon erfahren haben, hatte Göttervater Zeus mit der Sterblichen Alkmene den Heracles (Hercules) gezeugt. Als er nun den Neugeborenen seiner göttlichen Gemahlin Hera an die Brust legte (im Schlaf, denn sie war verständlicherweise nicht gut auf Heracles zu sprechen), da saugte das Kind so ungestüm, daß sich die Milch über den ganzen Himmel ergoß und so die Milchstraße bildete.

Der Anblick der Sommermilchstraße

Heute weiß man, daß das Band der Milchstraße einfach aus Sternwolken unserer Galaxis besteht, die vom bloßen Auge nicht mehr aufzulösen sind – eine Idee, die bereits um das Jahr 400 v. Chr. von Demokrit geäußert worden ist. Wir blik-

Die Milchstraße im Schützen mit den Gasnebeln M8 und M20.
Am oberen Bildrand der offene Sternhaufen M23.
Aufnahme M. Mushardt mit 135 mm Teleobjektiv

ken hier tief in die Ebene unserer Galaxis hinein und sehen dabei unzählbar viele Lichtpunkte hinter- und nebeneinander stehender Sterne, die für unsere Augen zu einem diffusen Lichtband verschmelzen.
Wenn sich die Milchstraße auch rund um die gesamte Himmelskugel spannt, so findet man die imposantesten Partien doch zweifellos am Sommerhimmel. Mondscheinlose, dunkle Abende im August oder September bieten die beste Beobachtungsmöglichkeit des Jahres. Dann steigt die Milchstraße am Nordosthimmel empor, verläuft fast senkrecht über dem Betrachter hinweg durch die Zenitgegend und läßt sich schließlich über den Südhimmel bis hinab zum Horizont im Südwesten verfolgen.
Die hellsten Sternwolken findet man im Schwan sowie unterhalb vom Adler bis in die Gegend des Schützen. Im Bereich des Schwans teilt sich die Milchstraße in zwei Äste, die sich etwa parallel bis zum Südwesthorizont hinunterziehen. Dabei ist auf der Höhe des Schwans der rechte (westliche) Zweig auffälliger, aber vom Adler an bis zum Horizont wirkt der linke Milchstraßenast imposanter und zeigt im Gebiet des Schildes und im Schützen deutlich hervortretende „Sternwolken".
In Wirklichkeit ist unsere Galaxis natürlich nicht zweigeteilt: Dunkle Wolken interstellarer (also zwischen den Sternen in der Galaxis schwebender) Materie verschlucken hier das Licht dahinterstehender Milchstraßenpartien und bewirken so den Eindruck einer Trennung im Milchstraßenband.
Wer ein Fernglas besitzt, sollte damit unbedingt einmal in der Milchstraße „spazierengehen". Besonders im Bereich des Sternbild Schwans löst sich die Milchstraße dann schon in Einzelsterne auf, so daß das gesamte Gesichtsfeld mit Sternpunkten übersät ist – ein faszinierender Anblick! Weiter zum Schützen hin wird eine Auflösung der Sternwolken schwieriger.
Die Milchstraßensterne im Gebiet des Schwans gehören nämlich zum gleichen Spiralarm unserer Galaxis wie das Sonnensystem (dem sogenannten Orion-Arm), und so stehen uns viele davon noch relativ nah. Dagegen bestehen die Milchstraßenwolken im Schützen aus Sternen des rund 5000 Lichtjahre entfernten Sagittarius-Armes, der sich noch innerhalb des Orionarmes um das Zentrum unserer Galaxis windet.

4. ANREGUNGEN ZU WEITEREN HIMMELSBEOBACHTUNGEN

Veränderliche Sterne

Unweit des Zenits findet man an Sommerabenden den Bedeckungsveränderlichen *β Lyrae*, über den wir schon ausführlich berichtet haben. Seine Lichtschwankungen lassen sich leicht schon mit bloßen Augen verfolgen. Zweckmäßigerweise vergleicht man dazu den Veränderlichen an mehreren Abenden hintereinander mit dem nahen Stern γ Lyr (3.3^m), an dessen Helligkeit er im Lichtmaximum herankommt.
Ebenfalls schon ohne optische Hilfsmittel läßt sich der Lichtwechsel von *η Aql* beobachten, der als mittelhelles Sternchen eine gute Faustbreite (angepeilt bei ausgestrecktem Arm) unterhalb von Atair zu suchen ist. Dies ist ein Pulsationsveränderlicher vom Typ der Cepheiden, auf den erstmals Pigott im Jahr 1784 aufmerksam geworden ist. Im Lichtmaximum wird η Aql so hell wie β Aql (3.7^m), der sich deshalb als Vergleichsstern anbietet.
Der Prototyp aller Cepheidensterne, *δ Cephei*, steht jetzt hoch im Nordosten am Himmel. Das Sternbild der Cepheus enthält noch einige weitere Veränderliche, darunter auch Herschels „Granatstern" *μ Cep*, einen Roten Riesen mit kräftiger Färbung (anschauen im Fernglas lohnt sich!) und unregelmäßigen Helligkeitsschwankungen. Wer sich den Veränderlichen näher widmen möchte, findet weitere Angaben in der Tabelle.

Tabelle. Veränderliche am Sommerhimmel

Bez.	Rektasz.	Dekl.	mag.	Periode.Bemerkungen
γ Cas	$0^h56.7^m$	60°43'	1.6-3.1	irreg.,Herbstkap.!
RZ And	2 48.9	69 38	6.4-7.8	1.20^d.Bedeckungsv.
R CrB	15 48.5	22 25	6 –	Vgl. Frühlingskap.!
R Oph	17 07.8	−16 06	6 – 14	302^d. Mirastern
α Her	17 14.6	14 23	3.0-4.0	irregulär
68 Her	17 17.3	33 06	4.7-5.4	2.05^d.ß Lyrae-Typ
U Oph	17 16.5	1 13	5.8-6.5	1.68^d. Algoltyp
Y Sgr	18 21.4	−18 52	5.5-6.2	5.77^d. Cepheide
X Oph	18 38.3	8 50	6 – 9	334^d. Mirastern
ß Lyr	18 50.1	33 22	3.3-4.2	12.94^d. Vgl. Text!
R Aql	19 06.3	8 14	6 – 12	281^d. Mirastern
U Aql	19 29.4	– 7 03	6.0-6.9	7.02^d. Cepheide
R Cyg	19 36.8	50 12	6 – 14	426^d. Mirastern
χ Cyg	19 50.6	32 55	5 – 13	407^d. Mirastern
η Aql	19 52.5	1 00	3.7-4.4	7.18^d. Vgl. Text!
S Sge	19 56.0	16 38	5.3-6.0	8.38^d. Cepheide
T Vul	20 51.5	28 15	5.4-6.3	4.44^d. Cepheide
T Cep	21 09.5	68 29	6 – 11	388^d. Mirastern
μ Cep	21 43.5	58 47	3.6-5.1	irregulär.(Text!)
δ Cep	22 29.2	58 25	3.7-4.6	5.37^d. Herbstkap.!
R Cas	23 58.4	51 24	6 – 12	430^d. Mirastern

Doppelsterne

Der Sommerhimmel ist so reich an Doppelsternen, daß ein einziger Beobachtungsabend nicht ausreichen wird, um auch nur die schönsten Exemplare im Fernrohr zu betrachten!

Am Westhimmel zeigt sich der Bootes noch auf guter Beobachtungshöhe. Von seinen Doppelsternen ist wohl ε *Boo* durch den schönen Farbkontrast (gelborange/hellblau) am reizvollsten. Ab etwa 100-facher Vergrößerung kann man die Komponenten auflösen. Einen ähnlich hübschen Farbkontrast zeigt α *Her*, der Hauptstern des Herkules, der sogar noch etwas leichter zu trennen ist.

Zenitnah (und deshalb nur unter Mühen im Fernrohr zu besichtigen!) stehen jetzt die beiden schwachen Sterne ε^1 und ε^2 Lyrae, nur eine gute „Daumenbreite“ von der hellen Wega entfernt. Ihr Abstand beträgt 208“, und wer sehr gute Augen besitzt, sollte dieses Paar in dunklen Nächten soeben erkennen und trennen können. Wilhelm Herschel bemerkte im Jahr 1779, daß es sich hierbei sogar um einen „Doppel-Doppelstern“ handelt, denn sowohl ε^1 als auch ε^2 sind jeder für sich noch einmal doppelt. Schon für bescheidene Amateurfernrohre ist dieses interessante Vierfachsystem ein wahrer „Leckerbissen“.

Nicht entgehen lassen sollte man sich auch *Albireo* (ß Cyg) im Schwan! Bereits das kleinste Fernrohr läßt den schönen Farbunterschied der Komponenten erkennen: der Hauptstern leuchtet gelb-orange, sein lichtschwächerer Begleiter erscheint blau. Albireo kann man sogar schon in guten Ferngläsern trennen, wobei allerdings ein ruhiger Halt unbedingt erforderlich ist.

Als leichtere Feldstecherobjekte seien die Doppelsterne ζ *Lyr* und vor allem ν *Dra* (zenitnah im Kopf des Drachen) empfohlen. Trotz des weiten Abstandes der Komponenten (44“ bzw. sogar 62“) dürfte es sich in beiden Fällen um echte Doppelsterne mit allerdings sehr großen Umlaufzeiten handeln. Weitere Beobachtungsobjekte findet man in unserer Tabelle zusammengestellt; Liebhaber von Doppelsternen mögen sich an Hand dieser „Speisekarte“ ihr eigenes Menü für den Sommerabend zusammenstellen!

Tabelle. Doppelsterne des Sommerhimmels

Bez.	Rektasz.	Dekl.	mag.	Abstand	Bemerkungen
η Cas	0h49.1m	57 49'	3.4/7.5	12.2“	U = 480a
γ And	2 03.9	42 20	2.2/5.0	10.0“	Farben gelb/blau!
ι Cas	2 29.1	67 24	4.6/6.9/8.4		dreifach(2.5“,7.1“)
32 Cam	12 49.2	83 25	5.3/5.8	21.5	
α CVn	12 56.0	38 19	2.9/5.5	19.4	
ζ UMa	13 23.9	54 56	2.3/4.0	14.5	
κ Boo	14 13.5	51 47	4.5/6.7	13.2	
π Boo	14 40.7	16 25	4.9/5.9	5.6	
ε Boo	14 45.0	27 04	2.7/5.1	2.8	vgl. Text!
ξ Boo	14 51.4	19 06	4.7/6.9	7.2	U = 151.5a
μ Boo	15 24.5	37 23	4.3/7.0/7.6		AB = 108“, BC = 2.2“ mit U = 260a.
δ Ser	15 34.8	10 32	4.2/5.2	4.0	U = 3200a
ζ CrB	15 39.4	36 38	5.0/6.0	6.2	
β Sco	16 05.4	−19 48	2.6/4.9	13.2	
κ Her	16 08.1	17 03	5.0/6.3	28.2	Fernglas ?
ν Sco	16 12.0	−19 28	4.0/6.3	41.4	beide Komp. doppelt
ς Oph	16 25.6	−23 27	5.0/5.9	3.2	
α Her	17 14.6	14 23	3.5/5.4	4.9	U = 3600a. Text!
o Oph	17 18.0	−24 17	5.2/6.8	10.8	
ς Her	17 23.7	37 09	4.5/5.5	4.0	
ν Dra	17 32.3	55 10	4.9/4.9	62.0	Vgl. Text!
ψ¹ Dra	17 41.9	72 09	4.6/5.8	30.3	
95 Her	18 01.5	21 36	5.0/5.2	6.3	
τ Oph	18 03.1	− 8 11	5.2/5.9	1.8	U = 280a
70 Oph	18 05.5	2 30	4.2/6.0	1.5	U = 87.9a. Ab 4“
ε¹ Lyr	18 44.3	39 40	5.0/6.1	2.7	U = 1166a.Text!
ε² Lyr	18 44.4	39 37	5.2/5.4	2.4	U = 585a (unsicher)
ζ Lyr	18 44.8	37 36	4.4/5.7	43.8	Fernglas!
ϑ Ser	18 56.2	4 12	4.1/5.0	22.2	
β Cyg	19 30.7	27 58	3.1/5.1	34.3	Albireo (Text!)
δ Cyg	19 45.0	45 08	2.9/6.3	2.4	U = 828a
γ Del	20 46.7	16 07	4.3/5.2	10.0	U = 3300a. Farben weiß/gelblich
61 Cyg	21 06.9	38 45	5.2/6.0	29.6	Text! U = 722a.
μ Cyg	21 44.1	28 45	4.8/6.1	1.7	U = 508a. Test für 3“
ξ Cep	22 03.8	64 38	4.6/6.5	8.0	U = 3800a
ζ Aqr	22 28.8	− 0 01	4.3/4.5	1.8	U = 856a. Ab 3“

Sternhaufen

Von den *Kugelsternhaufen* des Frühlingshimmels lassen sich die meisten auch noch gut an Sommerabenden beobachten. Hier sei noch einmal an die lohnendsten Objekte ihrer Art erinnert: *M13* im Herkules, *M5* in der Schlange und *M3* in den Jagdhunden. Wenn alle drei auch schon leicht in jedem Fernglas erkannt werden können, so offenbaren sie ihre wahre Schönheit doch erst bei der Betrachtung im (möglichst etwas leistungsfähigeren) Amateurfernrohr.

Ein typisches Objekt des Sommerhimmels ist *M22* im Sternbild des Schützen – zu unserer Beobachtungszeit auf niedriger Höhe über dem Südhorizont. Bei dunstfreiem Himmel

ist dieser Kugelsternhaufen schon im Fernglas ein imposantes, kometar wirkendes Objekt. Die Auflösung in Einzelsterne (11^m und schwächer) beginnt bereits bei 50-facher Vergrößerung, schöner ist der Anblick aber bei stärkeren Vergrößerungen. M22 dürfte in rund 10000 Lichtjahren Entfernung von uns stehen und mindestens eine halbe Million Sterne enthalten.

Am Südosthimmel findet man mit *M2* im Wassermann und *M15* im Pegasus zwei weitere helle Kugelsternhaufen. Im Fernglas wirken sie allerdings sehr klein, und besonders M2 ist auch mit 8-Zöllern nur ansatzweise in den Randzonen auflösbar. Die Entfernungen beider Sternhaufen werden zu 30000 – 40000 Lichtjahren veranschlagt.

Tabelle. Kugelsternhaufen des Sommerhimmels

Bez.	Rektasz.	Dekl.	mag.	Durchm.	Bemerkungen
M53	$13^h12.9m$	18°10'	7.7^m	12'	Auflösung ab 20 cm Öffnung
M3	13 42.2	28 23	6.4	16	lohnend!
M5	15 18.6	2 05	5.8	17	Vgl. Frühlingskapitel
M13	16 41.7	36 27	5.9	16	lohnend!
M12	16 47.2	– 1 57	6.6	14	Auflösung ab 15 cm Öffnung
M10	16 57.1	– 4 06	6.6	15	mit 20cm bis zur Mitte aufgelöst. Ähnlich M12
M92	17 17.2	43 08	6.5	11	im Ferngl.hell,aber klein
M9	17 19.2	–18 31	7.9	9	Auflösung ab 20cm Öffnung
M14	17 37.6	– 3 15	7.5	11	ab 20cm beginnende Aufl.
M28	18 24.5	–24 52	7.0	11	im Fernglas unscheinbar
M22	18 36.4	–23 54	5.1	24	imposant (siehe Text!)
M56	19 16.6	30 11	8.2	7	unscheinbar
M71	19 53.8	18 47	8.3	7	leicht auflösbar
M15	21 30.0	12 10	6.4	12	siehe Text
M2	21 33.5	– 0 49	6.5	13	siehe Text
M30	21 40.3	–23 11	7.6	11	markanter Kern

Der offene Sternhaufen M16 im Sternbild Schlange. Der nahe Gasnebel („Adlernebel") ist visuell nur schwer zu erfassen. Aufnahme B. Flach-Wilken mit 300 m Schiefspiegler

Der (nach Meinung des Verfassers) schönste *offene Sternhaufen* des Sommerhimmels ist *M11* im kleinen Sternbild Schild, unterhalb vom Adler. Schon als Feldstecherobjekt kann M11 sehr empfohlen werden! Im Gesichtsfeld eines Fernrohrs zeigt sich M11 dann als eine glitzernde Wolke eng gedrängter Sternpünktchen mit einem markant hervortretenden, helleren Stern am Rand (vgl. auch unser Foto!). Dieser Schwarm aus mehreren hundert sehr leuchtkräftiger Sonnen steht in einer Entfernung von 5500 Lichtjahren.
Der gesamte Milchstraßenbereich enthält noch viele weitere offene Sternhaufen, die allerdings meist nicht die Attraktivität ihrer Gegenstücke vom Winterhimmel erreichen. Einige lohnendere Objekte sind in unserer Tabelle aufgeführt.

M11 im Sternbild Schild, der schönste offene Sternhaufen des Sommerhimmels. Aufgenommen von W. Paech mit einem 12" Refraktor

Tabelle. Offene Sternhaufen am Sommerhimmel

Bez.	Rektasz.	Dekl.	mag.	Durchm.	Bemerkungen
NGC 663	$1^h46.0^m$	61°15'	7.1	11'	
NGC 869	2 19.0	57 09	4.3	30	h Persei (Winterkap.!)
NGC 884	2 22.4	57 07	4.4	30	chi Persei (Winterkap.!)
IC 4665	17 46.3	5 43	4.2	41	lockere Ansammlung
NGC 6633	18 27.5	6 34	4.6	25	imFerngl. 10 Einzelst.
M 23	17 56.8	−19 01	5.5	27	Im Ferngl. groß,diffus. Schön im Fernrohr!
M 21	18 04.6	−22 30	5.9	12	zerstreut. Im Zentrum steht ein Doppelstern
NGC 6530	18 04.8	−24 20	4.6	14	schütterer Haufen, bei M8
M 16	18 18.8	−13 47	6.0	7	Zweigeteilt. Im Nordteil auffälliger Doppelstern
M 25	18 31.6	−19 15	4.6	32	grob gestreut, ab 7^m
M 26	18 45.2	− 9 24	8.0	9	Im Ferngl. matt, kometar
M 11	18 51.1	− 6 16	5.8	12	prächtig! (vgl. Text)
NGC 6940	20 34.6	28 18	8.2	26	Im Ferngl. matt, diffus
M 39	21 32.2	48 26	4.6	32	Im Ferngl. ein Dutzend Einzelsterne erkennbar

Galaktische Nebel

Der Winterhimmel hat zwar mit dem Orionnebel zweifellos den imposantesten aller Gasnebel zu bieten, doch die meisten dieser Objekte finden sich am Sternenhimmel des Sommers. Meist handelt es sich bei diesen zart schimmernden Gebilden allerdings um Objekte, die doch eine gewisse Beobachtungserfahrung und lichtstarke Optik voraussetzen. Gute Erfahrungen hat man in letzter Zeit auch mit dem Einsatz sogenannter „Nebelfilter" gemacht.
Im Schützen stehen die diffusen Nebel *M8*, *M17* und *M20*. Sie wirken auf langbelichteten Aufnahmen sehr imposant und tragen phantasievolle Namen (vgl. unsere Tabelle!), visuell sind sie dagegen recht unauffällig. Bei klarer, dunstfreier Sicht bis in Horizontnähe sind der *Omeganebel* M17 und der *Lagunennebel* M8 aber leicht im Fernglas zu erkennen. Dabei erscheint M8 als eine Art „Doppelnebel" noch etwas auffälliger als der längliche M17. Im lichtstarken Fernrohr zeigt sich der Omeganebel als schöner, zarter Nebelstreif von 9' Länge, an dessen Westende ein matterer „Schwanenhals" gen Süden abknickt. M17 wird deswegen gelegentlich auch „Schwanennebel" genannt. Im Gegensatz zu M8 und M17 ist der *Trifidnebel* M20 visuell ein sehr schwieriges Objekt.
Welcher Sternfreund kennt nicht auch die beeindruckenden Fotos vom *Nordamerikanebel* (*NGC 7000*) im Schwan, unweit des Sterns ξ Cygni. Dieser matt glimmende, großflächige Gasnebel mit den Umrissen des nordamerikanischen Kontinents läßt sich aber nur unter besten Sichtbedingungen

Der Lagunennebel M8 im Sternbild Schütze, aufgenommen von B. Flach-Wilken mit 19 cm Flatfieldkamera. Nahebei steht der offene Sternhaufen NGC 6530.

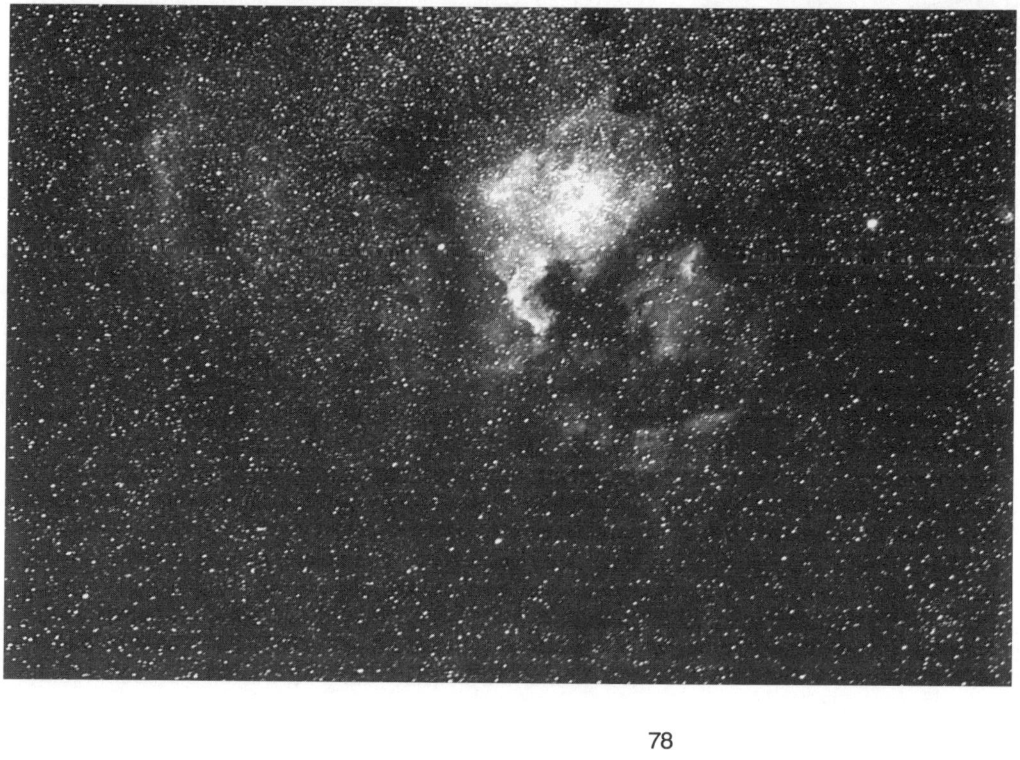

Der Nordamerikanebel im Sternbild Schwan. Der helle Stern am rechten Bildrand ist Deneb. Aufnahme W. Paech

mit lichtstarken Ferngläsern erfassen und ist sicherlich nichts für den Anfänger!
Dies gilt ebenso für den bekannten *Cirrusnebel*, der halbwegs zwischen den Sternen 52 Cyg und ζ Cyg im Schwan zu suchen ist. Der hellste (östliche) Teil dieses Supernovarestes zeichnet sich in starken Feldstechern als feiner Lichtbogen vor dem mit Sternen gesprenkelten Hintergrund der Milchstraße ab.
Unter den planetarischen Nebeln ist der schon besprochene *Ringnebel M 57* in der Leier wohl der bekannteste, vielleicht auch der schönste, aber sicher nicht der hellste und größte. Er mißt nur gut 1' im Durchmesser und ist zudem nur 9.3^m hell, so daß er – wie die meisten planetarischen Nebel – erst im Fernrohr richtig zur Geltung kommt. Ab 50-facher Vergrößerung wird seine faszinierende Ringgestalt deutlich. Viel heller (7.6^m) und schon in jedem Fernglas leicht zu sehen ist der *Hantelnebel* (*M 27*) im Sternbild Füchschen, unterhalb des Schwans. Das Fernrohr zeigt ihn als imposanten, länglichen Nebelfleck mit zwei Helligkeitsschwerpunkten (daher der Name!). Auf Fotografien wird feineres Detail deutlich – vgl. obige Aufnahme von B. Flach-Wilken! Die Tabelle informiert noch über einige weitere planetarische Nebel des Sommerhimmels – meist sehr kleine Fernrohrobjekte, bei deren Betrachtung sich die Begeisterung in Grenzen halten dürfte.

Tabelle. Galaktische Nebel am Sommerhimmel

Bezeichnungen: d = diffuser Nebel, p = planetarischer Nebel,
R = Supernova-Rest

Bez.	Typ	Rektasz.	Dekl.	mag	Größe	Bemerkungen
NGC 6210	p	$16^h44.5^m$	23°48'	9.7	13"x8"	klein,bläulich!
NGC 6543	p	17 58.6	66 38	8.8	16"x22"	hoch vergrößern
M 20	d	18 02.7	– 23 02	6.4	29'x27'	Trifidnebel, schwierig!
M 8	d	18 03.7	– 24 23	5.5	90'x40'	Lagunennebel, bei Sternhaufen NGC 6530
M 17	d	18 20.8	– 16 10	6.3	46'x37'	Omeganebel(Text)
M 57	p	18 53.6	33 02	9.3	83"x59"	Ringnebel (Text)
NGC 6826	p	19 44.8	50 32	8.8	27"x24"	
NGC 6818	p	19 43.9	– 14 10	10	22"x15"	planetenartig
M 27	p	19 59.6	22 43	7.6	8'x4'	Hantelnebel(Text)
NGC 7000	d	20 58.8	44 19	–	2°	Nordamerikanebel, vgl. Text
NGC 6992	R	20 52	31 10	–	2.5°	Cirrusnebel(Text)
NGC 7009	p	21 04.2	– 11 22	8.4	100"x25"	Saturnnebel
I 1470	p	23 05.3	60 15	8.1	70"x45"	
NGC 7662	p	23 25.9	42 32	8.9	17"x14"	

Galaxien

Angesichts der Fülle anderer Objekte wird es der deep-sky-Beobachter verschmerzen, daß hellere Galaxien am Sommerhimmel nicht besonders zahlreich sind. Im Umfeld des Großen Wagen, jetzt am Nordwesthimmel zu finden, kann man noch die Galaxien *M 51*, *M 101* und das Paar *M81/M82* beobachten, die schon im Frühjahrskapitel beschrieben worden sind. Immer wieder schön anzuschauen ist natürlich auch der helle Andromedanebel *M31*, der nun im Osten langsam brauchbare Beobachtungshöhen erreicht.

Meteorströme

In den lauen Sommernächten hält man sich schon einmal länger im Freien auf, und dabei sieht man sie dann oft rein zufällig über das Firmament huschen: die Sternschnuppen oder Meteore. Meist leuchten sie kaum eine halbe Sekunde lang auf und lassen so dem überraschten Beobachter unfairerweise keine Zeit, einen Wunsch zu äußern (der nach dem Volksglauben in Erfüllung gehen würde).
Sternschnuppen werden gelegentlich auch „fallende Sterne" genannt, aber mit den Sternen haben diese Erscheinungen gar nichts zu tun: Sie sie spielen sich nämlich in Höhen von 80 – 120 Kilometern in unserer Lufthülle ab.
Im Planetensystem fliegen zahllose Kleinstpartikel (oft nur millimetergroß) herum, und wenn diese Teilchen zufällig mit der Erde zusammenstoßen, verglühen sie als Sternschnuppe in der Atmosphäre. Was man dabei sieht, ist aber nicht etwa das Teilchen selbst, sondern ein meterdicker Schlauch aufglühender Luft rings um die Flugbahn.
Größere Brocken liefern die seltenen und überaus spektakulären „Feuerkugeln", die mit gleißendem Licht und funkensprühend über den Nachthimmel ziehen. Einige von ihnen überstehen den Flug durch die Lufthülle und fallen dann als Meteorite zu Boden.
Die meisten meteoritischen Partikel wurden ursprünglich von Kometen längs ihrer Sonnenumlaufbahn verstreut und bewegen sich noch immer im Schwarm um die Sonne. Wenn die Erde nun einen solchen Schwarm durchwandert – das wiederholt sich in jedem Jahr zur selben Zeit -, beobachten wir einen Sternschnuppenstrom. Am Sternenhimmel scheinen dabei alle Meteore von einer bestimmten Stelle (dem Radianten) fortzufliegen – das ist einfach ein perspektiver Effekt, wie man ihn zum Beispiel auch erleben kann, wenn man mit dem Auto durch ein Schneegestöber fährt.
Besonders sternschnuppenreich sind die Nächte um den 12. August, in denen die *Perseiden* auf dem Höhepunkt ihrer Tätigkeit sind. Sie können überall am Himmel auftauchen, aber wenn man ihre Leuchtspuren nach rückwärts verlängert, so gelangt man stets zum Sternbild des Perseus, in dem ihr Radiant (der Ausstrahlungspunkt) liegt.
Die meisten Perseiden lassen sich in den frühen Morgenstunden bis zum Beginn der Dämmerung beobachten, wenn der Radiant hoch am Himmel steht: Im Tätigkeitsmaximum kann man dann durchschnittlich alle zwei oder drei Minuten eine Sternschnuppe verglühen sehen.
Erste Vorläufer der Perseiden wurden (allerdings extrem selten!) schon ab Mitte Juli nachgewiesen, Nachzügler noch bis zum 25. August. Eine wirklich auffällige Tätigkeit beschränkt sich jedoch auf die vier Tage vom 11. – 14. August, mit einem spitzen Maximum am 12. oder 13. (bei einer Sonnenlänge von 139.2°).
Wir haben schon gelegentlich als eine Maßzahl für die Aktivität von Meteorströmen die ZHR (Zenithal Hourly Rate) verwendet. Sie gibt an, wie viele Meteore ein einzelner Beobachter pro Stunde registrieren kann, wenn der Radiant für ihn im Zenit steht und noch Sterne bis zu einer Grenzhelligkeit von 6.5^m erkennbar sind. Weil diese Idealbedingungen in der Praxis jedoch so gut wie nie gegeben sind, liegen die tatsächlich zu beobachtenden Meteorzahlen meist erheblich unter der ZHR!
Wenn der Radiant zum Beispiel statt im Zenit nur 45° hoch am Himmel steht, so darf man nur noch 75% der angegebenen Rate erwarten. Zusätzlich und noch drastischer wirken sich geringere Grenzgrößen aus: Sind mit bloßen Augen soeben noch Sterne bis 5.0^m zu erkennen (in Stadtnähe wäre man darüber schon froh!) so sinkt die Meteorrate auf nur 25% des ZHR-Wertes. Dies zeigt, wie entscheidend die Sichtverhältnisse für eine erfolgreiche Sternschnuppenjagd sind.
Offenbar zeigen die Meteorströme selbst auch recht starke jährliche Schwankungen ihrer ZHR, so daß die in der Literatur angegebenen Raten nur als grober Anhaltspunkt dienen können. Für die Perseiden lag die ZHR des Maximums in den letzten zwanzig Jahren meist im Bereich 70-90, es wurden aber auch Spitzenwerte bis zu 180 registriert (in den Jahren 1980/81)!
Der Perseidenschauer ist schon seit zweitausend Jahren bekannt, wobei die frühesten Berichte aus China, Japan und Korea stammen. In Europa schenkte man den Meteorerscheinungen generall erst vom letzten Jahrhundert an mehr Beachtung.
In den Jahren 1864-1866 entdeckte Schiaparelli an den Perseiden erstmals einen Zusammenhang zwischen Meteorströmen und Kometen: nach seinen Berechnungen bewegten sich die Perseiden in einer ähnlichen Ellipsenbahn um die Sonne wie der kurz vorher erschienene Komet Swift-Tuttle (1862 III), der eine Umlaufszeit von rund 120 Jahren besitzt und auf dessen Rückkehr die Astronomen um das Jahr 1982 allerdings vergeblich gewartet haben.
In den Sommernächten des Juli und August ist außer den Perseiden noch eine Reihe weiterer, meist allerdings sehr unauffälliger Meteorströme tätig. Hier seien nur die *Delta-Aquariden* genannt, die um den 29. Juli herum aus dem Gebiet des Wassermann ausstrahlen und einen schwäche-

ren Tätigkeitsschwerpunkt um den 12 August ausbilden. Trotz einer ZHR von etwa 30 Exemplaren wird man auf unseren Breiten wegen der niedrigen Himmelsstellung des Radianten nur wenige Meteore beobachten können. Erschwerend kommt hinzu, daß viele Aquariden nur geringe Helligkeiten entwickeln.

Die Tabelle gibt einen Überblick über die größeren Meteorströme des Jahres. Aufgenommen sind nur Ströme mit einer ZHR von mindestens 10 im Maximum. Die Koordinaten des Radianten gelten für den Termin des Maximums und beziehen sich ebenso wie die gelegentlich angegebenen Sonnenlänge des Maximums auf das Äquinoktium 1950. V bezeichnet die geozentrische Geschwindigkeit der Partikel in Kilometer pro Sekunde.

Helle Capricornide vom 3. 8. 1986.
Aufnahme von E. Schmidt mit 29 mm Weitwinkelobjektiv f/2.8

Tabelle. Die stärkeren Meteorströme des Jahres

Name	nachweisbar	Max.	ZHR	Radiant (R.A./Dekl.)		V	Bem.
Quadrantiden	1.1.- 4.1.	3.1.	50-150	230°	48°	41	1)
Lyriden	16.4.-25.4.	22.4.	10-20	271	34	49	2)
η Aquariden	21.4.-12.5.	4.5.	30-60	336	-2	67	3)
Scorpius-Sagittariiden	Mai-Juni	Bem.	10	Bem.		35	4)
δ Aquariden							
- nördliche	14.7.-25.8.	12.8.	20	339	-5	42	5)
- südliche	21.7.-29.8.	29.7.	7-30	331	-16	42	5)
Capricorniden	15.7.-25.8.	30.7.	10	307	-10	26	6)
ι Aquariden							
- nördliche	15.7.-20.9.	20.8.	10	327	-6	36	7)
- südliche	15.7.-25.8.	5.8.	10	333	-15	34	7)
Perseiden	15.7.-25.8.	12.8.	60-100	46	57	60	8)
Orioniden	2.10.-7.11.	21.10.	15-30	94	16	66	9)
Tauriden							
- nördliche	15.9.-1.12.	13.11.	Bem.	58	22	31	10)
- südliche	15.9.-1.12.	3.11.	Bem.	50	14	29	10)
Leoniden	4.11.-20.11.	17.11.	Bem.	152	22	71	11)
Geminiden	4.12.-16.12.	13./14.12.	60-90	112	32	36	12)
Ursiden	17.12.-24.12.	22.12.	15	217	76	33	13)

Bemerkungen: 1)Spitzes Max. bei Sonnenlänge λ = 282.7° 2) spitzes Max. bei λ = 31.4° 3) Auf unseren Breiten kaum beobachtbar 4) Verschiedene schwache Zentren. Im Mai in Ophiuchus,Waage und Skorpion, Anfang Juni nahe Antares, Anfang Juli im Schützen 5) Viele schwache Meteore 6)Langsam. Gelegentlich Feuerkugeln 7) Meist sehr schwache Objekte 8) Steiles Max. bei λ = 139.4°. Haupttätigkeit Aug 11-14. 9) Haupttätigkeit Okt 20-24. Morgenhimmel 10) Mehrere Radianten, am aktivsten der südliche. Deutliches Max. Anfang November, ZHR ca. 15. 11)ZHR in den letzten Jahren zwischen 4 und 16. Starke Aktivität 1998-2000 erwartet. 12) Spitzes Max. bei λ = 261.3° 13) Haupttätigkeit wenige Stunden um λ = 270.2°. Weitere Einzelheiten zu den Meteorströmen findet man auf den Seiten 33, 53, 80, 102.

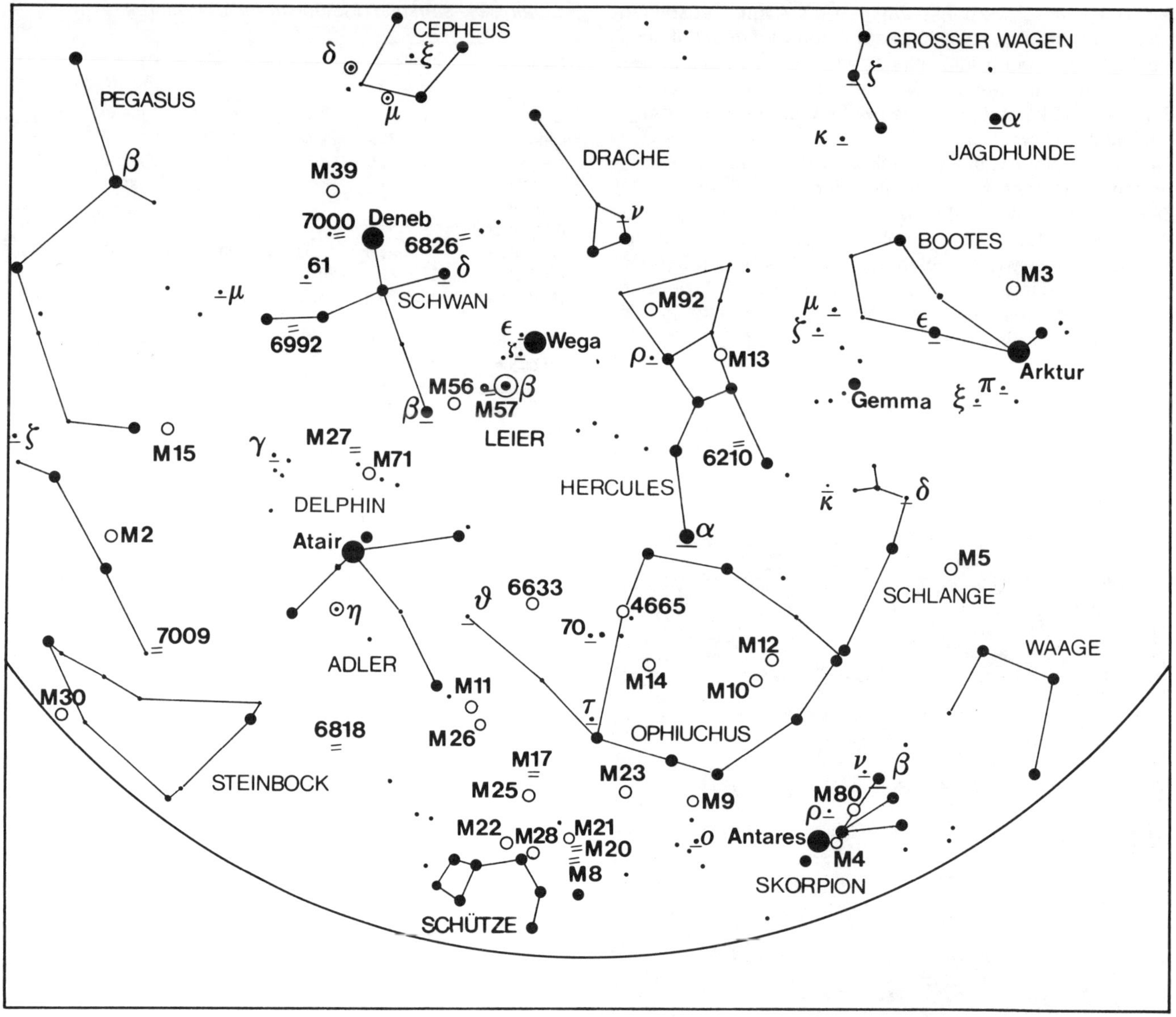

Beobachtungsobjekte am Sommerhimmel

KAPITEL IV: DER STERNENHIMMEL IM HERBST

1. VON SONNE UND MOND

Der Sonnenlauf im Herbst

Wenn die Sonne auf ihrer Wanderung durch den Tierkreis am 22. oder 23. September den sogenannten „Herbstpunkt“ im Sternbild der Jungfrau erreicht, beginnt bei uns auf der Nordhalbkugel der Erde kalendarisch der Herbst. In den folgenden drei Monaten vollendet die Sonne nun ihren Jahresweg. Unsere Grafik zeigt, welche Tierkreissternbilder sie auf dem Abstieg zum Wintersonnenwendpunkt im Schützen durchquert.

Man erkennt, daß sich die Sonne zunächst bis Ende Oktober im Gebiet der Jungfrau aufhält und dabei etwa am 16.10. oberhalb des Hauptsterns Spica vorüberzieht. Der Sonnenweg führt in diesen Wochen rasch „bergab“ (zu immer niedrigeren Deklinationen), und so verringern sich die Mittagshöhen unseres Tagesgestirns merklich. Erreichte die Sonne zum Herbstbeginn mittags immerhin noch rund 40° Höhe im Süden, so führt ihr kürzer und flacher werdender Tagesbogen Mitte November, wenn sie sich im Bereich des Sternbilds Waage aufhält, nur noch halb so hoch empor (20°). Entsprechend „kürzer“ werden die Tage – die dunkle Jahreszeit rückt näher!

Im bekannten Tierkreisternbild des Skorpion hält sich die Sonne nur kurz (in der letzten Novemberwoche) auf. Dann wandert sie in den Schlangenträger, der seltsamerweise in der üblichen Aufzählung der 12 Tierkreissternbildern fehlt (vermutlich handelt es sich hier um einen historischen „Zopf“; die Quellen des Verfassers verraten leider nicht genau, um welchen).

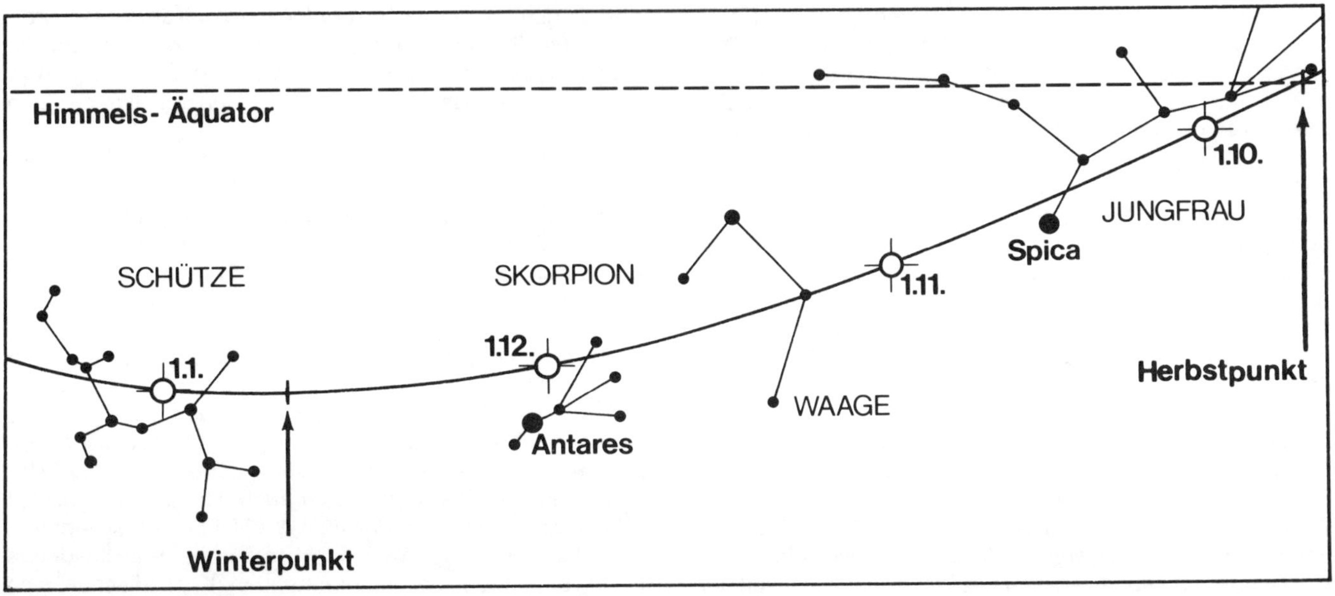

Der Sonnenlauf im Herbst

Den Schützen, in dem die niedrigste Stelle des Tierkreises und damit der Endpunkt ihrer Jahresbahn liegt, erreicht die Sonne erst wenige Tage vor der Wintersonnenwende am 21. oder 22. Dezember.
Wie man unserer Tabelle entnehmen kann, verlagert sich der Einbruch abendlicher Dunkelheit etwa von der zweiten Novemberhälfte an nicht mehr wesentlich und erfolgt dann gleichbleibend gegen 18.20 Uhr. Frühaufsteher werden allerdings (unwillig ?) registrieren, daß sich der Anbruch morgendlicher Dämmerung weiterhin und sogar noch bis zum Jahreswechsel verspätet!

Tabelle

Datum	Sonnenauf-/Untergang		Dunkelheit (Beginn/Ende)	
1. Oktober	6.19 MEZ	18.00 MEZ	19.50 MEZ	4.30 MEZ
15. Oktober	6.41	17.30	19.15	4.55
1. November	7.09	16.58	18.45	5.20
15. November	7.32	16.36	18.30	5.40
1. Dezember	7.56	16.21	18.20	6.00
15. Dezember	8.12	16.18	18.20	6.15

Wann ist der früheste Sonnenuntergang ?

Sicher erreicht unsere Sonne am Tag der Wintersonnenwende ihren absoluten Jahrestiefststand. Sie zieht dann den kürzesten und flachsten Bogen über den Himmel, und wir müssen den „dunkelsten Tag" des Jahres konstatieren. Nun ist diese Formulierung recht pauschal gehalten. Wir wollen deshalb einmal spezieller die Frage stellen, an welchem Tag des Jahres denn der früheste Sonnenuntergang erfolgt.
Die Antwort mag überraschen: Der früheste Sonnenuntergang fällt nämlich nicht mit der Wintersonnenwende zusammen, sondern tritt bereits um den 12. Dezember ein! Natürlich geht es hier buchstäblich um Minuten, und unsere Übersichtstabelle kann diesen Effekt nicht genau genug wiedergeben. Nimmt man jedoch noch die Untergangszeit vom 22. Dezember (16.21 Uhr) hinzu, so wird deutlich, daß sich die Sonne zur Sonnenwende schon wieder drei Minuten länger mit dem Untergang Zeit läßt.
Anders liegen die Verhältnisse, wenn man nach dem spätesten Sonnenaufgang des Jahres fragt. Er erfolgt um die Jahreswende, wenn die Sonne sich erst gegen 8.20 Uhr über den Horizont im Südosten erhebt.
Daß sich die Auf- und Untergänge der Sonne nicht so nach der Wintersonnenwende richten, wie man es vielleicht vermutet hätte, hat seinen Grund wieder einmal im unregelmäßigen Lauf unseres Tagesgestirns, mit dem wir uns schon im Sommerkapitel eingehend befaßt haben. Würde sich die Sonne genau nach unserer Uhren richten, so fielen ihr frühester Untergang und der späteste Aufgang tatsächlich mit der Wintersonnenwende zusammen. Wir wissen aber schon, daß die Sonne in Wirklichkeit gegenüber unserer Zeit manchmal etwas vorläuft und dann wieder nachhinkt (die Analemmakurve veranschaulichte dies!).
So geht die wahre Sonne zusätzlich zu ihrer weiter sinkenden Stellung im Tierkreis Anfang Dezember noch um 10 Minuten gegenüber den Uhren vor, was ihren Untergang natürlich weiter verfrüht. In den folgenden Dezemberwochen nimmt jedoch die Zeitgleichung ab: Um den 25. herum läuft die Sonne bereits synchron mit unserer Zeit und hinkt zum Jahreswechsel schon um 3 Minuten hinterher. Dies wirkt sich morgens so aus, daß sie nun immer später über den Horizont kommt, als das bei regelmäßigem Lauf der Fall wäre. Die Auf- und Untergangszeiten der Sonne ergeben sich also in einem recht komplizierten Zusammenspiel von Zeitgleichung und Sonnenwanderung auf der Ekliptik.

Halos um Sonne und Mond

Wer hat sie nicht schon einmal beobachtet: Weißlich leuchtende oder auch farbig schimmernde Kreise (Halos) um Sonne oder Mond. Sie treten meist auf, wenn ein Wetterumschwung ins Haus steht und sich feine Eiswolken (Cirrus) am Himmel zeigen. Dies deutet schon darauf hin, daß Halos offenbar durch Lichtbrechung an Eiskristallen zustande kommen.
Anders als die kunstvoll verästelten Schneeflocken, sind die in Höhen von 8 – 13 Kilometern schwebenden Eiskriställchen einfach gebaut: sie haben die Form von sechseckigen Plättchen oder auch hexagonalen Säulen. Ihre Größen liegen zwischen nur zehn Mikrometern und einem Millimeter. Weil sie so regelmäßig gebaut sind, können sie das Licht wie kleine Prismen brechen. In der Meteorologischen Optik werden diese Brechungsvorgänge genau untersucht, um die ganze Vielfalt der Halos und verwandter Phänomene (wie zum Beispiel Berührungsbögen, Horizontalkreise und Nebensonnen) erklären zu können.
Am häufigsten tritt ein kreisförmiger Halo auf, dessen Radius 22° (also eine gute Handspanne) beträgt. Er wird vermutlich überwiegend durch Lichtbrechung an den säulenartigen Eiskriställchen verursacht, die dort regellos herumwirbeln und die auftreffenden Lichtstrahlen vorzugsweise unter einem Winkel von rund 22° brechen. In unser Auge kann natürlich nur das gebrochene Licht von denjenigen Eiskristallen gelangen, die zufällig richtig zu uns orientiert sind. Die farbigen Säume erklären sich dadurch, daß das weiße Licht bei der Brechung in seine Einzelfarben „zerlegt" wird.
Gelegentlich kann man auch Teile eines größeren, konzentrischen Halos mit einem Radius von 46° beobachten. Dieser sogenannte „Große Bogen" oder auch „Nebenhalo" entsteht im Prinzip ähnlich wie der 22°-Halo. Allerdings spielen bei ihm die plättchenartigen Eiskristalle die entscheidende Rolle, und auch die lichtbrechenden Kristallflächen sind andere als beim normalen Halo.

Der Mond im Herbst

Wenn sich die junge Mondsichel kurz nach Neumond wieder am Abendhimmel zeigt, steht sie im Herbst in den niedrigsten Teilen der Ekliptik – in Waage, Skorpion oder (zum Herbstende) im Schützen. Diese Region des Tierkreises erhebt sich nur flach über den Horizont, und so „hängt“ der zunehmenden Mond an frühen Herbstabenden stets auffallend niedrig am Südwesthimmel.
Wenn es dann jedoch auf Vollmond zugeht, ändert sich die Lage. Denn im selben Maße, wie die Sonne nun immer tiefer die Ekliptik hinabwandert, erklimmt der gegenüberstehende Vollmond die hohen Teile des Tierkreises: Zu Beginn des Herbstes noch unweit vom Frühlingspunkt im Sternbild der Fische, steht er im November bereits hoch im Gebiet von Widder und Stier und erreicht im Dezember dann größte Höhen (um Mitternacht über 60° im Süden) im Bereich des Sommerpunktes des Ekliptik.
In der dunklen Jahreszeit werden viele Menschen auch frühmorgens nach den verblassenden Sternen und dem Mond schauen. Dessen immer schmaler werdende, abnehmende Sichel bewegt sich täglich ein gutes Stück weiter in Richtung auf die Sonne zu. Im Frühherbst findet man sie noch am Osthimmel, aber je weiter das Jahr fortschreitet, desto weiter rückt die Mondsichel nach Südosten – dorthin, wo auch die Sonne aufgehen wird.

Wie entstehen die Mondphasen ?

Obwohl uns die verschiedenen Lichtgestalten des Mondes von Kindheit an vertraut sind, können doch nur wenige Menschen erklären, wie diese Phasen zustande kommen.
Entscheidend ist die Vorstellung, daß der Mond nicht selbst leuchtet, sondern nur deshalb zu erkennen ist, weil er von der Sonne angestrahlt wird. Wie erscheint uns nun eine Kugel, die von einer starken Lichtquelle beleuchtet wird ? Der Leser mag hierzu in einem dunklen Raum mit Hilfe einer starken Lampe (als Sonne) und einem möglichst glatten, runden Gegenstand (als Mond) entsprechende Versuche anstellen.
Wenn wir uns zwischen „Mondkugel“ und Lichtquelle postieren (und uns bemühen, die Kugel nicht mit unserem Schatten zu verdunkeln – sonst gäbe es eine „Mondfinsternis“!), blicken wir genau auf die beleuchtete Kugelhälfte, sehen also eine voll erleuchtete Scheibe. Dies entspricht am Himmel der Vollmondstellung, bei der sich der irdische Betrachter ebenfalls genau zwischen Mond und Sonne befindet.
Bringen wir jedoch die Kugel zwischen uns und die Lampe, so wird zwar die Kugelrückseite angestrahlt, aber die uns zugewandte Kugelhälfte bleibt dunkel: Es ist „Neumond“!
Bewegt man nun in unserem Versuch die Kugel langsam nach links aus der Neumondstellung heraus, so läßt sich (je nach dem persönlichen Geschick des Experimentators) recht schön eine zunehmende „Mondsichel“ und bei weiterer Drehung dann zum Beispiel auch ein „Halbmond“ erzeugen. So wird klar, wie die verschiedenen Mondphasen entstehen: Wir bekommen beim vierwöchigen Umlauf des Mondes um die Erde unterschiedlich große Teile seiner jeweils beleuchteten Hälfte zu Gesicht!

Von Finsternissen und Knotenpunkten

Bei unserem kleinen Beleuchtungsexperiment haben wir vielleicht versehentlich den Versuchsmond bei seiner Vollmondstellung mit unserem eigenen Schatten verdunkelt. Genau diese „Ungeschicklichkeit“ passiert gelegentlich auch der Erde mit dem Mond!
Von der Sonne angestrahlt, wirft unsere Erde einen langen Schattenkegel, der natürlich von der Sonne weg gerichtet ist. Seine Kernschattenzone, in die überhaupt kein direktes Sonnenlicht mehr fällt, reicht bis weit über die Mondbahn hinaus. Der Kernschatten ist umgeben vom Bereich des „Halbschattens“, in den immerhin noch ein gewisses Restlicht gelangt.
Bei Vollmond steht unser Erdtrabant der Sonne gegenüber und damit auf der gleichen Seite wie der Erdschatten. Dann kann es geschehen, daß er in den Schattenkegel gerät, so daß die „Beleuchtungsquelle“ Sonne für ihn ausfällt: er verdunkelt sich, und wir erleben eine Mondfinsternis. Je nachdem, ob der Mond dabei gänzlich oder nur teilweise in den Kernschatten gerät, spricht man von „totalen“ oder „partiellen“ Mondfinsternissen.
Man sollte hiernach meinen, daß es regelmäßig bei Vollmond zu einer Mondfinsternis kommt. Leider sind diese Himmelsschauspiele jedoch viel seltener – man kann pro Jahr nur mit ein oder zwei Mondfinsternissen rechnen (über deren genaue Termine und Sichtumstände die astronomischen Jahrbücher informieren). Die Erklärung für diese scheinbare Diskrepanz ist einfach: In den meisten Fällen verfehlt der Vollmond den Erdschatten und zieht knapp oberhalb oder unterhalb an ihm vorbei!
Es ist nämlich so (wir haben das aus didaktischer Rücksichtnahme auf den Leser bislang verschwiegen), daß sich der Mond bei seiner Wanderung durch den Tierkreis keineswegs genau an die Ekliptiklinie hält: Seine Bahnspur schneidet die Ekliptik unter einem Winkel von gut 5°, und so kann er sich auch bis zu diesem Betrag von der Ekliptik entfernen. Auf diese Weise ist es dem Vollmond oft möglich, dem Erdschatten – der genau auf der Ekliptik zentriert ist – zu entgehen.
Es gibt allerdings zwei Stellen, an denen die Mondbahn die Ekliptiklinie schneidet. Sie heißen aufsteigender bzw. absteigender Knoten – je nachdem, ob der Mond die Ekliptik dort von unten nach oben oder in umgekehrter Richtung überschreitet. Nur wenn sich der Mond am Vollmondstag zufällig nahe einem dieser Knotenpunkte aufhält, trifft ihn der Erdschatten und es kommt zu einer Mondfinsternis.
Die Frage, an welchen Stellen des Tierkreises denn die beiden Knotenpunkte liegen, ist in dieser Form gar nicht zu

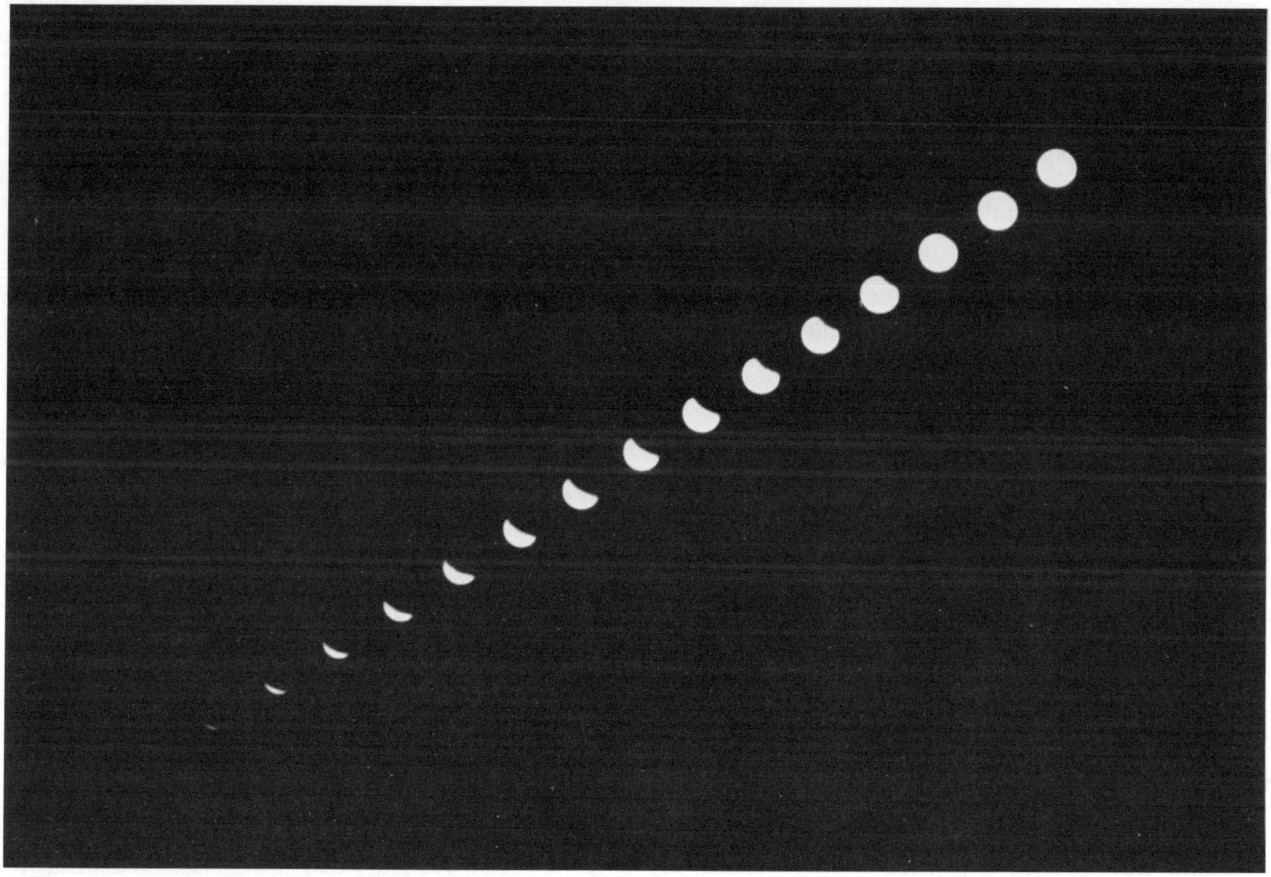

Totale Mondfinsternis vom 9. 1. 1982. Die Aufnahme von H.-J. Goldan zeigt das Herauswandern des Mondes aus dem Kernschatten. Abstand der Einzelbelichtungen 5 Minuten

beantworten – ihre Lage verschiebt sich nämlich langsam! So verzeichnen die astronomischen Jahrbücher zum Beispiel für Januar 1990 den aufsteigenden Knoten der Mondbahn im Sternbild Steinbock und den absteigenden Knoten im Krebs. Im Dezember 1990 liegen die entsprechenden Punkte aber bereits im Schützen beziehungsweise in den Zwillingen. Die Mondknoten durchlaufen auf diese Weise innerhalb von 18.6 Jahren einmal den gesamten Tierkreis.

Auch die Sonnenfinsternisse kommen durch Schattenwurf zustande. Sie können nur eintreten, wenn sich der Neumond in der Nähe der Knotenpunkte befindet. Dann zieht der Mond als schwarze Scheibe über die Sonne und wirft seinen Schatten auf die Erdoberfläche. In der bis zu 200 km breiten Kernschattenzone läßt sich für wenige Minuten das eindrucksvolle Schauspiel einer totale Sonnenfinsternis erleben, in den angrenzenden Gebieten kommt es nur zu einer partiellen Verfinsterung. Wer öfter in den Genuß einer totalen Sonnenfinsternis kommen will, muß diesen Ereignissen schon in die jeweilige Finsterniszone nachreisen. Denn an einem festen Ort der Erde kommt es nur sehr selten zu solchen Verfinsterungen. Die nächste, von Süddeutschland aus zu erlebende totale Sonnenfinsternis tritt am 11. August 1999 ein. Norddeutschland wird sogar erst wieder im Jahr 2093 vom Kernschatten des Mondes getroffen!

Der Mond als Himmelskörper

Wenn wir einmal von Keinpartikeln wie den Meteoriten absehen und auch die große Schar der künstlichen Satelliten außer acht lassen, die inzwischen unseren Planeten umschwirren, so ist der Mond der nächste, „echte“ Himmelskörper im Weltall. Er umrundet die Erde auf einer leicht elliptischen Umlaufbahn einmal in 27.3 Tagen und kann sich dabei unserem Planeten im sogenannten „Perigäum“ seiner Bahn bis auf 356410 km nähern, aber auch (im Apogäum) bis auf 406740 km entfernen. Bei etwas Beobachtungsroutine läßt sich oft schon mit bloßen Augen einschätzen, ob der Mond nun in Erdnähe oder in den erdfernen Teilen seiner

Bahn steht. Besonders eindrucksvoll ist ein Vollmond in Erdnähe: er kommt wirklich imposant groß über den Horizont!

Nur durch seine Nähe erscheint uns der Mond am Himmel ähnlich groß wie die Sonne. In Wirklichkeit ist er jedoch im Vergleich zur Sonne und anderen, „echten“ Sternen verschwindend klein. Wenn man ihn aber fairerweise mit seinesgleichen (also den Monden anderer Planeten) vergleicht, so gehört er mit seinem Durchmesser von 3476 km durchaus zu den stattlicheren Exemplaren und wird nur noch durch die drei Jupitermonde Io, Ganymed und Kallisto sowie Saturns Titan an Größe übertroffen.

Von keiner nennenswerten Atmosphäre geschützt, ist seine steinige Oberfläche Temperaturen von 120°C am Tage und – 130°C in der Mondnacht ausgesetzt.

In der gleichen Zeit, in der er einmal um die Erde läuft, dreht sich der Mond auch um seine Achse. Dieser Zustand, den man „gebundene Rotation“ nennt, ist eine Folge der komplizierten Gezeitenkräfte, die zwischen Erde und Mond wirken. Der Mond zeigt dem irdischen Betrachter deshalb (im wesentlichen) immer das gleiche „Gesicht“, also die selbe Hälfte seiner Oberfläche. Erst die Raumfahrt hat es ermöglicht, auch die Rückseite des Erdtrabanten kennenzulernen.

Der Mond ist der einzige Himmelskörper, auf dem sich bereits mit bloßen Augen mühelos Details erkennen lassen. Wer hat nicht schon (mit mehr oder weniger Erfolg) in den dunklen Flecken einen „Mondmann“ zu erkennen versucht! Weil die früheren Astronomen diese Dunkelflecken tatsächlich für Mondmeere hielten, tragen sie auch heute noch die Bezeichnung „mare“ (lateinisch für: Meer).

Inzwischen wissen wir aber längst, daß es auf der Mondoberfläche keinerlei Wasservorkommen gibt. Wie schon der Blick durch ein bescheidenes Fernrohr zeigt, handelt es sich bei den „Maria“ (so der Plural) um relativ glatte Tiefebenen. Sie entstanden in der Frühzeit des Mondes, vor etwa 4 Milliarden Jahren, als Lava aus dem Mondinneren emporquoll und weite Gebiete der Oberfläche überflutete. Die Besatzungen der Apollo-Mondmissionen (1969 – 1972) sammelten in Maregebieten überwiegend schwarzgraue, basaltartige Ergußgesteine auf.

Bei den helleren Partien, die man auf dem Mond erkennt, handelt es sich dagegen um Hochländer und Gebirge. Der wohl eindrucksvollste Gebirgszug auf dem Mond sind die sogenannten Apenninen, deren Bergspitzen sich bis zu einer Höhe von 6500 km über die Ebene erheben. Die Gesteinsvielfalt ist in den Hochländern offenbar größer als in den Ebenen – man hat dort helle Tiefengesteine mit Feldspäten gefunden, aber auch Basalte.

Schon in einem Fernglas kann man nahe der Schattengrenze des Mondes zahllose, kreisförmige Krater erkennen, die bis zu einigen hundert Kilometern Durchmesser erreichen können. Hierbei handelt es sich ganz überwiegend um die Zeugen großer Einschläge in der Frühzeit des Sonnensystems. Auch andere Körper des Sonnensystems sind von diesem Bombardement gezeichnet, wie wir von den Raumsonden-Fotos wissen.

Der zunehmende Mond, fotografiert von H.-J. Goldan mit einem 8“ Refraktor

Unser eigener Planet hat ebenfalls einige „Treffer“ einstecken müssen. Ein eindrucksvolles Beispiel ist der bekannte, 1200 Meter große und 175 Meter tiefe Krater bei Winslow in Arizona. Daß sich auch in Süddeutschland Spuren kosmischer Katastrophen finden, weiß man erst seit den sechziger Jahren: Das Nördlinger Ries, eine flache Mulde

am Rand der Schwäbischen Alb, und auch das Steinheimer Becken entstanden durch einen gewaltigen Einschlag vor rund 15 Millionen.

Warum fällt der Mond nicht auf die Erde ?

Schon seit Jahrmilliarden umrundet der Mond unseren Planeten und denkt nicht daran, auf die Erde niederzustürzen, obwohl er doch von der irdischen Schwerkraft ständig angezogen wird – wie ist das möglich ?
Die Klärung dieser oft gestellten (und keineswegs immer korrekt beantworteten!) Frage ist einfach. Der Fragesteller geht von einer falschen Vorstellung über die Wirkung von Kräften aus, denn er unterstellt offenbar, daß sich Gegenstände stets in Richtung der angreifenden Kraft bewegen müßten, so daß also zum Beispiel der Mond auf die Erde zu fliegen sollte. Es gibt jedoch schon aus dem Alltag genügend Beispiele, die zeigen, daß es sich anders verhält.
Denken wir etwa an einen Weitspringer. Während seines „Fluges" wird er durch die irdische Gravitation ständig nach unten gezogen, trotzdem stürzt er (in aller Regel) nicht senkrecht zur Erde hinab, sondern fliegt eine Zeitlang ungefähr in horizontaler Richtung. Dies zeigt: Bewegungen unter dem Einfluß von Kräften können durchaus sogar senkrecht zur Kraft verlaufen!
Natürlich landet unser Weitspringer letztlich doch wieder auf der Erde, aber dies ist eigentlich kein Absturz, sondern eher eine Art „streifender Zusammenstoß" mit dem Planetenkörper. Dieser Zusammenstoß ließe sich vermeiden, wenn der Sprung – bei genügender Startgeschwindigkeit – weit genug führen würde, sozusagen über den Rand der Erdkugel hinaus. Weitspringern im üblichen Sinn bleibt diese Möglichkeit nun zwar verschlossen, aber wir finden sie tatsächlich realisiert in der Weltraumfahrt, wo Erdsatelliten mit Hilfe von Raketen auf eine Flugbahn rings um die Erdkugel geschossen werden. Sie kreisen dann ebenso problemlos um die Erde wie es der Mond tut. Wenn es gelegentlich doch einmal zum „Absturz" eines Erdsatelliten kommt, dann sind hierfür ganz andere Ursachen (zum Beispiel Bremseffekte durch die Atmosphäre) verantwortlich.
Man kann auch noch ein anderes Gedankenexperiment durchführen, um sich die Mondbewegung (und allgemein die Bewegungen im Schwerefeld einer Zentralmasse) klarzumachen. Nehmen wir einmal an, wir könnten die anziehende Wirkung der Erde einfach „ausschalten": dann würde der Mond auf einer geraden Bahn davonfliegen. Das Newtonsche Trägheitsgesetz stellt nämlich fest, daß sich kräftefreie Körper unbeschleunigt auf einer Geraden bewegen. Denken wir uns nun aber die irdische Gravitation wieder eingeschaltet, so versucht sie, den Mond von seiner Trägheitsgeraden abzubringen – die Bahnkurve des Mondes wird auf diese Weise zu einer Ellipse „umgebogen".
Als didaktischer Ignorant könnte man die Mond-Frage auch noch anders beantworten, zum Beispiel so: „Wenn man die Newtonsche Bewegungsgleichung der Zweikörperbewegung löst, sieht man doch, daß da nur Kegelschnitte herauskommen...".

2. UMSCHAU AM HERBSTHIMMEL

Wenn im Herbst die Tage „kürzer" werden, ein Tiefdruckgebiet das andere jagt und sich die Natur schon auf den Winter vorbereitet, mag manch einer wehmütig an die vergangenen hellen und warmen Monate zurückdenken. Sternfreunde werden dieser Jahreszeit aber auch gutes abgewinnen können. Denn die Sterne zeigen sich nun abends immer früher, die Nächte werden wieder richtig dunkel und können – besonders nach dem Durchzug einer Kaltfront – wunderbar klar sein (aber auch schon sehr kalt!). Als Stichtermin zur Umschau am Sternenhimmel wählen wir Anfang November um 21 Uhr. Den gleichen Anblick findet man zum Beispiel auch zu Beginn des Oktober gegen 23 Uhr oder Anfang Dezember um 19 Uhr.

Der Südhimmel

Gegenüber den Sommermonaten hat sich die Szenerie am Südhimmel inzwischen völlig umgestellt. Das Sommerdreieck ist nach Westen abgerückt und hat typischen Herbststernbildern Platz gemacht. Was jetzt links und rechts vom Meridian zu sehen ist, wird allerdings kaum jemanden berauschen!
Das ganze Gebiet ist nämlich recht sternarm und auffällige Sterne fehlen. Erschwerend kommt hinzu, daß die meisten Sternbilder ziemlich unübersichtliche Konturen aufweisen und wenig einprägsam sind. Anfänger werden deshalb einige Mühe haben, sich am Südhimmel zurechtzufinden.
Am leichtesten dürfte noch das *Pegasusviereck* zu erkennen sein, das nun auf rund 60° Höhe im Süden steht. Dieses große Sternviereck mißt etwa zwei Faustbreiten (anvisiert bei ausgestrecktem Arm) in horizontaler Richtung, die Höhe beträgt etwas weniger. Seine Ecken werden von vier mittelhellen Sternen mit Helligkeiten zwischen 2.1^m und 2.8^m markiert. An den rechten unteren Eckstern schließt sich nach rechts noch eine Sternkette an, die den Nacken des „geflügelten Pferdes" Pegasus – das man sich kopfüber vorzustellen hat – nachzeichnet.
Unterhalb der Nackenpartie dieses Fabelwesens (auf dessen Mythologie wir noch zu sprechen kommen) fällt eine kleine, leicht eingeknickte Linie aus vier mittelhellen Sternen auf, die zum *Wassermann* gehören. Der am weitesten rechts stehende Stern dieser Linie mit der eher bescheidenen Helligkeit von 2.9^m ist *Sadalmelik*, der Hauptstern des Wassermanns. Zu diesem großflächigen und weitverzweigten Tier-

kreissternbild zählen noch etliche weitere, schwache Sternchen, die jetzt auf mäßiger Höhe rechterhand vom Meridian zu finden sind.
Wenn man die rechte, senkrechte Seite des Pegasusvierecks in Gedanken nach unten hin verlängert, so trifft man niedrig über dem Südhorizont auf einen einsam stehenden und mit 1.2^m durchaus hellen Stern, der allerdings nur zur Geltung kommt, wenn die Horizontsicht nicht durch Dunst getrübt ist: Das ist *Fomalhaut*, der Hauptstern im ansonsten unauffälligen Sternbild *Südlicher Fisch*.
Gänzlich unscheinbar und nur etwas für Fortgeschrittene ist das Tierkreissternbild der *Fische*. Es besteht aus zwei Ketten schwacher Sternchen, die unterhalb und links vom Pegasusviereck zu orten sind. Dort, wo beide Ketten zusammentreffen, steht der nur 3.9^m helle Hauptstern *Al Rescha*.
Am Südosthimmel „lagert" zu unserer Beobachtungszeit der *Walfisch*. Er erstreckt sich von seinem Hauptstern *Menkar* (2.5^m) bis zu dem immerhin 2.0^m hellen Schwanzstern *Deneb Kaitos* am Himmel über zwei Handspannen und enthält den hochinteressanten Veränderlichen *Mira*, über den noch zu berichten sein wird.
Dieses Walungetüm hatte es nach der griechischen Mythologie auf die schöne Königstochter *Andromeda* abgesehen, deren Sternbild sich als eine Kette mittelheller Sterne nach Osten an die linke obere Ecke des Pegasusvierecks anschließt. Nicht weit entfernt erkennt man in Zenitnähe *Cepheus* und *Cassiopeia*, die Eltern der Andromeda.

Der Westhimmel

Im Kontrast zu der doch recht tristen Szenerie am Südhimmel glaubt man beim Blick nach Westen eine wahre Schatztruhe vor sich zu haben! Aus einem Gewimmel zahlloser schwacher Sternchen treten Wega, Atair und Deneb, die drei Ecksterne des *Sommerdreiecks*, als hellfunkelnde „Edelsteine" deutlich hervor.
Am hellsten von diesen dreien und deshalb gar nicht zu verfehlen, ist die weißstrahlende *Wega* im kleinen Sternbild der *Leier*, die zu unserer Beobachtungszeit noch auf mittlerer Höhe (40°) im Westen steht.
Atair, den Hauptstern des Adlers, findet man anderthalb Handspannen weiter links und schon etwas niedriger als Wega. Er steht an der Spitze des *Adlers,* der seine Schwingen nun parallel zum Horizont ausbreitet. Die „Schwanzsterne" dieses Vogels stehen schon recht horizontnah und werden eine gute Stunde später bereits untergehen.
Oberhalb der Verbindungsstrecke Wega-Atair zeigt sich der *Schwan*, ein großes Sternbild, das jetzt wie ein Kreuz hoch am Westhimmel steht. *Deneb*, der Schwanzstern des Schwans, leuchtet an der Spitze dieses Kreuzes. In einer mehr ornithologischen Betrachtungsweise müßte man sich den Schwan nun senkrecht zum Horizont hinab fliegend vorstellen.

Wer ein Fernglas besitzt, sollte damit an dunklen, mondscheinlosen Herbstabenden noch einmal die sternreichen Gefilde der *Sommermilchstraße* im Bereich von Schwan und Adler durchmustern, denn in den kommenden Monaten wird man mit den kärglicher ausgestatteten Partien der Wintermilchstraße vorlieb nehmen müssen!

Der Nordhimmel

Das bekannteste aller Sternbilder, der *Große Wagen*, hat zu unserer Beobachtungszeit die niedrigste Stellung am Himmel erreicht: Seine sieben mittelhellen Sterne zeigen sich im Norden – kaum eine Handspanne hoch über der Horizontlinie. Den *Polarstern* als ungefähres Drehzentrum der Himmelskugel erkennt man nun senkrecht über dem Großen Wagen, auf einer Höhe von rund 50°. Er ist der Hauptstern im *Kleinen Wagen* und steht an dessen Deichselspitze. Das rückwärtige Ende des Kleinen Wagens markieren die beiden Sterne β UMi (2.1^m) und γ UMi (3.1^m). Man findet sie zu unserer Stichzeit etwa eine Handspanne oberhalb der Deichsel des Großen Wagens.
Zwischen den beiden Himmelswagen schlängelt sich der *Drache* hindurch, dessen „Kopf" jetzt am Nordwesthimmel steht – etwa eine Handspanne rechts von der hellen Wega.

Der Osthimmel

Über dem Osthimmel zeigen sich nun schon die ersten Wintersternbilder! Die strahlend helle *Capella* (0.1^m) im Sternbild des *Fuhrmanns* ist mit Abstand der auffälligste Stern in dieser Himmelsgegend und kann als Ausgangspunkt für die weitere Erkundung des Osthimmels dienen.
Auf gleicher Höhe mit Capella, aber eine gute Handspanne weiter rechts, erkennt man die je nach Güte der Augen mehr oder weniger verschwommen wirkende Sterngruppe der *Plejaden*. Wenn der Himmel dunkel genug ist und die Augen nicht allzu schwach sind, sollte man zumindest sechs Einzelsterne dieses Sternhaufens unterscheiden können.
Aldebaran, das rötlich getönte „Auge" des *Stiers,* ist anderthalb Faustbreiten unterhalb der Plejaden zu sehen. Mit seiner Helligkeit von 0.9^m fällt er gegen die fast eine Größenklasse hellere Capella doch merklich ab.
Anderthalb Faustbreiten rechts oberhalb der Capella steht das „Y"-förmige Sternbild des *Perseus* mit dem interessanten Veränderlichen *Algol*, auf den wir noch näher eingehen werden. In Richtung zum Zenit und auch weiter nach rechts zum Südhimmel hin schließen sich die übrigen Sternbilder der Perseussage (Andromeda, Cepheus, Cassiopeia, Walfisch und Pegasus) an.
Unterhalb vom Fuhrmann sind die *Zwillinge* soeben aufgegangen. Bei klarer Horizontsicht kann man ihre beiden hellen Sterne *Castor* und *Pollux* senkrecht übereinander dicht über dem Horizont im Nordosten funkeln sehen.

3. IM BLICKPUNKT: INTERESSANTE STERNBILDER UND EINZELOBJEKTE

Der Wassermann und das himmlische Meer

Nicht genug damit, daß uns der Herbst häufig Regenwetter beschert – wenn es nachts doch einmal aufklart, bietet sich dem Sternfreund eine ausgesprochen „wässrige“ Szenerie: Vom Südwesten über den Südhimmel bis zum Horizont im Südosten stehen Sternbilder wie Delphin, Wassermann, Südlicher Fisch, Fische, Walfisch und der Fluß Eridanus. Selbst den Steinbock könnte man hier noch anführen, denn er wurde ursprünglich als eine seltsame Kreuzung aus Land- und Wassertier dargestellt. Schon vor fünf Jahrtausenden haben die frühen Völker am Euphrat diese Himmelsregion als „Himmelisches Meer“ angesehen.
Der Wassermann spielte hierbei eine zentrale Rolle. Alte Darstellungen zeigen ihn als Männergestalt mit einem Krug, aus dem sich ein gewaltiger Wasserstrom bis hin zum Maul des Südlichen Fisches (am Himmel unterhalb des Wassermannes) ergießt. Weil der moslemische Glaube die Menschendarstellung verbietet, stellten die Araber das Sternbild als Esel mit Wasserbehältern dar, oder auch nur als Wasserkrug.
Im alten Ägypten hieß das Sternbild „Monius“ (abgeleitet von der Bezeichnung für „Wasser“). Das jährliche Ansteigen des Nils fand seine ebenso einleuchtende wie märchenhafte Erklärung in der Vorstellung, daß dann der Wassermann seine gewaltige Urne in die Fluten tauchte, um sie neu zu füllen. Auf die Ägypter geht auch das altehrwürdige, aber heute nur noch in der Astrologie gebräuchliche Symbol für das Tierkreiszeichen Wassermann – zwei stilisierte Wasserwellen – zurück.
Daß viele der alten Kulturvölker dieses Sternbild gleichermaßen mit Wasser in Beziehung brachten, hat seinen Grund nicht etwa in einer suggestiven Anordnung seiner Einzelsterne (selbst Phantasiebegabte werden es sehr schwer haben, sich hier etwa einen Wasserträger vorzustellen!). Ausschlaggebend war vielmehr der Glaube, daß die Witterungsperioden des Jahres irgendwie mit dem Tierkreissternbild zusammenhingen, in dem sich die Sonne jeweils aufhielt.
So gab es zum Beispiel im Kalender der Babylonier den Monat Shabatu, was man vielleicht mit „Regenplage“ übersetzen kann (nach unserem Kalender wären das die ersten Wochen im Jahr). Die Schuld für diese kühle und regenreiche Periode schrieben sie demjenigen Sternbild zu, in dem sich die Sonne dann aufhielt – und das war der Wassermann.
Sogar für die Sintflut und ähnliche Überschwemmungskatastrophen, von denen ja in den Mythen der unterschiedlichsten Völker berichtet wird, hat man den Wassermann verantwortlich gemacht.

Der wandernde Frühlingspunkt

Im Raum zwischen Pegasus, Andromeda und dem Walfisch findet man einige schwache Sternchen, die das unscheinbare Sternbild der Fische bilden. Ebenso wie der Wassermann, ist dies ein sehr „altes“ Sternbild, das schon im frühen Babylonien bekannt war. Glaubt man der griechischen Mythologie, so handelt es sich bei den (zwei) Fischen in Wirklichkeit um Aphrodite (Venus) und ihren Sohn Eros, die sich auf der Flucht vor dem Ungeheuer Typhon in Fische verwandelt hatten und im Nil davonschwammen.
Vielleicht wäre niemand auf die Idee gekommen, diese Ansammlung schwacher Sternchen in den Rang eines eigenen Sternbilds zu erheben, wenn nicht zufälligerweise die Jahresbahn der Sonne durch dieses Gebiet verlaufen würde: Unser Tagesgestirn hält sich etwa vom 11. März bis 18. April in den Fischen auf, und dies verleiht ihnen immerhin die Würde eines Tierkreissternbilds.
Manche Sternfreunde werden das Sternbild der Fische vielleicht gar nicht am Himmel finden können, aber sie dürften wissen, daß dort ein wichtiger Punkt liegt: der Frühlingspunkt. Er ist diejenige Stelle der Ekliptik, an der unsere Sonne zum Frühlingsanfang (also am 20. oder 21. März) steht. Man könnte den Punkt auch als einen der beiden Schnittpunkte zwischen Ekliptik und Himmelsäquator beschreiben (der zweite Schnittpunkt ist der Herbstpunkt).
Der Frühlingspunkt ist vor allem wichtig, weil er sozusagen den „Nullmeridian“ für das Koordinatennetz an der Himmelskugel festlegt. Von ihm aus wird die „Länge“ (Rektaszension) der Gestirne gemessen (vgl. das Einführungskapitel!).
Schon vor über zwei Jahrtausenden stellten die Astronomen Sternkataloge auf, in denen die Koordinaten der Fixsterne verzeichnet waren. Auch Hipparch von Nikaia (190 – 120 v.Chr.) arbeitete an solch einem Katalog. Und dabei fiel ihm etwas Merkwürdiges auf: Im Vergleich zu dem etwa 150 Jahre älteren Katalog des Timocharis ergaben Hipparchs Beobachtungen durchweg größere Werte für die Längen der Sterne. Er schloß daraus, daß die Positionen der Fixstern in Länge um etwa 1° pro Jahrhundert zunähmen und nannte diese für ihn unerklärliche Erscheinung „Präzession“ (von lat. praecedere = vorwärtsschreiten).
Nach heutigem Verständnis erscheint die Vorstellung, alle Fixsterne würden in schöner Eintracht dasselbe tun und „präzessieren“, abwegig. Man weiß inzwischen natürlich, daß sich nicht die Fixsterne gemeinsam bewegen, sondern sich einfach nur der Frühlingspunkt und damit der Ausgangspunkt der gesamten Längenzählung verschiebt: Er verlagert sich Jahr für Jahr um rund 50“ auf der Ekliptik gen Westen und braucht somit etwa 25800 Jahre, um die Ekliptik einmal vollständig zu durchlaufen. Diese für menschliche

Begriffe gewaltige Zeitspanne nennt man auch ein Platonisches Jahr.
Vor fünftausend Jahren, am Himmel der frühen Babylonier, stand die Sonne zum Frühlingsanfang noch im Sternbild Stier. Etwa um das Jahr 1840 v.Chr. trat der Frühlingspunkt in das Gebiet des Widders ein und liegt heute also in den Fischen.
Etwa im Jahr 2600 wird er die Grenze zum Sternbild Wassermann überschreiten: Dann beginnt das bereits besungene „age of aquarius".
Die Verschiebung des Frühlingspunktes hat natürlich zur Folge, daß sich der jahreszeitliche Anblick des Sternenhimmels im Ablauf des Platonischen Jahres verändert: Aus einem Wintersternbild wie etwa dem Stier oder den Zwillingen wird nach sechseinhalb Jahrtausenden ein typisches Frühlingssternbild, nach einem weiteren Viertel des Platonischen Jahres ein Sommersternbild, dann steht es am Herbsthimmel und schließlich, nach rund 25800 Jahren, wird es wieder die gleiche Rolle als Wintersternbild spielen wie in unseren Tagen.

Die Erde als Kreisel

Die Periode von 25800 Jahren, mit der der Frühlingspunkt die Ekliptik durchwandert, ist uns schon einmal begegnet, nämlich im Sommerkapitel bei „Wega als Polarstern": Im selben Zeitraum beschreibt auch der Himmelsnordpol einen großen Kreis unter den Sternbildern.
Dies ist natürlich kein Zufall! Beide Erscheinungen haben ihre gemeinsame Ursache in der schon Newton bekannten Tatsache, daß die Drehachse der Erde nicht für alle Zeiten raumfest ausgerichtet bleibt, sondern – wie ein rotierender Kinderkreisel, den man nicht ganz senkrecht aufgesetzt hat – seltsam „eiert". Genauer gesagt, überstreicht die Erdachse im Verlauf eines Platonischen Zyklus die Fläche eines Doppelkegels (vgl. die Grafik!).
Unser Planet ist ja bekanntlich nicht ideal rund, sondern am Äquator etwas „dicklicher", und an diesen Äquatorwülsten greifen Mond und Sonne mit ihren Anziehungskräften an. Sie versuchen (und der Mond ist dabei besonders aktiv), unseren Planeten mit seiner etwas geneigten Drehachse „aufzurichten" – grade so, wie das die Anziehungskraft der Erde mit dem geneigten Spielzeugkreisel tun will. Was dabei herauskommt, kennen wir vom Kreisel: Seine Achse richtet sich nicht etwa auf, sondern beginnt stattdessen eine kreisende (Präzessions-)Bewegung!
Weil die Erdachse langsam im Kreis herumfährt, ist klar, daß auch die beiden Himmmelspole ihre Lage im Laufe von Jahrtausenden verändern: sie sind ja diejenigen Stellen der Himmelskugel, auf die die Erdachse zeigt. Damit haben wir die Bewegung der Himmelspole erklärt.
Wenn nun die Drehachse der Erde nicht stabil bleibt, dann tut das die Äquatorebene unseres Planeten ebenfalls nicht.

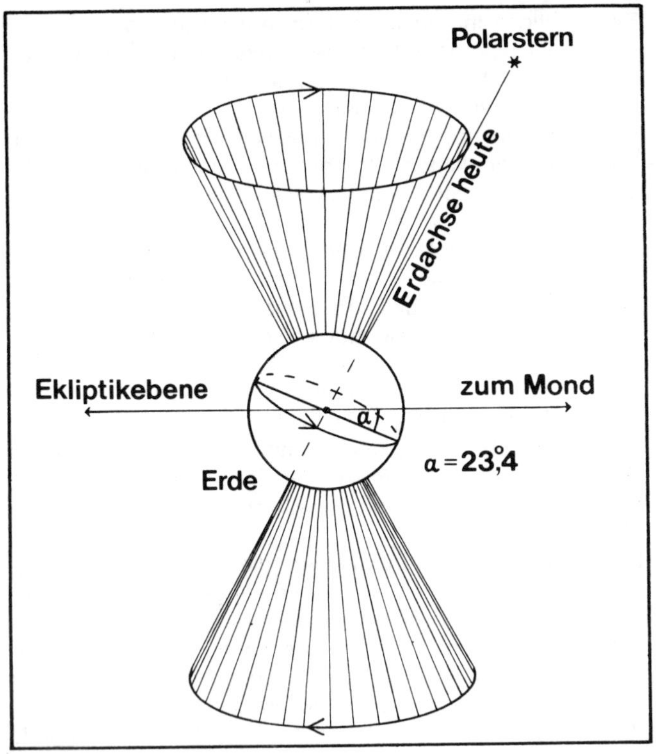

Die Präzessionsbewegung der Erdachse

Damit verlagert sich aber auch der Himmelsäquator, der ja die Schnittkurve der Äquatorebene mit der Himmelskugel ist. Und diese langsame Verschiebung des Himmelsäquators hat zur Folge, daß sich auch seine beiden Schnittpunkte mit der Ekliptik – also der Frühlings- und Herbstpunkt – ändern. So erklärt sich die „Wanderung" des Frühlingspunktes und damit auch die Präzession der Fixsterne.

Sternbilder und Sternzeichen

Der Verfasser ist an einem 4. April geboren und damit „im Zeichen des Widders" (er gibt zu, daß ihm dies geläufig ist; er weiß aber nicht, ob er über Horoskope lachen oder weinen soll).
Ein Blick auf unsere Grafik mit dem Sonnenlauf im Frühjahr zeigt nun allerdings, daß die Sonne am 4. April gar nicht im Sternbild des Widders steht, sondern in den Fischen! Man muß also offensichtlich unterscheiden zwischen den Tierkreis- Zeichen und den entsprechenden Sternbildern gleichen Namens.
Der Begriff des Sternzeichens spielt heute eigentlich nur noch bei den Astrologen eine Rolle – also jenen Zeitgenossen, die sich noch nicht von der archaischen Vorstellung trennen konnten, daß die Stellung der Gestirne Einfuß auf Charakter und Schicksal des Menschen haben soll.

Ein wichtiges Ingredienz bei der Aufstellung von Horoskopen ist die schematische Einteilung des Tierkreises in zwölf gleichgroße Abschnitte von jeweils 30° Länge. Beginnend beim Frühlingspunkt, werden diese Abschnitte „Tierkreiszeichen" genannt und tragen – ohne Rücksicht auf die tatsächlich dort befindlichen Sternbilder – der Reihe nach die bekannten Namen Widder, Stier, Zwillinge u.s.w.. Am Geburtstag des Verfassers steht die Sonne noch im ersten Abschnitt (Zeichen) des Tierkreises, sein Sternzeichen ist also der Widder. Die Sonne kümmert dies wenig, sie steht dann mitten im Sternbild der Fische.
Es gab einmal eine Zeit, zu der die Tierkreiszeichen ungefähr mit den Gebieten der gleichnamigen Sternbilder zusammenfielen – das war im Altertum, als sich der Frühlingspunkt noch im Sternbild Widder befand und der erste Tierkreisabschnitt „Widder" somit ebenfalls im Sternbild Widder lag. Auch die folgenden Zeichen des Tierkreises stimmten damals etwa mit den gleichnamigen Sternbildern überein.
Die Präzession hat inzwischen diese Übereinstimmung zunichte gemacht, weil sich der Frühlingspunkt vom Widder in die Fische verschoben hat. Da allerdings unsere heutigen Astrologen beharrlich am alten Einteilungsschema des Tierkreises festhalten und den Frühlingspunkt weiterhin als Anfangsmarke für das Zeichen „Widder" verwenden, fällt dieses Zeichen jetzt ungefähr mit dem Gebiet des Sternbilds Fische zusammen, und auch bei den übrigen Tierkreiszeichen kommt es zu einer entsprechenden Diskrepanz.
So plagen den Verfasser als „Widder" gelinde Zweifel, ob für ihn überhaupt noch die Widdersterne zuständig sind. Denn eigentlich wurde er ja „unter dem Sternbild der Fische" geboren – aber ob deren Sterne wissen, daß sie inzwischen die Rolle vom Widder spielen sollen ? (Der Leser möge sich einmal selbst fragen, ob er dies plausibel findet!).

Mira, der wundersame Stern im Walfisch

Wenn das Pegasusviereck am herbstlichen Abendhimmel hoch im Süden steht, findet man am Südosthimmel mit dem Walfisch einen weiteren prominenten Bewohner des himmlischen Meeres. Die Griechen und Römer der Antike hatten vom wahren Aussehen der Meerestiere allerdings erst sehr verschwommene Vorstellungen und sahen in diesem Sternbild wohl eher eine Art See-Monster (von dessen unrühmlicher Rolle in der Perseussage noch zu sprechen sein wird). Der heutige Betrachter braucht sich also nicht zu grämen, wenn er in den Umrissen des Sternbilds keinen Wal zu erkennen vermag.
Der berühmteste Stern des Walfisches ist Mira (Omicron Ceti), ein Veränderlicher, den heutzutage jeder Sternfreund zumindest dem Namen nach kennt. Im Zyklus von rund 11 Monaten schwankt die Helligkeit dieses Sterns in weiten Grenzen: Während Mira im Maximum meist etwa 3^m erreicht und leicht mit bloßen Augen gesichtet werden kann, fällt ihre Helligkeit zum Minimum auf 10^m ab, so daß man dann schon ein kleines Fernrohr nötig hat, um Mira noch aufzufinden.
Historisch gesehen war Mira der erste Veränderliche, auf den die Astronomen aufmerksam wurden. Den Entdeckerruhm schreibt man dem Holländer David Fabricius zu: er bemerkte in den Morgenstunden des 13. August 1596 im Walfisch einen Stern, den er zuvor dort noch nie gesehen hatte. Doch einige Wochen später war der „Neue" wieder verschwunden, und erst Fabricius'Landsmann Holwarda stellte 1638 fest, daß die Helligkeit des „Stella Mira", wie man den wundersamen Stern auch nannte, offenbar einem ständigen auf und ab unterworfen war. Die Periode dieses Lichtwechsels konnte dann erstmals Bouillard im Jahr 1667 zu 333 Tagen bestimmen – ein recht guter Durchschnittswert (man hat inzwischen schon Zyklen zwischen 320 und 370 Tagen beobachtet).
Um die zunächst völlig rätselhaften Helligkeitsschwankungen Miras zu erklären, gab es die unterschiedlichsten Ansätze. So glaubte zum Beispiel Maupertuis im 18. Jahrhundert, daß Miras Sternkörper von der Form eines Mühlsteines sei, den man unter verschiedenen Blickwinkeln sähe. Wilhelm Herschel schlug unter anderem dunkle Sternflecken zur Deutung des Lichtabfalls vor, und es gab auch schon die (unzutreffende) Erklärung, daß Mira ein Bedeckungsveränderlicher sei, dessen Licht periodisch durch einen dunklen Begleitstern verfinstert würde.

Pulsierende Rote Riesen

Aber erst, nachdem man in unserem Jahrhundert die Physik der Sterne besser verstehen lernte, gelang es auch, das Rätsel der Mirasterne (man kennt inzwischen einige tausend Exemplare dieser Art) wenigstens prinzipiell zu lüften, wenn auch bis heute noch viele Detailfragen offen sind. Wir wissen jetzt, daß es sich um kühle Rote Riesen handelt, die den besten Teil ihres Lebensweges bereits hinter sich haben und nun in eine Pulsationsphase geraten sind. Ihr gewaltiger Sternkörper, der einige hundertmal so groß wie unsere Sonne sein kann, „schwingt": er expandiert und kontrahiert im Rhythmus der Helligkeitsperiode. Dabei verändern sich auch die Oberflächentemperatur (bei Mira zwischen 1900 K im Minimum und 2600 K im Maximum) sowie der Spektraltyp.
Trotz ihres gewaltigen Durchmessers dürften Mirasterne nur von der Masse unserer Sonne sein. Die Materie ist in ihnen also extrem dünn verteilt: Mira selbst hat zum Beispiel nur das 0.0000002-fache der Sonnendichte! Deshalb muß man sich diese Sterne als zwar riesige, aber äußerst „ätherische" Gebilde im Weltraum vorstellen, und so wurden sie gelegentlich schon als die „Quallen" des Kosmos abqualifiziert. Weltraumfahrer, die sich auf ihrem Flug einem Mirastern näherten, würden vermutlich keine scharf abgegrenzte

Kugel vor sich sehen, sondern einen rötlich schimmernden Sternkörper mit diffusem, ausgefranstem Rand, von dem die äußersten Schichten schon in den umgebenden Weltraum diffundieren. In nicht allzu ferner Zukunft wird der Mirastern dann einen Großteil seiner äußeren Gasschichten völlig abstoßen und sich zu einem planetarischen Nebel entwickeln, mit dem entblößten Sternenkern im Zentrum (vgl. hierzu auch das Sommerkapitel).

Tau Ceti und die Suche nach den Außerirdischen

Etwa 15° südwestlich von Mira steht der 3.5^m helle Walfischstern Tau Ceti. Eigentlich ist an diesem eher schwachen Sternchen nichts Besonderes: es handelt sich um einen ganz gewöhnlichen, sonnenähnlichen Hauptreihenstern vom Spektraltyp G8, der mit seiner Entfernung von nur 11.8 Lichtjahren ein Nachbarstern in der Milchstraße ist. Aber gerade diese Eigenschaften ließen den Stern unter einem speziellen Gesichtspunkt interessant erscheinen: bei der Suche nach intelligenten Lebewesen auf anderen Planeten.
Ob „da draußen" überhaupt Leben existiert, und ob es vielleicht irgendwo sogar zur Entwicklung hochtechnisierter Zivilisationen gekommen ist, ist wohl eine der faszinierendsten Fragen, die man sich im Zusammenhang mit dem Kosmos stellen kann. Leider muß man heute seriöserweise feststellen, daß wir hierüber so gut wie nichts wissen.
Fest steht nur, daß es auf den Planeten und Monden unseres Sonnensystems weder grüne Männchen noch sonst höherentwickelte Lebewesen gibt. Selbst die Hoffnung, vielleicht auf dem relativ erdähnlichen Planetennachbarn Mars wenigstens Spuren primitiver Lebensformen zu finden, hat nach den negativ verlaufenen Bodenuntersuchungen der Viking – Lander im Jahr 1976 einen starken Dämpfer erhalten.
Was eventuelles Leben auf den Planeten anderer Sonnen in der Milchstraße angeht, so kann man darüber allenfalls spekulieren. Eine Fülle von Fragen müßte beantwortet werden, um die Wahrscheinlichkeit höherentwickelten Lebens in unserer Galaxis abschätzen zu können. Zum Beispiel: Wieviele Sonnen besitzen überhaupt Planeten ? Bis heute ist nämlich noch kein einziger Planet eines anderen Sterns zweifelsfrei nachgewiesen worden, wenn auch allgemeiner Konsens besteht ,daß sich um viele andere Sonne ebenfalls Planetensysteme gebildet haben dürften. Aber selbst dann: Auf wie vielen solcher Planeten herrschen überhaupt geeigneten Lebensbedingungen ? Wie groß ist die Wahrscheinlichkeit dafür, daß sich unter den gleichen physikalischen Bedingungen wie auf der frühen Erde wiederum Leben entwickelt ? Wie oft entsteht dann aufgrund der Evolution eine hochentwickelte Zivilisation, und wie lang ist deren Lebensdauer?
Die Antworten auf fast alle diese Fragen sind bei den Experten heute noch stark umstritten, und so ist es nicht verwunderlich, daß man sowohl die Meinung hört, wir seien im Kosmos „allein", als auch die Hoffnung, es müßte schon in der Milchstraße eine große Zahl fremder Zivilisationen geben.
Um das Jahr 1960 waren die Radioteleskope so weit entwickelt, daß man daran gehen konnte, zumindest die nahen Sterne auf verdächtige Radiosignale hin „abzuhorchen", die möglicherweise von Intelligenzen auf dortigen Planeten stammten. So begann unter Frank Drake am National Radio Astronomy Observatory der USA mit dem Projekt OZMA das erste derartige Abhörunternehmen.
Am erfolgversprechendsten schien es, nahe Sterne anzupeilen, die in physikalischer Hinsicht unserer Sonne ähnelten (in deren Planetenumgebung ja bekanntlich Leben entstanden ist). Unter diesen Gesichtspunkten fiel die erste Wahl auf zwei Kandidaten: Tau Ceti und Epsilon Eridani. Leider haben aber bis heute weder das Unternehmen OZMA noch verschiedene Folgeprojekte irgendwelche verdächtigen Signale aus dem Kosmos aufgefangen. Sind wir also doch allein – oder schlicht zu dumm für eine galaktische Kommunikation ? Der Leser wird sich hier seinen eigenen Spekulationen hingeben.

Perseus und das Haupt der Medusa

An Herbstabenden kommt im Osten das Sternbild des Perseus herauf, das sich oberhalb vom Stier über eine Länge von 30° erstreckt. Dieses Sternbild enthält nur zwei Sterne von zweiter Größe (nämlich Alpha Persei und Algol) sowie eine Handvoll mittelheller Sterne, so daß man den Perseus nicht zu den besonders prachtvollen Sternbildern zählen kann. Sein Umriß ist aber doch einigermaßen einprägsam, so daß es auch von Anfängern unschwer am Himmel gefunden werden kann.
Die alten Kulturvölker sahen in diesem Sternbild vielfach Götterfiguren und Heroen. Im antiken Griechenland trug es bereits den Namen „Perseus".
Nach der griechischen Mythologie war Perseus ein Halbgott, Sohn von Zeus und Danae. Um seinen Mut zu demonstrieren, zog er gegen die Gorgonen – jene drei scheußlichen Wesen mit Drachenschuppen, Flügeln und Schlangenhäuptern, deren Anblick zu Stein erstarren ließ. Durch einen Trick – er schaute nur auf das Spiegelbild der Gorgonen in seinem Schild – gelang es Perseus, der eigenen Versteinerung zu entgehen. So konnte er der Medusa (sie war die einzig sterbliche unter den Gorgonen) das Haupt abschlagen. Dem verbliebenen Rumpf soll, wie man liest, ein geflügeltes Roß entsprungen sein: Der Pegasus.
Das Medusenhaupt nahm Perseus vorsichtshalber mit sich, und diese Maßnahme sollte sich noch als günstig erweisen. Denn auf dem Rückweg begegnete er der wunderschönen Jungfrau Andromeda, Tochter von Cepheus und Cassiopeia (deren Sternbilder am Himmel nicht weit von Perseus und Andromeda stehen). Bedauerlicherweise fand Perseus die Königstochter an eine Felsenklippe geschmiedet, denn es

Das Sternbild Perseus mit Algol (14 mm vom rechten Bildrand entfernt, rechts der Bildmitte) und dem Califonianebel (nahe der Bildmitte). Nahe dem unteren Bildrand die Plejaden. Aufnahme von H.-J. Goldan mit Kleinbildoptik

war ihr bestimmt, von einem Meeresungeheuer (dem Walfisch) verschlungen zu werden. Wie es sich für eine ordentliche Geschichte gehört, entflammte Perseus in Liebe zu Andromeda. Er tötete den Walfisch, befreite die Andromeda und nahm sie schließlich zur Frau – nicht jedoch, ohne vorher noch einem unerwünschten Mitbewerber das Medusenhaupt gezeigt und ihn auf diese zweifellos originelle Weise aus dem Rennen geworfen zu haben.

John Goodricke löst das Algol-Rätsel

Der Perseusstern Algol wurde von den Römern auch als Gorgoneum Caput, also „Gorgonenhaupt" bezeichnet. Der heute übliche Name Algol leitet sich dagegen vom arabischen Al Ra's al Ghul ab, was soviel wie „Kopf des Dämonen" bedeutet.

Bis ins Mittelalter hinein schrieben die Sterndeuter diesem Stern besonders gefährliche und unglückbringende Eigenschaften zu. Leider läßt sich heute nicht mehr feststellen, warum die Astrologen eine solch schlechte Meinung von Algol hatten.

Sicher ist jedenfalls, daß sich dieser Stern durchaus ungewöhnlich verhält!

Wer an klaren Herbst- oder Winterabenden öfter einmal zum Perseus hinaufschaut und dabei den Stern Algol beobachtet, findet ihn meistens mit 2.1^m ähnlich hell wie Alpha Persei (1.8^m). An manchen Abenden jedoch leuchtet der Stern merklich schwächer als gewöhnlich: Dann ist man Augenzeuge einer Algol-Finsternis (dieses Erlebnis braucht man übrigens nicht dem Zufall zu überlassen, sondern kann die fraglichen Zeiten auch einem astronomischen Jahrbuch entnehmen!).

Algol ist also ein Veränderlicher, und der Bologneser Astronom Geminiano Montanari hat dies wohl im Jahr 1667 als erster bemerkt. Daß der Algol-Lichtwechsel sogar periodisch abläuft und sich in gleicher Form alle 2,87 Tage wiederholt, erkannte aber erst John Goodricke im Jahr 1782. Er hatte auch schon die richtige Idee, wie dieses seltsame Verhalten erklärt werden kann: Algol ist ein Doppelstern, bei dem ein heller Hauptstern von einem vergleichsweise dunkleren Stern umkreist wird. Und immer, wenn dieser Begleiter vor dem Hauptstern vorüberzieht, deckt er dessen Licht für uns teilweise ab und wir beobachten eine Verfinsterung. Damit zählt Algol zu den „Bedeckungsveränderlichen", von denen wir mit β Lyrae im Sommerkapitel bereits einen anderen Prototyp kennengelernt haben.

Goodrickes Vorstellungen waren für seine Zeit noch ausgesprochen kühn, denn über die Fixsternwelt war damals kaum etwas bekannt. Daß es im Weltall überhaupt Doppelsterne gibt, entdeckte erst Wilhelm Herschel zwanzig Jahre später.

Die Cassiopeia und ihre Sterne

Das Sternbild der Cassiopeia findet man an Herbstabenden hoch über sich, nahe dem Zenit. Nach der griechischen Mythologie war Cassiopeia eine äthiopischen Königin, Gemahlin des Cepheus und Mutter der Andromeda (sowie übrigens noch weiterer 21 Kinder!). Wie wir schon erfahren haben, wurde Perseus ihr Schwiegersohn, nachdem er die Andromeda vor dem Walfisch gerettet hatte.

Das Sternbild Cassiopeia wird von fünf mittelhellen Sternen gebildet, die sich in der Form des Buchstabens „W" anordnen. Mit einem Abstand von nur 30° zum Himmelspol zählt die Cassiopeia zu den zirkumpolaren Sternbildern, die man in jeder klaren Nacht des Jahres am Himmel beobachten

kann. Bei der allgemeinen Drehung um den Polstern dreht sich auch das Himmels-W im Kreis herum. An Frühjahrsabenden, wenn das Sternbild seine niedrigste Himmelsstellung einnimmt, steht der Buchstabe „W“ aufrecht und in gewohnter Form über dem Nordhorizont. Im Herbst dagegen kulminiert die Cassiopeia abends hoch über uns und sieht jetzt – wenn wir uns zum Nordhimmel ausgerichtet haben – wie ein „M“ aus.

Wenn sie sich an unserem Himmel auch zu einem einprägsamen Buchstaben anordnen, so haben doch die fünf Sterne der Cassiopeia räumlich betrachtet nichts miteinander zu tun, denn sie stehen in ganz unterschiedlichen Entfernungen.

Der mittlere Stern Gamma dürfte am weitesten von uns entfernt sein; sein Abstand (vielleicht 700 Lichtjahre) ist allerdings umstritten und wird in der Literatur unterschiedlich angegeben. Es handelt sich um einen sehr leuchtstarken, bläulichweißen B0-Stern mit einem erratischem Helligkeitsverhalten, das ihn zum Prototyp der Gamma-Cassiopeiae-Veränderlichen gemacht hat. Diese Sterne sind auf ihrem Entwicklungsweg dabei, die Hauptreihe (vgl. hierzu das Winterkapitel!) zu verlassen. Aufgrund ihrer schnellen Rotation stoßen sie gelegentlich Gasschichten vom Äquator ab.

Offenbar bei einem derartigen Vorgang stieg die Helligkeit von Gamma im April 1937 auf beachtliche 1.6^m, fiel dann aber bis Anfang der vierziger Jahre wieder auf 3.0^m ab. Heute leuchtet der Stern ungefähr so hell leuchten wie Alpha (2.2^m) an der rechten, unteren Knickstelle des „W“. Aber niemand kann die weitere Helligkeitsentwicklung vorhersagen, und so möge der Leser selbst einmal nach diesem Stern schauen!

Nach Beobachtungen aus dem vorigen Jahrhundert soll auch der Stern Alpha mit dem (heute nicht mehr gebräuchlichen) Eigennamen Schedir veränderlich sein, doch werden diese Berichte inzwischen als zweifelhaft angesehen. Alpha ist ein goldgelber Riesenstern vom Spektraltyp K0, dessen Entfernung etwa 110 Lichtjahre beträgt. Er befindet sich jetzt in einem Entwicklungsstadium, das unsere Sonne in einigen Milliarden Jahren ereichen wird.

Beta, der Stern am rechten oberen Ende des „W“, liegt ungefähr auf der Verbindungslinie vom Himmelsnordpol zum Frühlingspunkt in den Fischen, also auf jenem wichtigen Großkreis der Himmelskugel, von dem aus die Rektaszension der Gestirne gemessen wird.

Tychos Supernova von 1572

Das Fernsehen beschert uns manchmal die Gelegenheit, uns der Schadenfreude hinzugeben, wenn nämlich nichtsahnende Zeitgenossen „auf den Arm genommen“ und dabei mit versteckter Kamera gefilmt wurden. Zu diesem Zweck hatte man einmal den Tresen einer Bar so präpariert, daß sich die Trinkgläser der Gäste unverhofft und wie durch Zauberhand verschoben.

Die Wirkung dieses Versuchsaufbaues war durchschlagend: Geschockt von der scheinbaren Verletzung der Naturgesetze, mochten die Barbesucher ihren eigenen Sinnen nicht trauen und blickten sich erst einmal verstohlen um, ob andere Gäste das Ungeheuere ebenfalls gesehen hätten. Das Vertrauen in die eigene Wahrnehmungsfähigkeit bricht also schnell zusammen, wenn die Beobachtungen im Widerspruch zum Weltbild zu stehen scheinen!

Ganz so muß es anno 1572 auch dem dänischen Astronomen Tycho Brahe ergangen sein, als er am Abend des 11. November wieder einmal routinemäßig den (in seinen Augen ewigen und unveränderlichen) Sternenhimmel musterte. Was er dabei im Sternbild der Cassiopeia entdeckte, schilderte er später ungefähr mit folgenden Worten: „Fast genau über mir leuchtete ein neuer, ungewöhnlicher Stern, der alle anderen Sterne an Helligkeit übertraf. Ich war mir ganz sicher, daß ich zuvor an jener Stelle noch nie einen Stern gesehen hatte, denn ich war von Kindheit an gut mit allen Gestirnen des Himmels vertraut. Ich muß zugeben, daß ich beim Anblick dieses neuen Sterns an meinen Sinnen zweifelte. Erst als mir auch andere Personen bestätigten, daß dort wirklich ein heller Stern zu sehen war, schwanden meine Zweifel. Ein echtes Wunder ist geschehen, wie es das seit Anbeginn der Welt noch nie gegeben hat.“

Vor allem Tycho verdanken wir ausführliche Aufzeichnungen über die Helligkeitsentwicklung dieses seltsamen Sterns und eine für die damalige, fernrohrlose Zeit schon erstaunlich gute Positionsbestimmung (auf etwa 30“ genau). Der Stern stand nahe Kappa in der Cassiopeia und strahlte zwei Wochen lang mit Venushelligkeit (-4^m), dann wurde er langsam schwächer und sank 16 Monate später unter die Sichtbarkeitsgrenze für bloße Augen (6^m). In diesem Zeitraum veränderte sich die Färbung des Sterns von anfangs reinem Weiß zu gelblich, orange und schließlich rötlich.

Wir wissen heute, daß Tycho Augenzeuge einer Supernovaexplosion (vom Typ I) geworden ist, die sich in etwa 10000 Lichtjahren Entfernung in unserer Milchstraße abgespielt hat. Anders als bei der Supernova von 1054 (vgl. hierzu das Winterkapitel!) lassen sich am Ort von Tychos Supernova keine auffälligen Reste der Sternexplosion beobachten. Auf langbelichteten Platten des Mt. Palomar Observatoriums fanden sich jedoch extrem schwach schimmernde Nebelfetzen, die von der Sternkatastrophe zeugen. Sie fliegen noch heute mit der enormen Geschwindigkeit von 9000 Kilometern in der Sekunde auseinander.

Wie Cepheiden ihre Entfernung anzeigen

Neben dem Sternbild der Königin Cassiopeia findet man am Himmel das Bild ihres Herrn Gemahls, des Cepheus. An unserem meist doch irgendwie aufgehellten Nachthimmel gehört der Cepheus, der außer seinem mittelhellen Hauptstern Alderamin (2.6^m) nur noch eine Handvoll Sternchen mit

Helligkeiten von 3^m oder 4^m aufzuweisen hat, zu den unscheinbaren Sternbildern. Mit etwas Vorstellungsvermögen kann man in diesem Sternbild eine Figur wie das bekannte, fünfeckige „Haus vom Nikolaus" erkennen.
An der linken unteren Hausecke steht der berühmte Veränderliche Delta Cephei, Prototyp für die ganze Gruppe der Cepheidensterne. Als erster bemerkte John Goodricke (den wir bereits als Entdecker von Algol kennengelernt haben) im Jahr 1784, daß die Helligkeit dieses Sterns regelmäßig mit einer Periode von 5.37 Tagen zwischen 3.6^m und 4.3^m schwankt. Man kann diesen Lichtwechsel schon mit bloßen Augen verfolgen, wenn man Delta an einigen Abenden hintereinander mit den nahen Cepheussternen Zeta (3.4^m) und Epsilon (4.2^m) vergleicht.
Die Veränderlichen vom Cepheidentyp stellen eine Art von „Standardkerzen" unter den Sternen dar und spielen deshalb eine außerordentlich wichtige Rolle bei der Entfernungsbestimmung im Weltall.
Nehmen wir einmal an, wir stünden in stockfinsterer Nacht im Freien und würden ganz in der Ferne ein Licht erkennen. Es ist dann kaum möglich, die Entfernung der Lichtquelle einzuschätzen – es sei denn, wir wüßten, um was für eine Lichtquelle es sich dabei handelt. In diesem Fall wäre ja die wahre Leuchtkraft der Quelle aus Erfahrung bekannt, und wir könnten dann anhand unseres Helligkeitseindruckes ungefähr auch ihre Entfernung taxieren.
Ähnlich ist die Situation beim Betrachten des nächtlichen Sternenhimmels. Ein räumlicher Eindruck will sich dabei nicht einstellen, weil wir kein Gespür dafür haben, welche Sterne nun im Vordergrund der Szenerie stehen und welche die Kulisse bilden. Hätten wir jedoch Informationen über die wahre Leuchtkraft der einzelnen Sterne, so ließe sich deren Entfernung anhand ihrer scheinbaren Helligkeit am Himmel durchaus berechnen.
Um diese „Leuchtkraftmethode" (die viel weiter reicht als etwa die Parallaxenmethode) bei der Entfernungsbestimmung im Weltall einsetzen zu können, sind die Astronomen natürlich stark daran interssiert, die wahre Leuchtkraft einzelner Sterntypen, aber auch größerer Aggregate wie Kugelsternhaufen oder ganzer Galaxien kennenzulernen.
Und hier kommt ihnen nun die Natur mit den Cepheidensternen sehr entgegen: Diese Veränderlichen verraten nämlich auf einfache Weise, wie groß ihre wahre Leuchtkraft ist! Im Jahr 1912 entdeckte die Astronomin Henrietta Leavitt vom Harvard Observatorium bei einer Untersuchung der Cepheiden in der Kleinen Magellanschen Wolke einen verblüffend einfachen Zusammenhang zwischen der Periodendauer dieser Veränderlichen und ihrer wahren Leuchtkraft: Je länger die Helligkeitsperiode ist, desto leuchtkräftiger ist der Stern. Man braucht nur den Lichtwechsel eines Cepheidensterns zu verfolgen und kann dann aus der Periodenlänge sofort auf seine wahre Leuchtkraft – und damit auch auf die Entfernung! – schließen. Wie man allerdings erst später

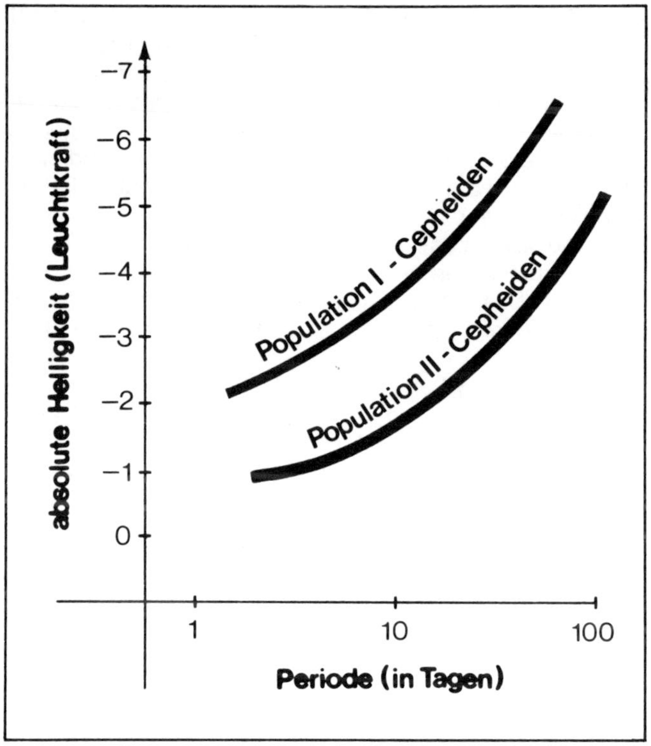

Die Perioden-Leuchtkraft-Relation für Cepheiden

gemerkt hat, gibt es zwei Typen von Cepheiden, die sich in der Leuchtkraft merklich unterscheiden. Unsere Grafik veranschaulicht die Perioden-Leuchtkraft-Beziehung für beide Cepheidenarten.
Ein einzelner Cepheidenstern kann so hell wie 10000 Exemplare unserer Sonne leuchten, und deshalb lassen sich diese kosmischen Leuchtfeuer auch bis in große Tiefen des Weltalls erkennen. Ihr Nachweis im Andromedanebel und einigen anderen, nahen Galaxien führte zu ersten brauchbaren Entfernungsbestimmungen dieser Sternsysteme.
Bis jetzt (April 1990) gelang es zwar noch nicht, auch im weiter entfernten Virgo-Galaxienhaufen Cepheiden aufzuspüren. Große Hoffnungen ruhen aber in dieser Hinsicht auf dem 1990 in Dienst gestellten New Technology Telescope (NTT) des European Southern Observatory (ESO) in Chile sowie auf dem HUBBLE-Space-Telescope, das im April 1990 in die Erdumlaufbahn gebracht wurde (leider stellten sich beim HUBBLE Telescope nach dem Start schwerwiegende optische Mängel heraus, so daß zum jetzigen Zeitpunkt unklar ist, inwieweit die ursprünglichen wissenschaftlichen Ziele noch erreicht werden können).
Die Entdeckung von Cepheiden im Virgohaufen würde eine zuverlässige Entfernungsbestimmung dieser Galaxien ermöglichen und damit auch zu einer Entscheidung über den bislang heftig umstrittenen Wert der Hubble-Konstanten

führen, die für die Kosmologie von großer Bedeutung ist (vgl. hierzu auch das Frühjahrskapitel!).

Die Geschichte des Andromedanebels

Das entfernteste Objekt, das man mit bloßen Augen am Himmel erkennen kann, ist der berühmte Andromedanebel M31. Trotz seiner Gesamthelligkeit von 3.5^m braucht man aber schon eine wirklich dunkle, mondscheinlose Nacht und genaue Kenntnis der Position (1° westlich vom Stern Nü in der Andromeda), um diese Nachbargalaxie als kleines, diffuses Nebelchen wahrnehmen zu können.
Lange Zeit haben die Astronomen diesem matten Lichtfleck wenig Aufmerksamkeit geschenkt. Es scheint aber, daß der Andromedanebel bereits in der Antike bekannt war. Ein erst kürzlich wiederentdecktes Gedicht des römischen Adligen Rufus Festus Avienus aus dem 4. Jahrhundert spricht in einer allerdings recht unklaren Passage über das Sternbild Andromeda von „Wolken", mit denen die Königstochter an die Felsklippen gefesselt sei. Auch der persische Astronom Al Sufi, der im 10. Jahrhundert lebte, erwähnt die „Kleine Wolke" in der Andromeda. Die erste Fernrohrbeobachtung stammt wohl aus dem Jahr 1612 von Simon Marius, der den Anblick des Nebels recht treffend mit Kerzenlicht vergleicht, das durch Horn scheint.
Nach der Entdeckung des Fernrohrs wurden nach und nach immer mehr Nebel am Sternenhimmel entdeckt, und es entstand natürlich die Frage, was für Objekte man da eigentlich vor sich hatte. Manche von ihnen entpuppten sich bei stärkeren Vergrößerungen einfach als Ansammlungen von Sternen, also Sternhaufen. Bei anderen – wie zum Beispiel dem Andromedanebel – konnte selbst Wilhelm Herschel mit den größten Teleskopen seiner Zeit keinerlei Auflösung erkennen. Die Vorstellung Immanuel Kants (1755), daß zumindest einige der Nebelflecke weit entfernte, fremde Milchstraßensysteme darstellen, fand in der Folge Gegner und Befürworter. Im letzten Jahrhundert gelang es mit Hilfe der Spektralanalyse immerhin zu entscheiden, ob es sich bei einem Nebelfleck um leuchtende Gase oder um ein nicht aufgelöstes Aggregat aus Sternen handelte. Unklar blieb dabei allerdings, wo das Objekt anzusiedeln war – in unserer Milchstraße oder außerhalb.

Die Spiralnebeldebatte wird entschieden

Endgültig entschieden wurde die Spiralnebeldebatte dann erst durch Edwin Hubble im Jahr 1923, und zwar am Andromedanebel.
Es gelang ihm, die Randzonen dieses „Nebels" mit dem 2,50 Meter Spiegelteleskop auf dem Mount Wilson in Einzelsterne aufzulösen. Dabei entdeckte er auch einige Veränderliche vom Typ der Cepheiden, also jene kosmischen Leuchtfeuer, die uns ihre Entfernung verraten. Mit der Cepheidenmethode konnte Hubble nun den Abstand des

Der Andromedanebel mit seinen beiden Begleitgalaxien, aufgenommen mit 200 mm Teleobjektiv von H.-J. Goldan

Andromedanebels zu 900000 Lichtjahren berechnen, und damit war bewiesen, daß es sich um ein Sternsystem außerhalb der Grenzen unserer Milchstraße handeln mußte.
Zwei Jahrzehnte später erkannten Walter Baade und Henri Mineur allerdings, daß man bei der Anwendung der Cepheidenmethode vorsichtig sein muß, weil es zwei verschiedene Typen dieser Veränderlichen mit unterschiedlicher Perioden-Leuchtkraft Beziehung gibt (vgl. auch die entsprechende Grafik). Die von Hubble in den zwanziger Jahren entdeckten Cepheiden im Andromedanebel mußten viel leuchtstärker sein als zunächst angenommen.
Dies und auch andere Beobachtungen zwangen Anfang der fünfziger Jahre zu einer Revision der früheren Entfernungsbestimmungen, und dabei „verdoppelte" sich auch die Entfernung zum Andromedanebel. Heute findet man hierfür den Wert von 2.2 Millionen Lichtjahren angegeben. Damit steht uns dieser Spiralnebel von allen größeren Galaxien am nächsten.

Anatomie eines Spiralnebels

Wir leben mit unserem Sonnensystem zwar in einem Spiralnebel (unserer Milchstraße), aber dessen Erkundung krankt zum Teil daran, daß wir „den Wald vor lauter Bäumen" nicht sehen: als Einwohner der Milchstraße kann man eben nur schwer einen Überblick über die gesamte Struktur bekommen. So glückte zum Beispiel erst 1951 der Nachweis, daß die Milchstraße wirklich Spiralarme besitzt. Und ein Blick in die Kernzone gelang erst in den achtziger Jahren.
Mit dem Andromedanebel hat man aber ein vermutlich ähnlich gebautes Exemplar von Spiralnebel vor sich, das natürlich zum Ziel eingehender Studien wurde. Rechnet man auch die schwächsten, soeben noch nachweisbaren Randzonen mit, so hat diese Nachbargalaxie einen Scheibendurchmesser von 180000 Lichtjahren und ist damit fast doppelt so groß wie die Milchstraße.
Man schätzt, daß sie mindestens 300 Milliarden Sterne enthält.
Es war die Entdeckung des deutschstämmigen Astronomen Walter Baade, der lange Jahre an den Mount Wilson und Palomar Observatorien gearbeitet hat, daß man die Sternbevölkerung des Andromedanebels (wie übrigens auch anderer Galaxien) in zwei Klassen – sogenannte Populationen – einteilen kann, die im HR-Diagramm unterschiedliche Muster ergeben (zum HR-Diagramm vgl. das Winterkapitel!).
Als man später den Lebensweg der Sterne besser verstehen lernte, stellte sich heraus, daß Baades Enteilung in Populationen gleichzeitig auch eine Sortierung nach dem Alter der Sterne ist.
Die Population I besteht überwiegend aus jungen Sternen, die sich in der Scheibenebene von Galaxien finden. Hierzu zählen zum Beispiel die heißen und extrem leuchtstarke Überriesen, die zusammen mit Staub- und Wasserstoffwolken die auffälligen Spiralarme markieren. Auch jene leuchtkräftige Sorte von Cepheiden, die Edmund Hubble im Andromedanebel entdeckt hatte, gehörte zur Population I.
Bei seinen Untersuchungen des Andromedanebels konnte Walter Baade sieben Spiralarme unterscheiden, wobei der äußerste Arm etwa 70000 Lichtjahre vom Zentrum entfernt ist, während sich der innerste bis auf 1000 Lichtjahre an den Kern heran verfolgen ließ.
Die zentrale Region des Andromedanebels wird von Sternen der Population II bevölkert. Dabei handelt es sich um alte Sterne, die in geringerer Zahl auch weiter außen zu finden sind und die Galaxienscheibe rundum als „Halo" umgeben.
Die teilweise Auflösung der dichten Zentralzone des Andomedanebels in Einzelsterne glückte erst mit Hilfe des 5m-Spiegels auf dem Mount Palomar.
Innerhalb der Zentralzone zeigen große Teleskope einen fast punktförmigen Kern von rund 50 Lichtjahren Durchmesser. Was sich dort im „Herzen" des Andromedanebels verbirgt – darüber läßt sich heute ebenso wie bei unserer eigenen Galaxis nur spekulieren.

4. ANREGUNGEN ZU WEITEREN HIMMELSBEOBACHTUNGEN

Veränderliche Sterne

Unter den Veränderlichen, die der Herbsthimmel zu bieten hat, befinden sich auch einige helle und leicht zu beobachtende Prototypen ihrer Klasse. Von der großen Bedeutung der Cepheiden für die Entfernungsbestimmung im Kosmos haben wir schon erfahren. *Delta Cephei*, der Namensgeber dieser Pulsationsveränderlichen, steht jetzt fast senkrecht über dem Betrachter in Zenitnähe und ist an jedem klaren Abend schon mit bloßen Augen zu sehen.

Das kann man von *Mira* im Walfisch nicht sagen, denn dieser pulsierende Rote Riese wird jeweils nur für zwei oder drei Monate um die Zeit des Maximums hell genug für eine Sichtung ohne optische Hilfsmittel. Helligkeitsmaxima wurden zum Beispiel für den 2. November 1989 und den 20. September 1990 erwartet, und der Leser mag sich aus diesen Angaben die Zeiten künftiger Maxima „hochrechnen" (die Periode beträgt rund 11 Monate).

Unter den Bedeckungsveränderlichen, die ja im physikalischen Sinn gar kleine echten Veränderlichen sind, ist zweifellos *Algol* im Perseus der bekannteste und für den Anfänger wohl der empfehlenswerteste Veränderliche überhaupt. Wenn man den richtigen Abend abpaßt (das Jahrbuch befragen!), kann man im Verlauf weniger Stunden den Lichtabfall zum Minimum oder auch den Wiederanstieg der Helligkeit mit bloßen Augen gut verfolgen. Als Vergleichssterne bieten sich dabei Alpha (1.8^m) und Delta (3.0^m) im Perseus an – nicht aber der nahe *Rho Persei*, der selbst zwischen 3.3^m und 4.0^m schwankt!

Wer sich den Veränderlichen eingehender widmen will, findet in unserer Tabelle noch weitere Objekte, die zumindest im Maximum leicht mit jedem Fernglas erkennbar sind. Für die aktuellen Zeitpunkte der Maxima oder Minima muß auf die einschlägige Jahrbuchliteratur verwiesen werden.

Tabelle. Veränderliche am Herbsthimmel

Bezeichnung	Rektasz.	Dekl.	mag.	Periode	Bemerkungen
R And	0^h24^m0	38°35'	6 – 15	409^d	Mirastern
γ Cas	0 56.7	60 43	1.6-3.1	irregulär	(vgl. Text!)
Mira	2 19.3	– 2 59	3 – 10	332^d	Vgl. Text
R Tri	2 37.0	34 16	6 – 12	266^d	Mirastern
RZ Cas	2 48.9	69 38	6.4-7.8	1.20^d	Algoltyp
ρ Per	3 05.2	38 50	3.3-4.0	irregulär	Roter Riese
Algol	3 08.2	40 57	2.2-3.5	2.87^d	(s.Text!)
λ Tau	4 00.7	12 29	3.5-4.0	3.95^d	β-Lyrae Typ
ε Aur	5 02.0	43 49	3.0-3.8	9883^d	Vgl. Winterkap.
Beteigeuze	5 55.2	7 24	0 – 1	irregulär	
η Gem	6 14.9	22 30	3.1-3.9	irregulär	Roter Riese.
T Mon	6 25.2	7 05	5.8-6.8	27.02^d	Cepheide
RT Aur	6 28.6	30 30	5.1-5.8	3.73^d	Cepheide
ζ Gem	7 04.1	20 34	3.7-4.2	10.15^d	Cepheide
β Lyr	18 50.1	33 22	3.3-4.2	12.94^d	Prototyp
R Aql	19 06.3	8 14	6 – 12	281^d	Mirastern
U Aql	19 29.4	– 7 03	6.0-6.9	7.02^d	Cepheide
R Cyg	19 36.8	50 12	6 – 14	426^d	Mirastern
χ Cyg	19 50.6	32 55	5 – 13	407^d	Mirastern
η Aql	19 52.5	1 00	3.7-4.4	7.18^d	Cepheide
S Sge	19 56.0	16 38	5.3-6.0	8.38^d	Cepheide
T Vul	20 51.5	28 15	5.4-6.3	4.44^d	Cepheide
T Cep	21 09.5	68 29	6 – 11	388^d	Mirastern
μ Cep	21 43.5	58 47	3.6-5.1	irregulär	Granatstern
δ Cep	22 29.2	58 25	3.7-4.6	Prototyp	Vgl. Text
β Peg	23 03.8	28 05	2.3-2.8	irregulär	Roter Riese
R Aqr	23 43.8	–15 17	6 – 12	387^d	Mirastern
R Cas	23 58.4	51 24	6 – 12	430^d	Mirastern

Doppelsterne

Von den Doppelsternen des Sommerhimmels zeigen sich etliche auch noch an Herbstabenden. So kann man zum Beispiel *ε Boo* und *α Her* mit jeweils schönem Farbkontrast (gelb/blau) noch bis Mitte Oktober bzw. Anfang November am Westhimmel beobachten. Das Vierfachsystem ε^1, ε^2 *Lyrae* und *Albireo* (*β Cygni*) sind weitere Schauobjekte, die bis in den Dezember hinein am frühen Abendhimmel bewundert werden können.

Am „typischen" Herbsthimmel ist dann *γ And* ein lohnendes Beobachtungsziel selbst für das kleinste Fernrohr. Die hellere Komponente leuchtet mit einem warmen Organgeton, der Begleiter erscheint bläulich. Beide Sterne sind für sich bereits sehr enge Doppelsterne, aber in Amateurfernrohren nicht zu trennen. In der gleichen Himmelsgegend findet man *η Cas*, der 1779 von Wilhelm Herschel als doppelt erkannt wurde. Der Abstand zwischen den beiden Komponenten war im Jahr 1890 mit 5" am geringsten und wird bis zum Jahr 2150 auf 16" anwachsen. Das Paar ist mit jedem Amateurfernrohr zu trennen, aber der Verfasser empfindet den großen Helligkeitsunterschied von 4 Größenklassen doch als Schönheitsfehler.

Wer zumindest einen guten 3-Zöller besitzt, kann sich auch einmal an die schwierigeren Objekte *ζ Aqr* und *α Psc* wagen. Aufgrund der Bahnbewegung wird α Psc, der 1779 von Herschel als Doppelstern entdeckt wurde, allerdings zunehmend schwieriger. Die Umlaufszeit des Systems mag bei 720 Jahren liegen, wobei sich die beiden Sterne etwa im Jahr 2060 am nächsten stehen sollen.
Auch unter den übrigen Doppelsternen unserer Tabelle wird man noch manches „Kleinod" finden.

Tabelle. Doppelsterne am Herbsthimmel

Bez.	Rektasz.	Dekl.	mag.	Distanz	Bemerkungen
η Cas	$0^h49.1^m$	57°49'	3.4/7.5	12.2"	U = 480ᵃ Vgl. Text
ζ Psc	1 13.7	7 35	5.2/6.3	23.2	Vgl. Text
γ Ari	1 53.5	19 18	4.6/4.7	7.8	leicht und lohnend!
α Psc	2 02.0	2 46	4.3/5.2	1.6	Test für 3-Zöller, U = 720ᵃ (Text!)
γ And	2 03.9	42 20	2.2/5.0	10.0	schöner Farbkontrast
59 And	2 10.9	39 02	5.6/6.1	16.6	
ι Tri	2 12.4	30 18	5.3/6.8	3.8	recht hübsch; leicht
ι Cas	2 29.1	67 24	4.6/6.9/8.4		dreifach(2.5",7.1")
γ Cet	2 43.3	3 14	3.7/6.2	2.8	
ε Ari	2 59.2	21 20	5.2/5.6	1.4	ab 4-Zöller
Σ 331	3 00.9	52 21	5.3/6.7	12.2	
32 Eri	3 54.3	− 2 57	4.8/6.1	6.9	Farben gelb/bläulich
λ Ori	5 35.1	9 56	3.7/5.6	4.3	
ϑ^1 Ori	5 35.3	− 5 23	5.1/6.7var 6.7/8.0var		„Trapez" im Orionnebel Abstände 8.8"-21.6"
ζ Ori	5 40.8	− 1 57	1.9/4.1	2.4	U = 1500ᵃ
γ Lep	5 44.5	−22 27	3.6/6.2	95	Fernglas!
ε Mon	6 23.8	4 36	4.3/6.7	13.3	
β Mon	6 28.8	− 7 02	3.8/5.4/5.6		dreifach (7.4",2.8")
32 Cam	12 49.2	83 25	5.3/5.8	21.5	
ζ UMa	13 23.9	54 56	2.3/4.0	14.5	
ε Boo	14 45.0	27 04	2.7/5.1	2.8	lohnend
μ Boo	15 24.5	37 23	4.3/7.0/7.6		AB = 108", BC = 2.2" mit U = 260ᵃ
κ Her	16 08.1	17 03	5.0/6.3	28.2	Fernglas ?
α Her	17 14.6	14 23	3.5/5.4	4.9	U = 3600ᵃ.
ς Her	17 23.7	37 09	4.6/5.6	4.0	
ν Dra	17 32.3	55 10	4.9/4.9	62.0	Fernglas!
ψ^1 Dra	17 41.9	72 09	4.6/5.8	30.3	
95 Her	18 01.5	21 36	5.0/5.2	6.3	
τ Oph	18 03.1	− 8 11	5.2/5.9	1.8	U = 280ᵃ
70 Oph	18 05.5	2 30	4.2/6.0	1.5	U = 87.9ᵃ. Ab 4"
ε^1 Lyr	18 44.3	39 40	5.0/6.1	2.7	U = 1166ᵃ.
ε^2 Lyr	18 44.4	39 37	5.2/5.4	2.4	U = 585ᵃ (unsicher)
ζ Lyr	18 44.8	37 36	4.4/5.7	43.8	Fernglas!
ϑ Ser	18 56.2	4 12	4.1/5.0	22.2	
β Cyg	19 30.7	27 58	3.1/5.1	34.3	Albireo. Lohnend!
δ Cyg	19 45.0	45 08	2.9/6.3	2.4	U = 828ᵃ
γ Del	20 46.7	16 07	4.3/5.2	10.0	U = 3300ᵃ. Farben weiß/gelblich
61 Cyg	21 06.9	38 45	5.2/6.0	29.6	Fernglas. U = 722ᵃ
μ Cyg	21 44.1	28 45	4.8/6.1	1.7	U = 508ᵃ. Test für 3"
ξ Cep	22 03.8	64 38	4.6/6.5	8.0	U = 3800ᵃ
ζ Aqr	22 28.8	− 0 01	4.3/4.5	1.8	U = 856ᵃ. Ab 3"

Sternhaufen

Die *Kugelsternhaufen* werden im letzten Quartal des Jahres wieder rar. *M3*, *M5*, *M22* und die Kugelhaufen im Ophiuchus sind nur noch in den ersten Herbstwochen gleich nach Einbruch der Dunkelheit aufzufinden. Eines der schönsten Sommerobjekte dieser Art, *M13* im Herkules, läßt sich aber noch bis zum Dezember am abendlichen Westhimmel beobachten.
Nicht weit voneinander entfernt und zu unserer Beobachtungszeit am Südwesthimmel, findet man mit *M2* im Wassermann und *M15* im Pegasus zwei typische Vertreter des Herbsthimmels. Beide wurden im Jahr 1746 durch Maraldi entdeckt. Es sind helle Feldstecherobjekte, die aber sehr klein wirken. Für eine (teilweise) Auflösung in Einzelsterne (Helligkeiten ab 13^m) benötigt man mindestens einen 6- oder 8-Zöller.
Der Verfasser notierte über seine Beobachtungen von *M15* mit einem 20-cm Spiegelteleskop: „ Schon bei einer Vergrößerung von 50x markant, mit einem sehr auffälligen, fast sternartigen Kern. Ab 80x beginnt in den Randzonen die Auflösung. Schönster Anblick bei 220x mit klar aufgelöstem Rand. Durchmesser knapp 3'."

Tabelle. Kugelsternhaufen am Herbsthimmel

Bez.	Rektasz.	Dekl.	mag	Durchm.	Bemerkungen
M 13	$16^h41.7^m$	36°27'	5.9^m	16'	lohnend
M 92	17 17.2	43 08	6.5	11	klein aber hell
M 56	19 16.6	30 11	8.2	7	unscheinbar
M 71	19 53.8	18 47	8.3	7	leicht auflösbar
M 15	21 30.0	12 10	6.4	12	vgl. Text
M 2	21 33.5	− 0 49	6.5	13	ähnlich M 15
M 30	21 40.3	−23 11	7.6	11	markanter Kern

Anders als die Kugelsternhaufen sind die *offenen Sternhaufen* fast ausschließlich im Milchstraßenband angesiedelt, und damit ist das Suchgebiet umrissen. Die meisten offenen Haufen des Sommerhimmels (besonders im Umfeld des Schützen) verschwinden in den ersten Herbstwochen vom Abendhimmel. Das Prachtexemplar *M11* im kleinen Sternbild Schild kann man noch bis Ende November finden. Wenn dann mit dem Fortgang des Herbstes der winterliche Ast der Milchstraße durch Cassiopeia, Perseus, Fuhrmann, Zwillinge und Einhorn immer besser zur Geltung kommt, rücken auch wieder die schönen offenen Sternhaufen des Winterhimmels ins Blickfeld. Besonders empfohlen seien hier der Doppelsternhaufen *h + chi* im Perseus, die drei Sternhaufen *M36*, *M37* und *M38* im Fuhrmann sowie *M35* in den Zwillingen.

Tabelle. Offene Sternhaufen am Herbsthimmel

Bez.	Rektasz.	Dekl.	mag.	Durchm.	Bemerkungen
NGC 663	$1^h46.0^m$	61°15'	7.1	11'	
NGC 869	2 19.0	57 09	4.3	30	h Persei,s. Winterkap.!
NGC 884	2 22.4	57 07	4.4	30	chi Persei. Winterkap.!
M 34	2 42.0	42 47	5.2	30	
Plejaden	3 47.0	24 07	1.2	110'	M 45
Hyaden	4 27	16	0.4	5°	
M 38	5 28.7	35 50	6.4	21'	Sterne ab 9.7^m
M 36	5 36.1	34 08	6.0	12	im Fernglas „körnig"
M 37	5 52.4	34 33	5.6	24	schönes Fernrohrobjekt
M 35	6 08.9	24 20	5.6	28	lohnend
NGC 6633	18 27.5	6 34	4.6	25	im Ferngl. 10 Einzelst.
M 26	18 45.2	– 9 24	8.0	9	Im Ferngl. matt, kometar
M 11	18 51.1	– 6 16	5.8	12	prächtig.(Sommerkap.!)
NGC 6940	20 34.6	28 18	8.2	26	Im Ferngl. matt, diffus
M 39	21 32.2	48 26	4.6	32	Im Ferngl. ein Dutzend Einzelsterne erkennbar

Galaktische Nebel

Solange das Sommerdreieck am Westhimmel steht, können Fernrohrbesitzer noch den kleinen „Rauchring" *M57* in der Leier besichtigen. Spezialisten werden ihr Beobachtungsgeschick auch am *Nordamerikanebel* und am *Cirrusnebel* im Schwan erproben. Viel leichter und bereits im Fernglas hübsch anzuschauen ist *M27* im Füchschen.
Zwei weitere planetarische Nebel stehen im Wassermann. Das deutlich abgeplattete, planetenartig wirkende Scheibchen des *Saturnnebels (NGC 7009)* westlich von nü Aquarii kommt erst bei höheren Vergrößerungen (empfohlen sei mindestens 100x) zur Geltung, macht aber von der Helligkeit her keine Probleme. Dagegen ist der oft abgebildete *Helixnebel (NGC 7293)* wegen seiner geringen Flächenhelligkeit visuell ein extrem schwieriges Objekt. In großen Ferngläsern (auf Stativ) kann man ihn unter besten Sichtbedingungen soeben als matte, rundliche Aufhellung von 15' Durchmesser erfassen.

Tabelle. Galaktische Nebel am Herbsthimmel

Bezeichnungen: d = diffuser Nebel,p = planetarischer Nebel,
R = Supernova-Rest

Bez.	Typ	Rektasz.	Dekl.	mag	Größe	Bemerkungen
NGC 246	p	$0^h47.0^m$	–11°52'	8.5	3.5'x4'	
M1	R	5 34.5	22 01	8.4	6'x4.5'	Crabnebel
NGC 6543	p	17 58.6	66 38	8.8	16"x22"	hoch vergrößern
M 57	p	18 53.6	33 02	9.3	83"x59"	Ringnebel
NGC 6826	p	19 44.8	50 32	8.8	27"x24"	
M 27	p	19 59.6	22 43	7.6	8'x4'	Hantelnebel
NGC 7000	d	20 58.8	44 19	–	2°	Nordamerikanebel
NGC 6992	R	20 52	31 10	–	2.5°	Cirrusnebel
NGC 7009	p	21 04.2	–11 22	8.4	100"x25"	Saturnnebel(Text)
NGC 7293	p	22 29.6	–20 48	6.5	12'x15'	Helixnebel(Text)
I 1470	p	23 05.3	60 15	8.1	70"x45"	
NGC 7662	p	23 25.9	42 32	8.9	17"x14"	

Galaxien

Der Herbsthimmel bietet zwar längst nicht die reiche Auswahl an Galaxien wie der Sternenhimmel des Frühjahrs, dafür aber mit dem *Andromedanebel M31* das unbestrittene Glanzstück dieser Gattung. Er wirkt wohl am eindrucksvollsten im lichtstarken Fernglas (ruhig halten, was wegen der Zenitnähe durchaus Kondition und/ oder ein Stativ erfordert!). Von den beiden Begleitgalaxien ist die kleine *M32* leicht, die größere und diffuse *NGC 205* dagegen erst in größeren Feldstechern auszumachen.
Der Spiralnebel *M33* im Dreieck, der kaum weiter als der Andromedanebel von uns entfernt ist und ebenfalls zur lokalen Galaxiengruppe gehört, zeigt sich im Fernglas nur als sehr matte Erhellung und kann deshalb bei flüchtiger Suche leicht übersehen werden.
Als weniger bekanntes, aber leichtes Fernrohrobjekt sei die kleine Galaxie *M77* nahe Delta im Walfisch genannt. Es handelt sich hierbei um eine sogenannte Seyfert-Galaxie mit einem sehr auffälligen, fast sternförmigen Kern. M77 ist auch ohne Schwierigkeiten in besseren Ferngläsern zu sehen.

Tabelle. Galaxien am Herbsthimmel

Bez.	Rektasz.	Dekl.	mag	Ausdehnung	Bemerkungen
NGC 205	$0^h40.4^m$	41°41'	8.2^m	9'x4.5'	Vgl. Text
M 31	0 42.7	41 16	3.5	130'x30'	Andromedanebel
M 32	0 42.7	40 52	8.2	3.5'x2.7'	Vgl. Text
NGC 488	1 21.7	5 06	10.2	7'x5'	
M 33	1 33.9	30 39	5.8	45'x18'	Vgl. Text
M 74	1 36.7	15 47	9.3	8'x8'	schwierig!
M 77	2 42.7	–0 01	8.9	2.3'x2'	Vgl. Text
M 81	9 55.6	69 04	7.0	14'x9'	leicht im Fernglas!
M 82	9 55.8	69 41	8.4	8.6'x2.5'	bei M81, Fernglas
NGC 7331	22 37.1	34 25	9.6	9'x2.5'	

Meteorströme

In der Zeit vom 20.-24. Oktober machen sich am Morgenhimmel die *Orioniden* bemerkbar. Diese rasch dahinfliegenden Sternschnuppen strahlen von einem Radianten aus, der im Gebiet zwischen dem Orion und den Zwillingen liegt. Die günstigsten Beobachtungsbedingungen sind vor Beginn der Morgendämmerung gegeben, wenn der Austrahlungspunkt hoch im Süden steht. In den letzten Jahrzehnten lag die ZHR der Orioniden meist zwischen 15 und 30 Objekten pro Stunde.
Die Orioniden haben früher gelegentlich große Sternschnuppenfälle geliefert. Berichte hierüber gehen bis in das 3. Jahrhundert zurück (chinesische Quellen). Im Jahr 1911 erkannte C. Olivier, daß die Orioniden – wie auch die Eta Aquariden vom Mai – Auflösungsprodukte des Halleyschen Kometen sind. Beim jüngsten Periheldurchgang dieses Kometen im Jahr 1986 kam es allerdings weder bei den Orioniden noch bei den Aquariden zu einem merklichen Anstieg der Meteorrate.
Die *Tauriden* sind von Mitte September bis Ende November tätig, mit einem deutlichen Maximum in der ersten Novemberwoche. Dabei wurden in den letzten zwanzig Jahren ZHR's zwischen 3 und 17, meist jedoch um 15 ermittelt.
Der Strom zeigt vor allem zwei Radianten in der Umgebung der Plejaden, von denen der südlicher gelegene der aktivere ist, und außerdem noch einige schwache Nebenradianten. Es handelt sich um langsame Sternschnuppen mit einem relativ hohen Anteil an hellen Exemplaren. Gelegentlich wurden sogar schon spektakuläre, farbenprächtige Feuerkugeln beobachtet.
Im Jahr 1940 vermutete F.L. Whipple erstmals einen Zusammenhang zwischen dem Tauridenstrom und dem Enckesche Kometen, der alle 3,3 Jahre in Sonnenähe kommt. Demnach hat es früher einmal einen großen Vorgängerkometen gegeben, der in mehrere Teile (darunter den Enckeschen Kometen) zerfiel. Die Tauriden könnten von einem dieser inzwischen völlig aufgelösten Teilkometen stammen und insofern mit Komet Encke „verwandt" sein.
Die *Leoniden* vom November haben in der Vergangenheit schon regelrechte „Meteorstürme" geliefert – so zuletzt am 17. November 1966, als Beobachter auf dem 2055 m hohen Kitt Peak in Arizona die wahrhaft astronomische Quote von 2400 Meteoren pro Minute schätzten!
In den vergangenen zwanzig Jahren war die Stromtätigkeit jedoch meist gering. Selbst im Maximum (17. November, bei Sonnenlänge 234.5°) wurden für die ZHR häufig nur Werte zwischen 4 und 16 Meteoren ermittelt. Allerdings kam es 1971/2, 1974 und 1979 zu überraschend hohen Meteorraten (ZHR bis zu 90). Der Radiant liegt in der „Sichel" des Sternbilds Löwe, nicht weit von Gamma Leonis entfernt.
Bei den Leoniden handelt es sich um Auflösungsprodukte des Kometen Tempel-Tuttle, der eine Umlaufszeit von 33 Jahren besitzt und zuletzt 1965 in Sonnennähe gekommen ist. Zwar haben sich einige meteoritische Partikel schon über die gesamte Kometenbahn verteilt, doch hält sich der größte Pulk noch nahe beim Kometen auf, so daß es zu größeren Leonidenschauern nur kommt, wenn auch der Erzeugerkomet in Sonnennähe steht. Mit der Wiederkehr dieses Kometen erhofft man sich für die Jahre 1998-2000 ein erneutes, spektakuläres Aufleben der Leonidentätigkeit.
Der zweifellos schönste Meteorstrom des Herbstes sind die *Geminiden*, die über den Dezemberhimmel huschen. Manche Beobachter schätzen sie sogar noch höher ein als die Perseiden vom August! Der Radiant der Geminiden liegt in der Nähe von Castor in den Zwillingen. Sie können vom 4.-16. Dezember auftauchen, erreichen aber um die Sonnenlänge 261.3° (13./14. Dezember) ein spitzes Tätigkeitsmaximum. Dabei wurden in den letzten zwanzig Jahren ZHR-Werte zwischen 60 und 100 Meteoren registriert. Wie schon mehrfach betont, kann man als „real existierender" Beobachter diese Idealwerte allerdings kaum erreichen. Dennoch wird aber auch der Anfänger in klaren, mondscheinlosen Dezembernächten um den 13./14. herum seine Freude an den Geminiden haben.

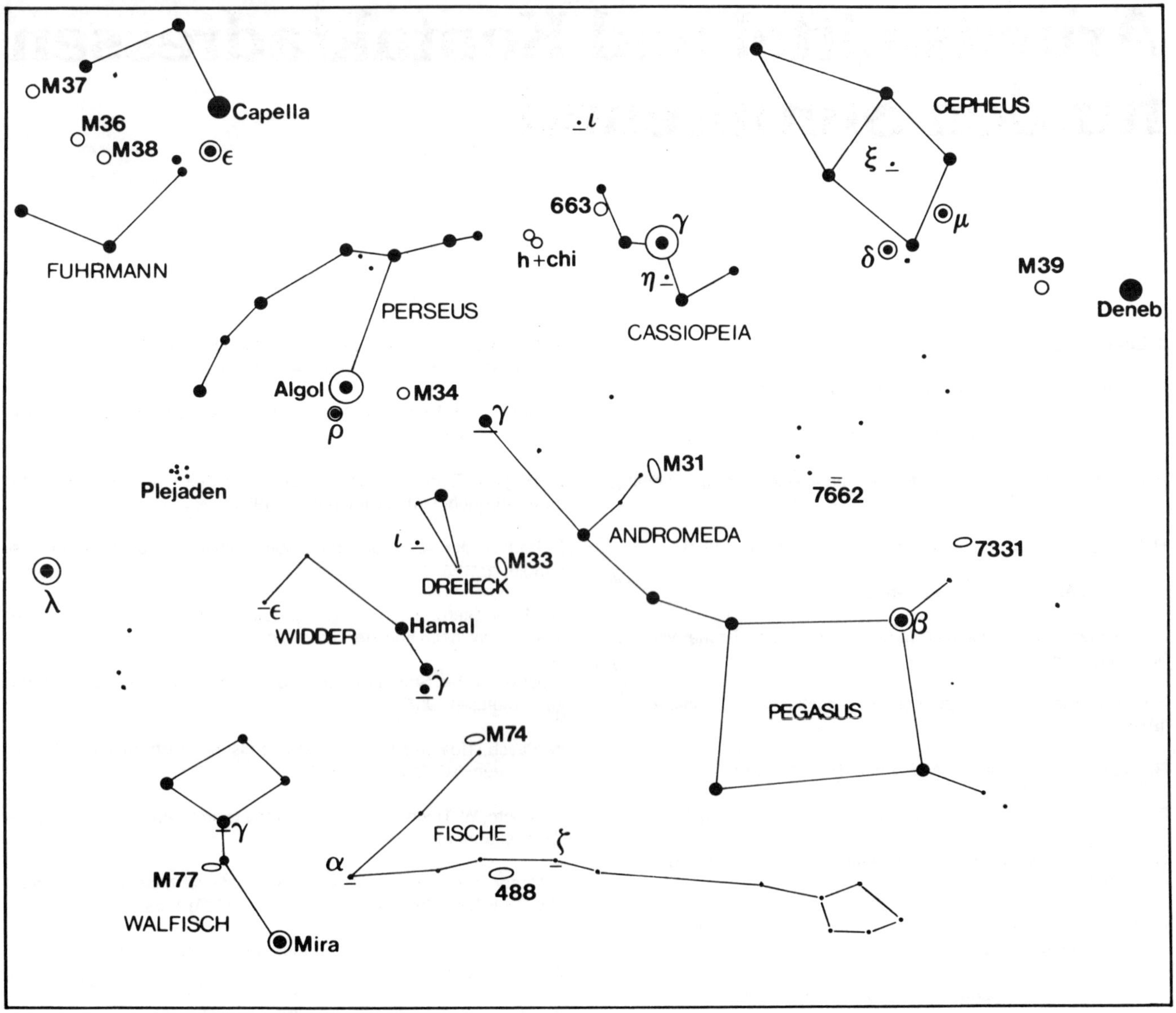

Beobachtungsobjekte am Herbsthimmel

Arbeitsmittel und Kontaktadressen für den Sternfreund

1) **Einführende Literatur**

D. Block: Astronomie als Hobby. Falken Verlag, 1989.

Cambridge Enzyklopädie der Astronomie. Orbis Verlag 1989

S. Dunlop: Astronomie für Einsteiger. Franckhsche Verlagshandlung, 1987

H. Elsässer: Weltall im Wandel. rororo Sachbuch 8361, 1989

R. Henkel: Astronomie. Verlag Harri Deutsch, 1991

J. Herrmann: Die Kosmos-Himmelskunde. Franckhsche Verlagshandlung, 1986

V. Kasten: Faszinierende Astronomie. Franckhsche Verlagshandlung, 1988

R. Kippenhahn: 100 Milliarden Sonnen. Piper Verlag,1989

R. Kippenhahn: Licht vom Rande der Welt.Piper Verlag, 1989

C. Ronan, S. Dunlop: Astronomie heute. Franckhsche Verlagshandlung, 1985

K. Schaifers, G. Traving: Meyers Handbuch Weltall. Bibliographisches Institut, Mannheim 1984

H.-J. Störig: Knaurs moderne Astronomie. Droemer-Knaur, 1985

A. Weigert, H. Wendker: Astronomie und Astrophysik. VCH- Verlagsgesellschaft, Weinheim 1989

A. Unsöld, B. Baschek: Der neue Kosmos. Springer Verlag 1988

2) **Literatur für den Beobachter**

P. Ahnert: Kleine praktische Astronomie. J.A. Barth, Leipzig 1974

Brandt,Müller, Splittgerber: Himmelsbeobachtungen mit dem Fernglas. Harri Deutsch, Frankfurt 1984.

R. Burnham: Celestial Handbook. 3 Bände. Dover Publications, New York 1966. Zu beziehen durch: Treugesell-Verlag, Düsseldorf

S. Dunlop, W. Tirion: Der Kosmos-Sternatlas. Franckhsche Verlagshandlung, 1989

E. Hügli,H. Roth, K. Städeli (Hrsg.): Der Sternenhimmel. Begleiter zum Jahrbuch. Verlag Sauerländer, 1986

E. Karkoschka: Atlas für Himmelsbeobachter. Franckhsche Verlagshandlung, 1989

W. Meyer: Sternhaufen und Nebel, Teil I und II. Veröffentlichungen Nr. 40/41 der Wilhelm Foerster Sternwarte, Berlin.

H. Oberndorfer: Schau mal in die Sterne. Franckhsche Verlagshandlung, Stuttgart 1987

W. Paech: Tips und Tricks zu astronomischen Instrumenten. Baader Planetarium KG, München 1990.

I. Ridpath, W. Tirion: Der große Kosmos-Himmelsführer. Franckhsche Verlagshandlung, 1987

P. Roggemans (Hrsgb.): Handbook for Visual Meteor Observation. Sky Publishing Corporation, Cambridge (USA) 1989

G.D. Roth: Taschenbuch für Planetenbeobachter. Verlag Sterne und Weltraum, München 1989

G.D. Roth: Sterne und Planeten. BLV-Verlag München ,1989

G.D. Roth (Hrsgb.): Handbuch für Sternfreunde. 2 Bände. Springer Verlag, Heidelberg 1981

Webb Society Deep-Sky Observers Handbook. 7 Bände. Enslow Publishers, Hillside, New Jersey, 1980. Zu beziehen durch: Treugesell-Verlag, Düsseldorf.

Über die *Fachgruppen* der *Vereinigung der Sternfreunde* (VdS) können u.a. folgende Beobachtungsanleitungen bezogen werden. Sofern nicht angegeben, entnehme man die aktuellen Kontaktadressen der Monatszeitschrift „Sterne und Weltraum“ oder erfrage sie bei der VdS (Adresse s.u.).

Handbuch für Sonnenbeobachter (Fachgruppe Sonne, Wilhelm Foerster Sternwarte, Munsterdamm 90, 1000 Berlin 41).

W. Paech (Hrsg.): Einführung in die Sonnenbeobachtung. (Fachgruppe Sonne, Wilhelm Foerster Sternwarte Berlin,Munsterdamm 90, 1000 Berlin 41)

Einführung in die Veränderlichenbeobachtung. Fachgruppe Veränderliche der VdS

Einführung in die Astrofotografie. VdS Fachgruppe Astrofotografie.

3) **Für den rechnenden Sternfreund**

K. Hempe, J. Molt: Sterne im Computer. perComp Verlag, Hamburg 1987

J. Meeus: Astronomical Formulae for Calculators. Willmann- Bell, Richmond (Virginia) 1979. Zu beziehen durch Treugesell-Verlag, Düsseldorf.

O. Montenbruck: Grundlagen der Ephemeridenrechnung. SuW Taschenbuch Nr. 10. Verlag Sterne und Weltraum, München 1985

O. Montenbruck, T. Pfleger: Astronomie mit dem Personal Computer. Springer Verlag, 1989

W. Wepner: Mathematisches Hilfsbuch für Studierende und Freunde der Astronomie. Treugesell-Verlag, Düsseldorf 1982

4) **Astronomische Jahrbücher** (jeweils ab Herbst im Buchhandel)

Ahnerts Kalender für Sternfreunde. J.A. Barth, Leipzig

Hügli,Roth,Städeli: Der Sternenhimmel. Sauerländer&Co, Aarau.

Keller: Das Himmelsjahr. Franckhsche Verlagshandlung, Stuttgart

5) **Zeitschriften für den Amateur**

Astronomy. Kalmbach Publishing Co.,Waukesha,Wisconsin(USA)

Die Sterne. J.A. Barth Verlag, Leipzig

Sky and Telescope. Sky Publishing Corporation, Cambridge (Mass.). Zu abonnieren durch: Treugesell-Verlag, Düsseldorf

Skyweek. Wöchentlich. Zu beziehen durch: D.Fischer, Im Kottsiefen 10, 5330 Königswinter 41

Sterne und Weltraum. Verlag Sterne und Weltraum, München

Außerdem geben verschiedene Fachgruppen der VdS sowie regionale Amateurvereinigungen periodisch erscheinende Mitteilungsblätter heraus.

6) **Sternkarten/Atlanten**

Die neuen Kosmos-Himmelskarten. Franckhsche Verlagshandlung,

H.-J. Heermann: Drehbare Kosmos-Sternkarte mit Planetenzeiger. Franckhsche Verlagshandlung Stuttgart

W. Marx, S. Pfau: Sternatlas 1975.0. J.A. Barth Verlag, Leipzig 1975

H. Sutter: Drehbare Sternkarte „Sirius"(kleines Modell/ großes Modell). Verlag der Schweizerisches Astron. Gesellschaft, Bern

W. Tirion: Sky Atlas 2000.0. Sky Publishing Corporation, Cambridge (Mass.). Zu beziehen durch Treugesell-Verlag, Düsseldorf.

Tirion, Rappaport, Lovi: Uranometria 2000- Sternatlas (2- bändig). Willmann-Bell, Richmond (Virginia). Zu beziehen durch Treugesell-Verlag, Düsseldorf

H. Vehrenberg: Falkauer Atlas (2-teilig). Treugesell- Verlag, Düsseldorf 1962.

H. Vehrenberg: Atlas Stellarum (2-teilig). Treugesell- Verlag, Düsseldorf 1971

R. Schurig,P. Götz: Himmelsatlas Tabulae caelestes. BI- Wissenschaftsverlag, Mannheim 1960. Ist im Kleinformat auch in „Meyers Handbuch Weltall" abgedruckt.

7) **Kontaktadressen**

Eine bundesweite Amateurvereinigung ist die *Vereinigung der Sternfreunde (VdS)*. Sekretariat: Jagdfeldring 31, 8013 Haar. Geschäftsstelle: Volkssternwarte München, Anzinger Str. 1, 8000 München 80. Im Mitgliedsbeitrag ist u.a. der Bezug der Zeitschrift „Sterne und Weltraum" enthalten.

Es gibt zahlreiche *lokale Amateurvereine*. Die aktuellen Kontaktadressen findet man zum Beispiel im jährlich erscheinenden astronomischen Jahrbuch „Das Himmelsjahr" (Franckhsche Verlagshandlung Stuttgart). Eventuell kann auch eine Anfrage bei der Lokalzeitung oder im Kulturamt der Stadt weiterhelfen.

Index

Mathematik
Ratgeber
Verlag Harri Deutsch

Prof. Dr. Norbert Treitz
Spiele mit Pysik
1991, 3. völlig überarbeitete und neu gestaltete Auflage,
280 Seiten, zahlreiche Abbildungen, kart., DM 28,-
ISBN 3 8171 1137

"Dieses außerordentlich anregende Buch ist eine Mischung aus Spielanleitungen, Bastelhilfen und sauberen physikalischen Erklärungen. Es enthält eine Reihe von liebevoll gemachten Zeichnungen, die illustrieren und verständlich machen sollen. Das Buch ist so vielseitig, daß Zehnjährige damit ebenso gewinnbringend spielen und arbeiten können wie Omas und Opas. Den vielen Versuchen sind folgende Kriterien gemein:

- Sie sind eindrucksvoller und verblüffender als die meisten Schulversuche.
- Sie zeigen zentrale Effekte, nicht nur Kuriositäten auf.
- Sie benötigen keine Schulgerätesammlung, sondern Gebrauchsgegenstände sowie Bastel- oder Abfallmaterial.
- Sie lassen sich befriedigend erklären und plausibel machen.

Was das rundherum empfehlenswerte Buch besonders auszeichnet, ist nicht nur der günstige Preis, sondern vor allem die Tatsache, daß es von einem Hochschul-Didaktiker stammt. Wie schade - das muß man wohl generell sagen -, daß nicht häufiger derart Positives aus dem Bereich der Universitätsdidaktik kommt."

(Physik in unserer Zeit)

Prof. Dr. Norbert Treitz lehrt an der Gesamt-Hochschule Duisburg »Physik und ihre Didaktik.«

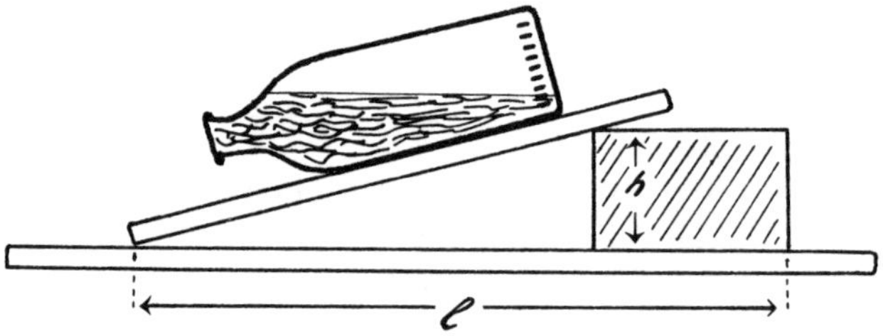

R. Brandt, B. Müller, E. Splittgerber
Himmelsbeobachtungen mit dem Fernglas
1984, 292 Seiten, 194 Abb., 22 Farbtafeln, Leinen mit Schutzumschlag, DM 36,-
ISBN 3 87144 775 7

Es wird gezeigt, wie man mit einfachen Mitteln den Sternenhimmel beobachten kann, besonders Sonne, Mond, Venus, Mars und Jupiter mit seinen Monden. Das dazu nötige technisch-optische und astronomische Grundwissen wird in gut verständlicher Form geboten. Den überzeugenden Nachweis der Leistungsfähigkeit einfacher Hilfsmittel, aber auch deren Grenzen, erbringen die zahlreichen Bilder des Buches.

Verlag Harri Deutsch

D.B. Herrmann
Kosmische Weiten
Kurze Geschichte der Entfernungsmessung im Weltall.
1990, 3. überarbeitete und erweiterte Auflage, 93 Seiten, 38 Abbildungen, 14 Tabellen, Leinen, DM 19,80
ISBN 3 8171 1145 2

Ohne eine Vorstellung über die räumliche Verteilung der Objekte des Weltalls wäre unser modernes naturwissenschaftliches Weltbild undenkbar. Der international geschätzte Autor (Leiter der Sternwarte Treptow und des Zeiss-Großplanetariums Berlin) erläutert anschaulich die historische Entwicklung bis zu der unübersehbaren Fülle moderner Methoden und Instrumentarien, die uns helfen, das Universum zu erschließen und besser zu verstehen. Die wesentlich bearbeitete Neuauflage berücksichtigt neueste Erkenntnisse der astronomischen Forschung sowie den aktuellen Stand astronomiegeschichtlicher Untersuchungen.

J. Blunck
Götter in Planeten und Monden
1987, 215 Seiten, 32 farbige und zahlreiche s/w-Abbildungen, kart., DM 42,-
ISBN 3 8171 1003 0

"Kein »richtiges« Astronomiebuch und kein »richtiges« Sagenbuch - sondern eine lebendige Mischung von beidem! Nach einer informativen Einleitung über die Geschichte der Benennung der Objekte in unserem Sonnensystem folgt in einzelnen Abschnitten eine geraffte wissenschaftliche Darstellung der Sonne und sämtlicher Planeten einschließlich ihrer Trabanten. Jeweils angegliedert ein umfangreicher, vergnüglich zu lesender Blick in die Mythologie mit ihren phantastischen und recht erstaunlichen Geschichten. Schon toll, was die Alten so trieben... Und dann immer wieder der Hinweis auf die »charakterlichen Zusammenhänge« zwischen den Himmelsobjekten und ihren meist göttlichen Namenspatronen. Dieses Buch wird nicht nur den allseitig interessierten Hobby- und Amateurastronomen, sondern auch den Profi wie den Laien ansprechen. Dieses gelungene Werk eignet sich darüber hinaus auch für die Öffentlichkeitsarbeit in Planetarien, Astronomievereinen und Schulen." *(WA, Essen)*

Verlag Harri Deutsch